教育部职业教育与成人教育司推荐教材
职业院校模具设计与制造专业教学用书
工业和信息产业职业教育教学指导委员会“十二五”规划教材

UG实训教材

（第2版）

张莉洁　陈红娟　主编

電子工業出版社
Publishing House of Electronics Industry
北京·BEIJING

内 容 简 介

本书是教育部职业教育与成人教育司推荐教材。工业和信息产业职业教育教学指导委员会“十二五”规划教材。

本书主要内容有二维绘图、三维实体造型、曲面造型和NC加工程序的编制等。

本书采用模块式的编写方式，以实例为主，介绍Unigraphics NX4汉化版的菜单功能，以及Unigraphics NX4的实用加工程序，学生可以自主学习；例题是从实际加工中抽象出来的，具有一定的指导性与实用性。因此，本书既可以作为中等职业学校三年制数控专业教学用书，也可以作为岗位培训用书。

本书配有电子教学参考资料包（包括教学指南、电子教案和习题答案），详见前言。

图书在版编目（CIP）数据

UG实训教材/张莉洁，陈红娟主编. —2版. —北京：电子工业出版社，2012.6
教育部职业教育与成人教育司推荐教材. 职业院校模具设计与制造专业教学用书
工业和信息产业职业教育教学指导委员会“十二五”规划教材
ISBN 978-7-121-17106-2

Ⅰ. ①U… Ⅱ. ①张…②陈… Ⅲ. ①机械设计—计算机辅助设计—应用软件—中等专业学校—教材 Ⅳ. ①TH122

中国版本图书馆CIP数据核字（2012）第102564号

策划编辑：张　凌
责任编辑：张　凌　　特约编辑：刘德锋
印　　刷：北京京师印务有限公司
装　　订：北京京师印务有限公司
出版发行：电子工业出版社
　　　　　北京市海淀区万寿路173信箱　邮编　100036
开　　本：787×1 092　1/16　印张：10.25　字数：262.4千字
版　　次：2006年9月第1版
　　　　　2012年6月第2版
印　　次：2020年7月第5次印刷
定　　价：21.00元

凡所购买电子工业出版社图书有缺损问题，请向购买书店调换。若书店售缺，请与本社发行部联系，联系及邮购电话：（010）88254888，88258888。

质量投诉请发邮件至zlts@phei.com.cn，盗版侵权举报请发邮件至dbqq@phei.com.cn。
本书咨询联系方式：（010）88254583，zling@phei.com.cn。

再版前言

随着科学技术的迅猛发展，数控技术在加工中的地位越来越重要，而CAD/CAM技术对先进制造技术的影响更是有目共睹。当前用于CAD/CAM工作的软件很多，Unigraphics NX软件是其中一种，它以其易学好用及与制图结合紧密而被广泛使用。本书以Unigraphics NX 4.0为基础，介绍CAD/CAM技术，在编写中力图体现以下特色：

（1）采用模块化的结构，可以针对不同专业的学生进行灵活的选择，实行各个模块的教学。

（2）加强实践教学的环节，充分体现“教学合一”的思想，抓住实例的主线，让学生学会操作。各种菜单的功能介绍本着“必需、够用”的原则，实例中用到什么就介绍什么，加深学生对功能菜单的理解，变被动接受为主动使用。

（3）对重点内容采用重点提示的方式，以各种新颖的图案引起学生的注意，这是本书不同于其他书籍之处。

（4）本书大量的实例来自生产一线，这就加大了书的实用性，它可以指导学生增强实践意识，对提高其实践操作能力有很大的帮助。因此，本书还可以作为在职职工的岗前培训教材。

（5）由于本书的实践性很强，因此，最好有一定的加工工艺基础知识，再学会发现本书的妙处所在。

本书由大连市轻工业学校张莉洁老师、大连职业技术学院陈红娟老师主编，大连职业技术学院董彤老师参编，唐聪参编。其中，唐聪是一位来自生产一线的技术人员，因此，本书更具有实用价值，特别是其CAM部分。

本书由上海市工业技术学校凌萃祥，广东深宝蓝职业培训学校蔡伟、简琦昭主审，通过教育部审批，列为教育部职业教育与成人教育司推荐教材。

与第1版相比，这一版的内容更丰富，实例更多、更详尽。其中第6章更换了新的综合实例，第10章和第11章分别增加了一个过程详细的加工实例，方便读者自行学习。另外，本版还增加了部分习题供读者练习。

由于作者的水平有限，在编写时难免有不当之处，望读者包涵。

最后，感谢Unigraphics NX的编者们给我的启示。

为了方便教师教学，本书还配有教学指南、电子教案和习题答案（电子版），请有此需要的教师登录华信教育资源网（http://www.hxedu.com.cn）免费注册后再进行下载，有问题时请在网站留言板留言或与电子工业出版社联系（E-mail:hxedu@phei.com.cn）。

编　者

目　录

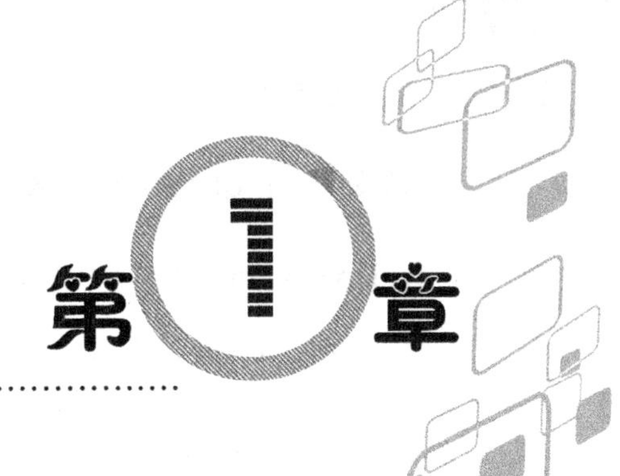

Unigraphics NX 软件介绍

1.1 Unigraphics NX 软件概述

1.1.1 Unigraphics NX 软件的功能

Unigraphics NX（简称 UG）软件是目前世界上制造行业中应用比较广泛的软件之一，因其功能强大而被许多世界领先的制造商用来从事产品设计和数字化制造。本书内容主要涉及 Unigraphics NX 中的“建模”、“制图”和“加工”三大模块。

1. 建模

Unigraphics NX 的建模功能非常强大，利用复合建模方法，可以方便快速地创建三维产品；此外，Unigraphics NX 还提供多种数据接口，可以轻松地导入其他设计软件建立的模型或图纸。对于复杂的曲面模型，Unigraphics NX 还提供自由曲面造型的功能，能够快速简洁地创建各种复杂的曲面模型。

2. 制图

在 Unigraphics NX 的制图模块中，可以非常方便地根据已经创建的三维模型，自动创建二维图纸。Unigraphics NX 在创建二维图纸的过程中，用户可以灵活机动地使用各种剖视图、局部视图等方式，并能准确地标注尺寸。

3. 加工

本书结合大量操作实例，深入浅出地讲解 Unigraphics NX 软件中 CAM 部分的基本概念、主要功能和使用方法。本书涉及的加工类型主要包括平面铣和轮廓、区域加工等。Unigraphics NX 生成的刀路轨迹通过相应的后置处理程序，可以非常方便地生成加工程序，并可以进行仿真加工。生成的加工程序可以直接传送到与计算机相连的机床，还可以与其他软件进行数据交换、查询坐标、计算面积等。Unigraphics NX 生成的刀路轨迹可以直接在计算机中进行仿真加工，并自动进行过切检查，用户可以在计算机中直观地看到加工过程中的不足之处，从而大大提高加工效率。

1.1.2　Unigraphics NX 4.0 软件对硬件的要求及其安装

1．Unigraphics NX 4.0 软件对硬件的要求

（1）Unigraphics NX 4.0 软件的最低配置

Unigraphics NX 4.0 软件的最低配置如下所示。

CPU：Pentium III 667MHz。

内存：SDR 128MB。

硬盘：4GB 以上剩余空间。

光驱：16 倍速以上光驱。

显卡：兼容 DirectX7.0 能使用 800×600 像素以上的分辨率，支持真彩色，支持 Open-GL 3D 图形加速，32 MB 以上显示缓存。

网卡：UG 单用户版本可不安装网卡。

（2）Unigraphics NX 4.0 软件对系统的要求

Unigraphics NX 4.0 软件对系统的要求如下。

操作系统：Windows 2000 或以上系统。

硬盘分区格式：最好采用 NTFS 格式。

网卡协议：采用 TCP / IP 协议。

显示卡驱动程序：设置分辨率为 1 024×768 像素以上的真彩颜色，刷新频率 75Hz 以上。

2．Unigraphics NX 4.0 软件的安装

① 把 UG4.0 目录解压到你的硬盘，进入该目录，把 crack 下的文件 ugnx4.lic 用记事本打开，将第 1 行的最后加上你计算机的网络标志（计算机名）替换，例如我的计算机网络标志是 PC-01010006，则改为 SERVER this_host ANY 27000@PC-01010006（原来为 SERVER this_host ANY 27000），改好后存盘备用。

② 单击光盘中的“Launch.exe”文件，启动安装向导。系统出现如图 1-1 所示的安装向导对话框。

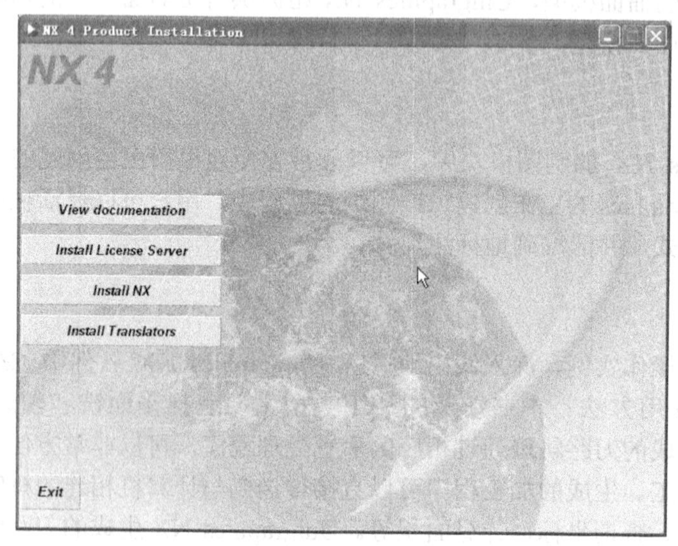

图 1-1　安装向导对话框

③ 安装许可证文件。单击安装界面中“Install License Server”选项，开始许可证的安装。在安装过程中会提示寻找 license 文件，如图 1-2 所示，单击下一步会出错，这时使用浏览(Browse)来找到你硬盘上之前存放的 UG\\nx4.lic 文件。继续安装直到结束，目录路径可以采用默认方式。

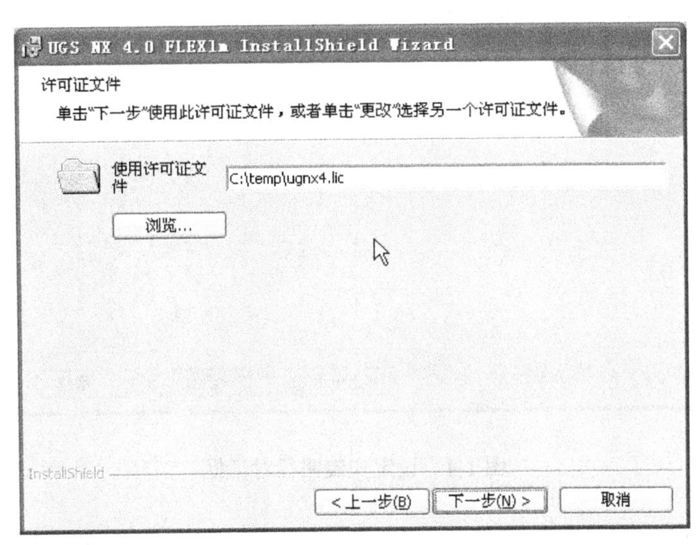

图 1-2　许可证安装界面

④ 安装 UG NX 4.0 主体文件。单击安装界面上“Install NX”选项，安装 UG NX 4.0 主体程序。安装过程中系统会出现选择安装方式对话框，如图 1-3 所示，选择“典型”安装方式，单击“下一步”按钮。弹出对话框如图 1-4 所示，选择或修改安装路径，单击下一步，弹出指定网络标识名称对话框如图 1-5 所示（采用默认即可），单击“下一步”，继续安装，如图 1-6 选择安装语言，此处选择中文（简体），完成后单击“下一步”，系统弹出安装前确认对话框，如图 1-7 所示，若需要更改可单击“上一步”按钮，继续安装，单击“安装”按钮，直至安装完成。

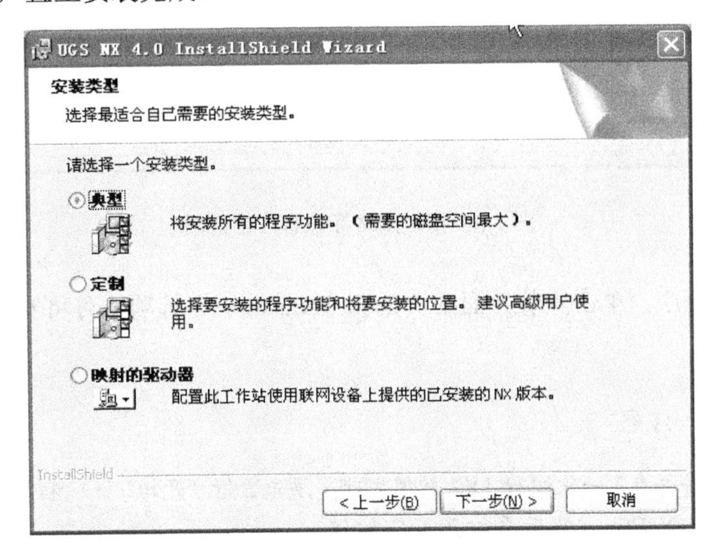

图 1-3　选择安装方式对话框

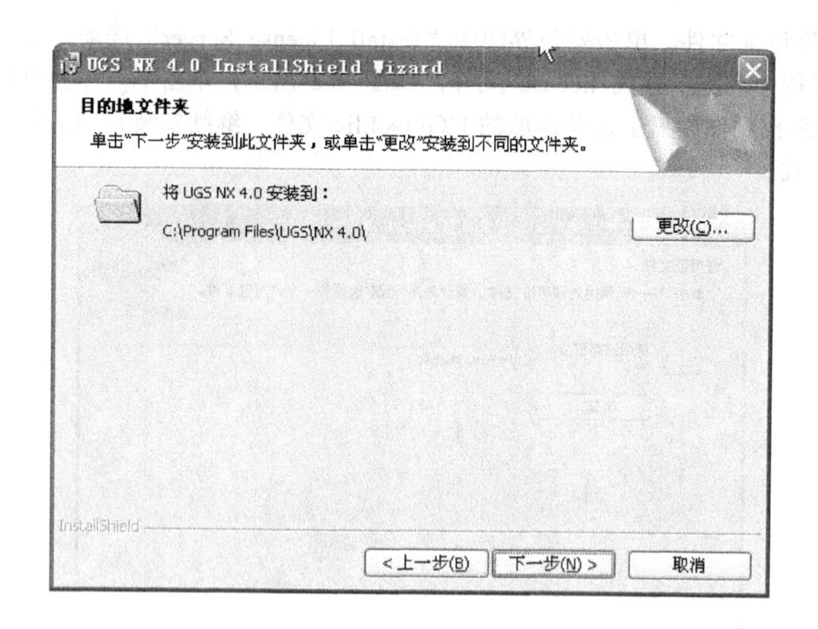

图 1-4　设定安装路径对话框

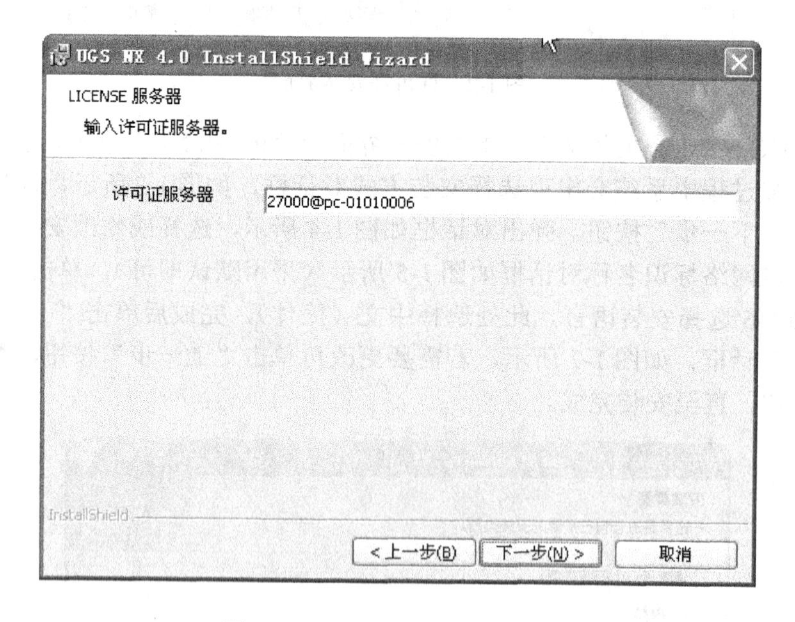

图 1-5　指定网络标识名称对话框

⑤ 安装汉化程序。单击安装界面中“Istall Translators”选项，可将安装好的英文版 UG NX 4.0 汉化。

NOTICE　注意

安装完 UG 软件并在第一次运行 UG 软件之前，须先运行“开始”→“程序”→“Unigraphics NX Licensing—LMTOOLS”，然后再打开 UG 软件。

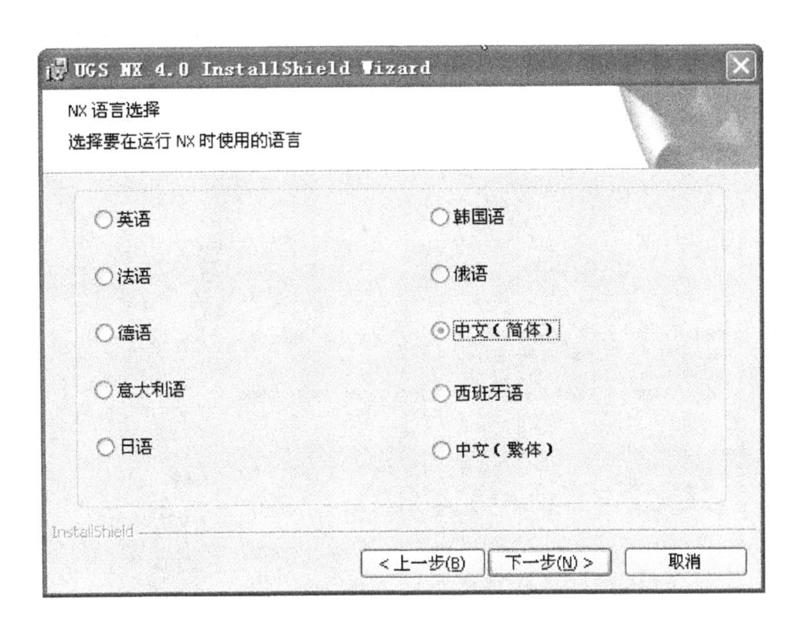

图 1-6　选择安装语言对话框

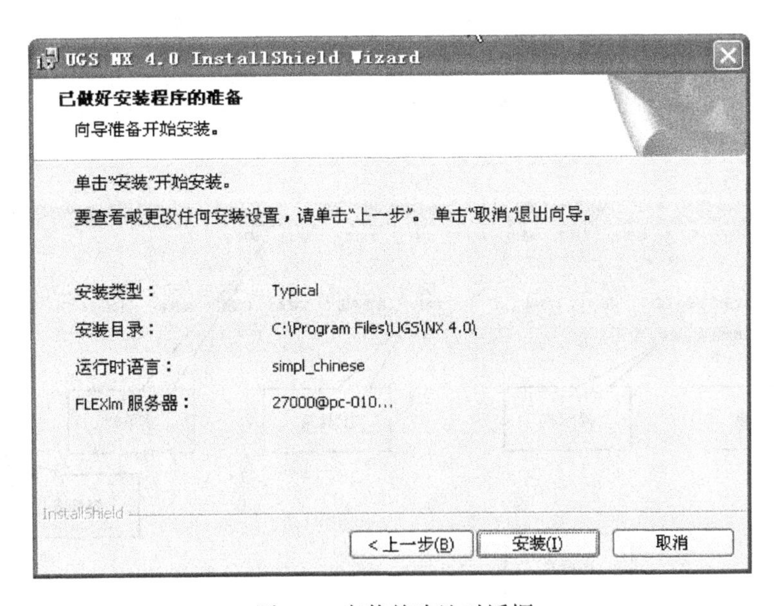

图 1-7　安装前确认对话框

3. Unigraphics NX 4.0 软件的工作界面

单击“开始”→“程序”→“Unigraphics NX 4.0”→“NX 4.0”，可进入 Unigraphics NX 4.0 的开机界面，如图 1-8 所示。

启动 UG 软件，新建文件（新建文件名不能包含中文，也不能保存在以中文命名的文件夹下，只能是英文或数字，文件的扩展名为.prt）或打开已有文件。UG 软件的工作界面如图 1-9 所示。

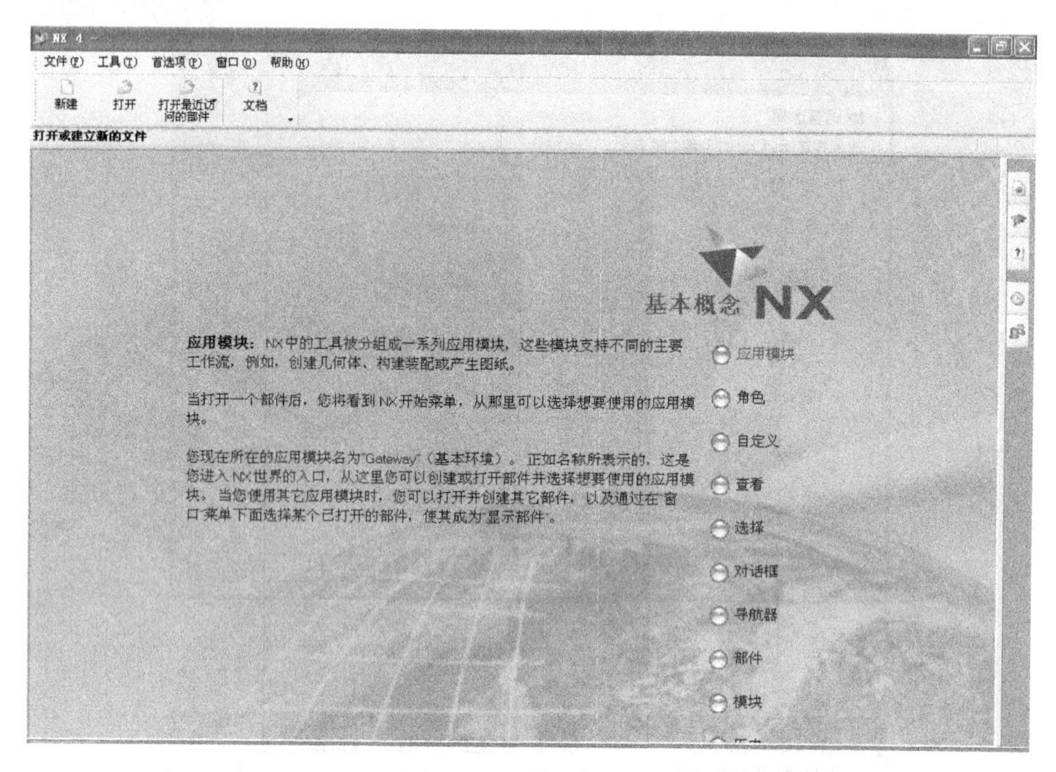

图 1-8　UG 的开机界面

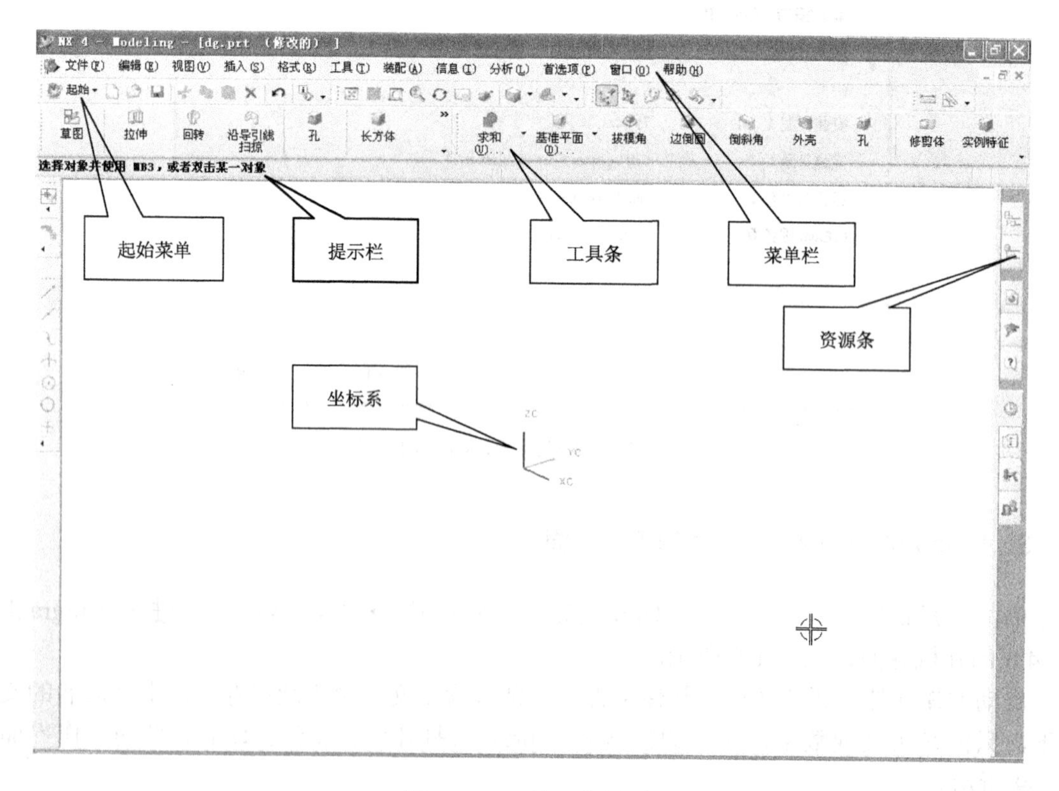

图 1-9　UG 的工作界面

单击“文件”→“退出”或单击软件界面中的关闭符号可退出 UG NX。

NOTICE　注意

在新建文件的时候应选择公制或英制，可设置默认单位为公制。

1.2　键盘热键的使用

单击主菜单中的“视图”→“操作”，可将对象进行视角的变换、旋转、缩放等。

刷新屏幕用 F5 键；放大窗口用 F6 键；旋转对象用 F7 键。

1.3　对象的删除、隐藏和显示操作

对象的删除可直接单击“×”按钮，对象的隐藏可按下“Ctrl+B”键或选择“编辑”→“隐藏”命令，对象的显示可按下“Ctrl+Shift+K”键。

1.4　坐标系

建模离不开坐标系，坐标系是用来确定特征或对象的方位的。

UG 建模中主要采用笛卡儿坐标系，如图 1-10 所示，XC，YC，ZC 均为正方向。UG 也使用球坐标系和极坐标系等其他坐标系。绝对坐标系是系统给出的，不能更改，用户在建模过程中可以通过单击菜单栏中的“工作坐标系”菜单建立任意方向的工作坐标系。为避免在 UG 数控编程部分出错，不建议使用工作坐标系，故在此对工作坐标系的建立不作详细介绍，有兴趣的用户可以自学研究。

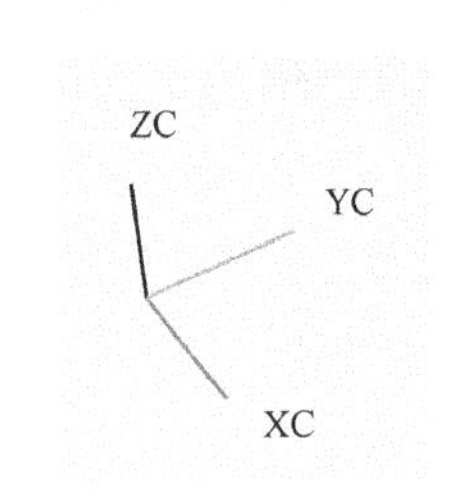

图 1-10　笛卡儿坐标系

1.4.1　系统坐标系

系统坐标系（是软件设定的）也称为模型空间，是开始建立一个新的模型文件时的坐标系。系统坐标系的原点位置和各坐标轴线的方向是不能改变的，与观察模型的方向也没有关系。

1.4.2　工作坐标系和已存坐标系

在 UG 中，同一个模型文件中可以同时存在多个坐标系。除绝对坐标系外，其他的坐标系都是由用户定义的。在建模过程中，某一个特定的坐标系称为工作坐标系（Work Coordinate System），简称 WCS。工作坐标系的 XC-YC 平面称为工作平面（Work Plane）。同一时刻，只能有一个工作坐标系存在。除工作坐标系外，其他存在于模型文件中的坐标系称为“已存坐标系”（Existing Coordinate System）。

工作坐标系和已存坐标系在图形显示窗口中的显示标志不同（坐标轴线符号和颜色均不同），图 1-11 所示为工作坐标系标志，图 1-12 所示为已存坐标系标志。

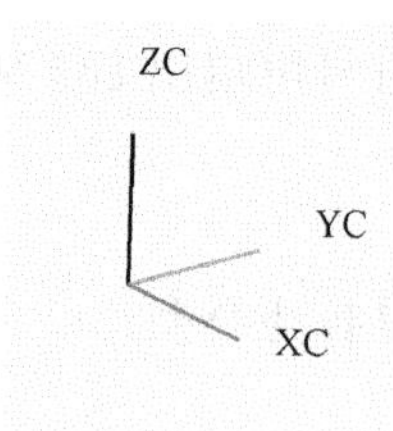

图 1-11　工作坐标系

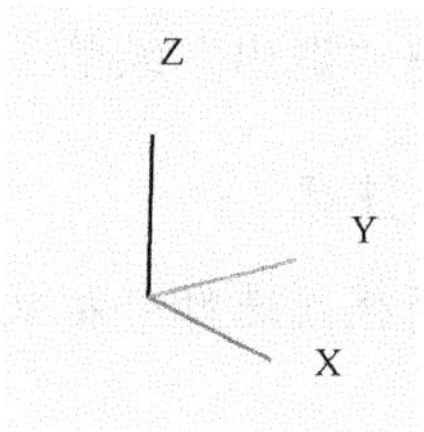

Z
Y
X

图 1-12　已存坐标系

工作坐标系的原点和各坐标轴线的方向随用户的定义而变化。在实际建模过程中，一般使用工作坐标系，不使用绝对坐标系。

1.5　点构造器与矢量构造器

1.5.1　点构造器

“点构造器”对话框如图 1-13 所示。点构造器对话框上部的“自动判断的点”选项用于设置点捕捉方式，通过设置点捕捉方式可以用光标在模型中捕捉诸如端点、中点、交点、控制点等已经存在的点。

点构造器中部的“基点”设置用于输入精确的坐标值从而设置基点坐标。基点的坐标值可以是绝对坐标值，也可以是相对坐标值，通过选择坐标系选项进行切换。

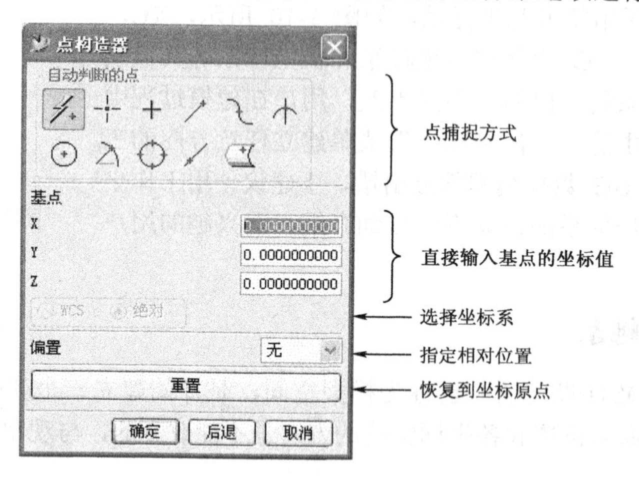

图 1-13　“点构造器”对话框

点构造器的使用非常广泛，但是用户不必强制使用。用户在建模或编程过程中，当所选用的命令需要使用点时，系统会自动弹出点构造器或点捕捉方式，用户只要选择相对应的点即可。

点捕捉方式的说明如下：

——当前光标位置；

——已存在的点；

——端点；

——控制点（包括中点、端点和圆心点）；

——交点；

⊙——圆心点；
——定角度圆弧点；
——象限点；
——曲线上的点；
——面上的点。

1.5.2 矢量构造器

矢量构造器用于构造一个单位矢量。矢量的各坐标分量值共同确定矢量的方向，与其大小无关。

矢量构造器不能构造独立存在的矢量。常在操作中构造一个矢量后，在图形显示窗口中会显示一个临时的矢量符号，当操作结束后该矢量符号即消失。

矢量构造器如图 1-14 所示。矢量构造器上部为矢量定义方法，根据用户选择不同的矢量定义方法而出现的不同参数将在中部的框中显示。此外，用户还可以通过坐标输入所需的矢量。通过编辑矢量，用户可以定义矢量的方向和起始点。

矢量构造器的使用与点构造器的使用相同，此处不再赘叙。

矢量定义方法的说明如下：

推测矢量——系统根据所选择的对象自动判断矢量的方向；
两点——在指定的两点之间定义一个矢量；
方位角——在工作平面中指定方位角定义一个矢量；
曲线切线——沿曲线起始点的切线方向定义一个矢量；
曲线上——沿曲线上指定位置的切线或法线方向定义一个矢量；
表面法线——沿表面法线定义一个矢量；
平面法线——沿平面法线定义一个矢量；
基准轴——平行于基准轴定义一个矢量。

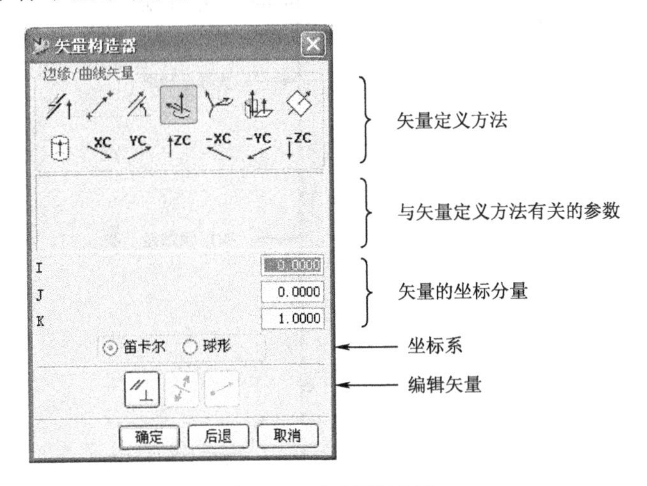

图 1-14　矢量构造器

1.6 图层的应用

图层在 UG 三维建模和加工中的应用非常广泛。在建模过程中通过图层设置，可以把非必要显示的实体、草图、线条等隐藏起来，使得显示更加清晰。在加工模块中，对实体往往需要进行修改，可通过图层设置复制新的模型并对其进行操作，而不会影响到原始模型。

在建模和加工模块中，尤其是在模具设计中，将不同的图层赋予各自的名称，使其标准化，对提高设计效率是非常有帮助的。

在 UG 的菜单栏中单击“格式”菜单，可以看到关于图层的几个命令，如图 1-15 所示。其中，“图层的设置”、“移动至图层”、“复制至图层”3 个命令应用最多，下面着重对其进行介绍。

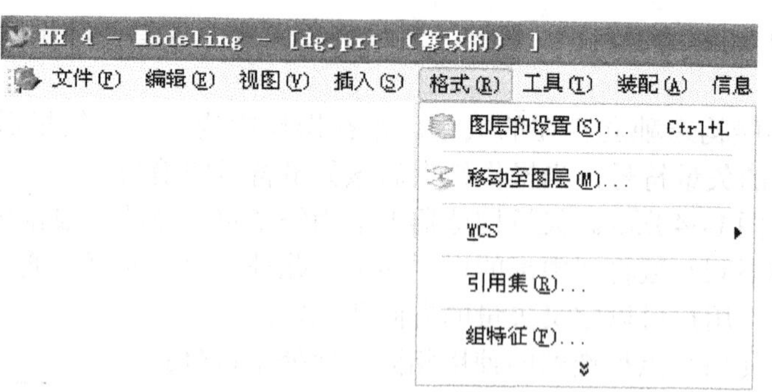

图 1-15 “格式”菜单下的图层命令

1. 图层的设置

单击“图层的设置”命令，弹出“图层的设置”对话框，如图 1-16 所示。在当前工作层的文本框中输入要进行操作的图层，再通过图层状态控制按钮设置当前图层的状态，单击“确定”按钮完成设置。UG 提供的图层为 1 层～256 层，在当前工作层的文本框中输入的图层超过 256 时系统会报错并要求重新输入。

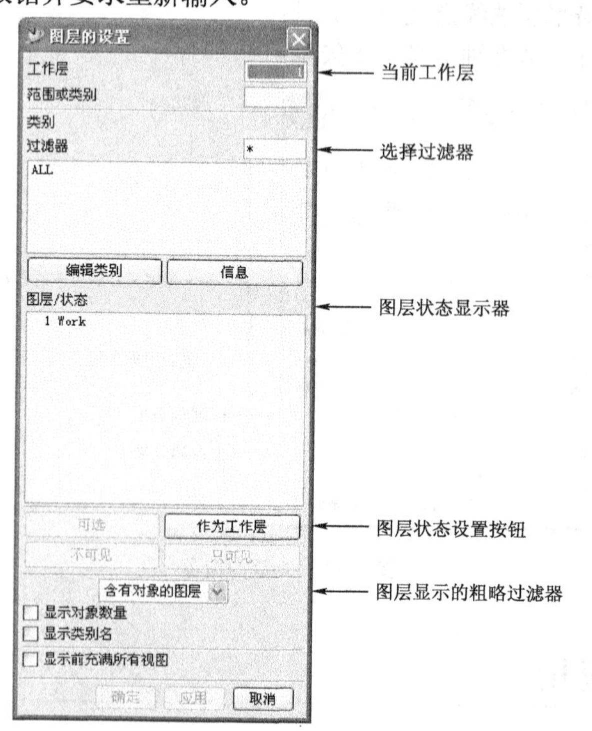

图 1-16 “图层的设置”对话框

下面解释一下关于层状态设置的 4 个按钮的功能。

（1）可选

将所选择的图层设置为“可选”状态时，该图层所包含的所有元素在 UG 的窗体中可见，并允许对这些元素进行操作。

（2）作为工作层

将所选择的图层设置为“作为工作层”状态时，该图层所包含的所有元素在 UG 的窗体中可见，并允许对这些元素进行操作；同时，建立的新的元素包含在该图层中。

（3）不可见

将所选择的图层设置为“不可见”状态时，该图层所包含的所有元素在 UG 的窗体中不可见（通过隐藏和反隐藏命令不能显示出来）。

（4）只可见

将所选择的图层设置为“只可见”状态时，该图层所包含的所有元素在 UG 的窗体中可见，但不允许对这些元素进行操作。

2. 移动至图层

单击“移动至图层”命令，弹出“类选择”对话框，如图 1-17 所示；选择需要移动的元素，单击“确定”按钮，弹出“图层移动”对话框，如图 1-18 所示；在“目标图层或类别”下的文本框中输入需要将元素移动到的图层的名称，最后单击“确定”按钮，完成移动至图层操作。

3. 复制至图层

“复制至图层”与“移动至图层”命令的操作步骤完全一样，在此不再赘述。其差别在于：使用“复制至图层”命令将原始图层中选择的元素复制到目标图层，原始图层和目标图层中都有，目标图层中的元素不带参数化特征；而使用“移动至图层”命令时，所选择的元素只存在于目标图层，而且是有参数特征的。

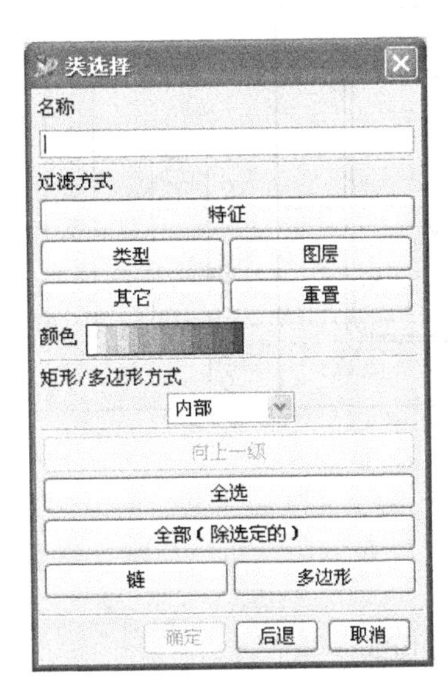

图 1-17　“类选择”对话框

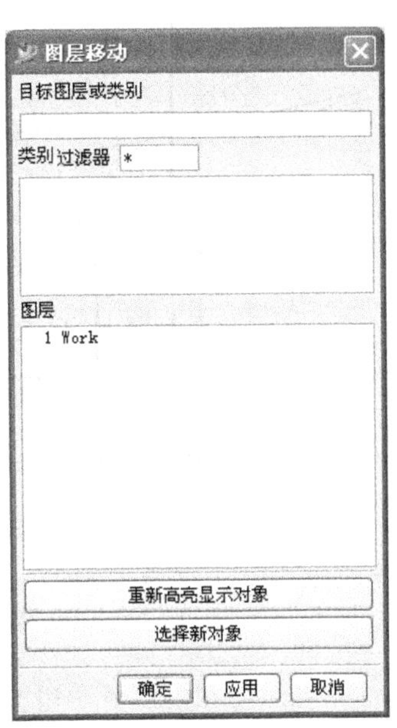

图 1-18　“图层移动”对话框

第2章 线架造型

线架造型实际上是指曲线造型。一般曲线功能分为两大部分：曲线的生成和曲线的编辑。

本章中，曲线的生成部分主要通过传呼机壳体二维图纸的绘制过程，使读者掌握直线、圆弧、圆的绘制方法。

曲线的编辑部分则通过绘图使读者掌握曲线的裁剪、偏置，圆角的过渡等功能的使用。

2.1 实例一 绘制传呼机壳的二维图

传呼机壳的二维图纸如图 2-1 所示。

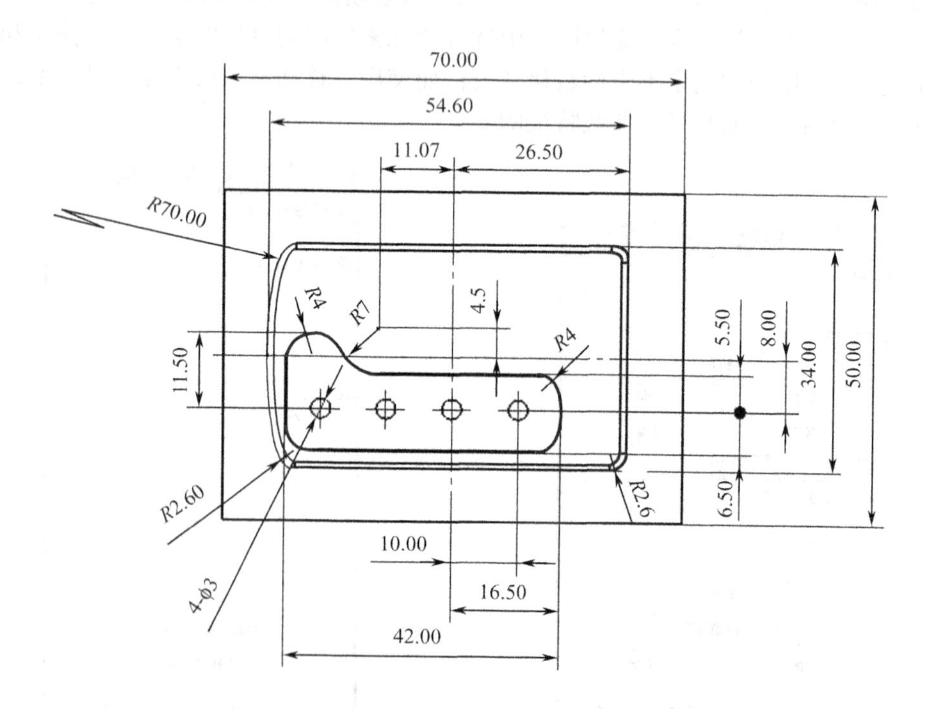

图 2-1 传呼机壳的二维图纸

2.1.1　相应功能菜单的介绍

1. 创建直线

（1）创建基本直线

通过选择菜单“插入”→“曲线”→“基本曲线”或单击“曲线”工具条上“基本曲线”图标（如图 2-2 所示），将弹出如图 2-3 所示的对话框。同时在提示栏弹出如图 2-4 所示的对话框，在这个对话框中可以直接输入直线端点的坐标以及角度和长度。使用 Tab 键可以在各坐标之间进行切换。也可以用鼠标左键选中其中的坐标进行输入，输入完成后，按 Enter 键确定。

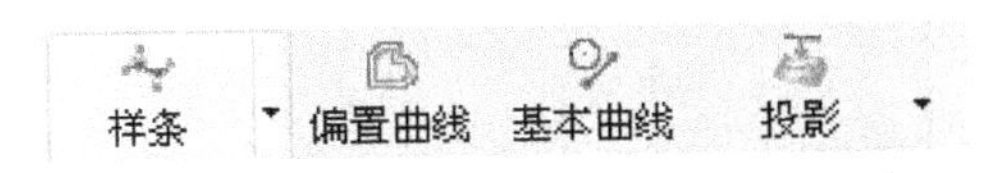

图 2-2　曲线选择工具条

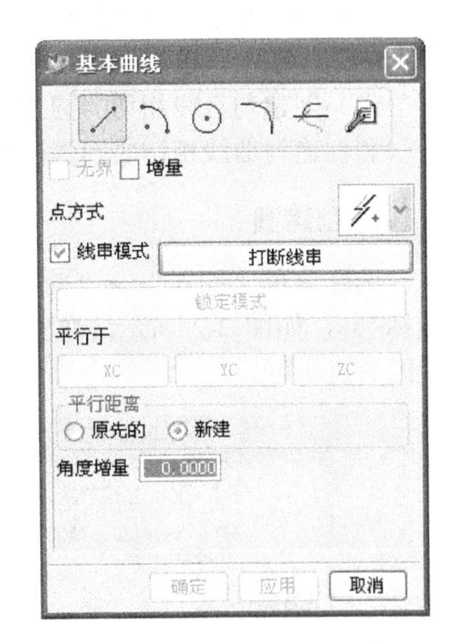

图 2-3　“基本曲线”对话框 1

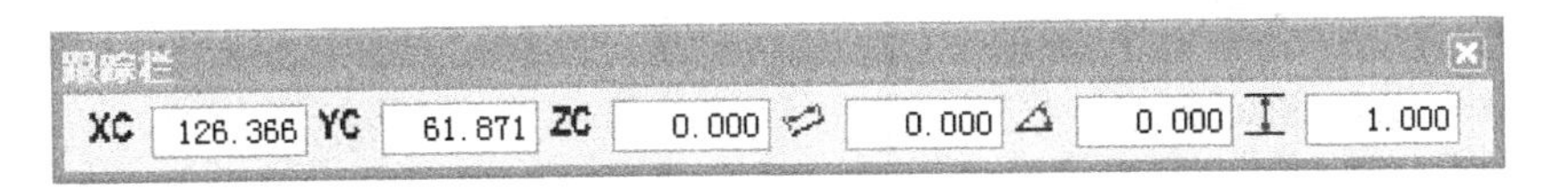

图 2-4　直线设置方式

（2）创建与基准轴成一定角度的直线

首先定义起始点，然后在提示栏的斜角和长度中输入角度值及直线的长度，即可建立一条与基准轴成一定角度的直线。这里的角度是指按照逆时针方向旋转与基准轴的夹角。同理，可以创建与一条直线平行、垂直或成一定角度的直线。但必须先定义起始点，然后再选择直线（注意不要选择控制点），此时移动鼠标，注意提示栏中的提示（平行、垂直或是成角度），如图 2-5 所示。

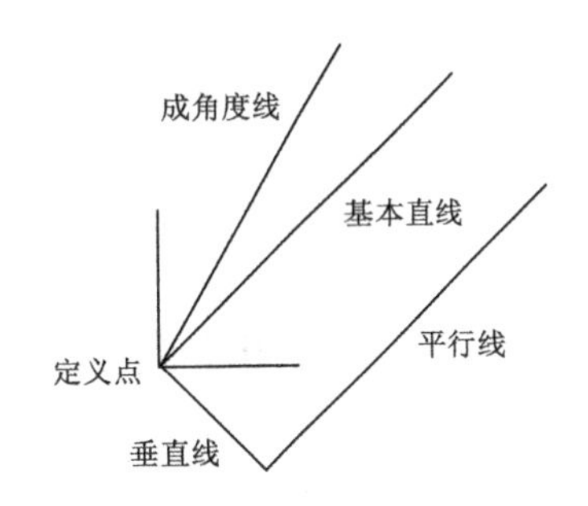

图 2-5　创建与一条直线平行、垂直或成一定角度的直线

（3）创建与圆弧相切的直线

首先选择要相切的圆，然后会出现一个可移动的与圆相切的虚线，其第一点在圆上，再选择另一定位点即可。

2. 创建圆弧

（1）创建基本圆弧

选择菜单“插入”→“曲线”→“基本曲线”或单击“曲线”工具条上“基本曲线”图标（如图 2-2 所示），弹出如图 2-6 所示对话框。同时在提示栏弹出如图 2-4 所示的对话框，先选择一点作为圆弧的起点，再选择另一点作为圆弧的终点。这时系统产生一条变化的圆弧线，移动鼠标可以不断变化圆弧线的曲率，最后单击一点作为圆弧上的点。

如图 2-6 所示，如果选择“中心，起点，终点”生成圆弧，只要选取圆心点、圆弧起点坐标和圆弧终点坐标，即可生成所需的圆弧。

（2）创建与曲线相切的圆弧

先在图 2-6 中选择“起点，终点，弧上的点”选项，然后分别单击两个点作为圆弧的起点和终点，接着再单击欲相切的圆弧，即可生成所需圆弧。

（3）创建与直线相切的圆弧

和创建与曲线相切的圆弧同理，只是单击的是欲相切的直线，便可生成所需圆弧。

3. 创建圆

选择菜单“插入”→“曲线”→“基本曲线”或单击“曲线”工具条上“基本曲线”图标，如图 2-2 所示，弹出如图 2-7 所示对话框，在提示栏中输入圆心坐标和半径或直径的数值即可。

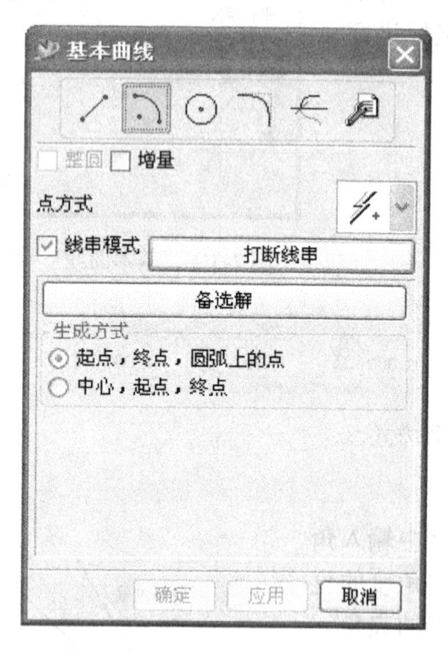

图 2-6 “基本曲线”对话框 2

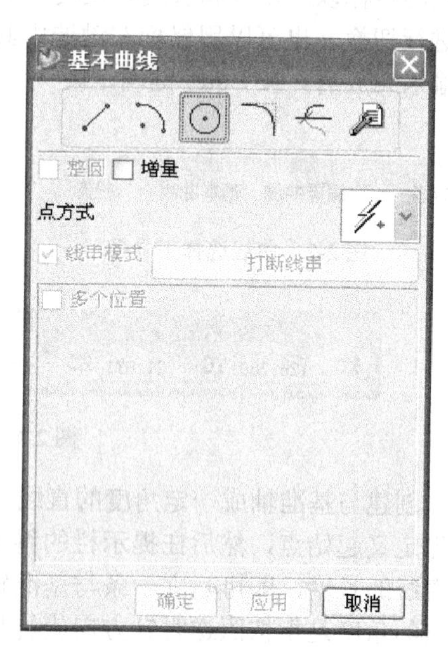

图 2-7 “基本曲线”对话框 3

2.1.2 绘图步骤

1. 作中心线

选择菜单“插入”→“曲线”→“基本曲线”或单击“曲线”工具条上“基本曲线”图标，选中“直线”图标，在提示栏中填写相应的尺寸 XC -50.0000 YC 0.00000 ZC 0.00000 100.0000 0.000 0，作出中心线。

NOTICE 注意

输入完起点坐标值后回车确认，然后输入长度再回车确认完成整条直线的绘制。

2. 作 70×50 的外轮廓线

利用中心线偏置作出外轮廓。选择菜单“插入”→“曲线”→“偏置曲线”或单击曲线工具条上“偏置曲线”图标，弹出如图 2-8 所示对话框；选择需偏置的曲线，单击

“确定”按钮，弹出“点构造器”对话框，如图 2-9 所示；选择偏置方向，弹出“偏置曲线”对话框，如图 2-10 所示；确定偏置距离，单击“确定”按钮，依次作出外轮廓线，如图 2-11 所示。

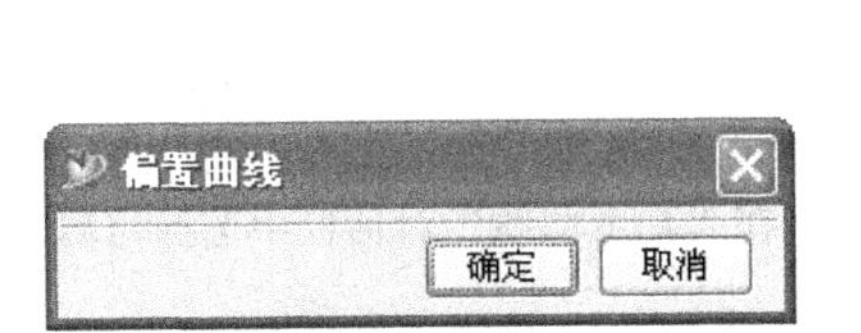

图 2-8　“偏置曲线”对话框 1

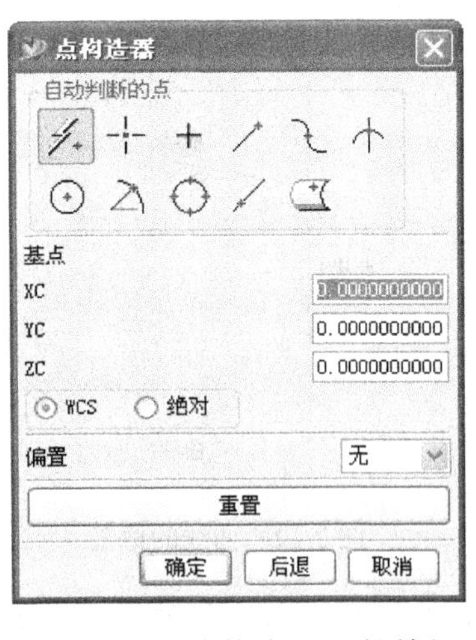

图 2-9　“点构造器”对话框

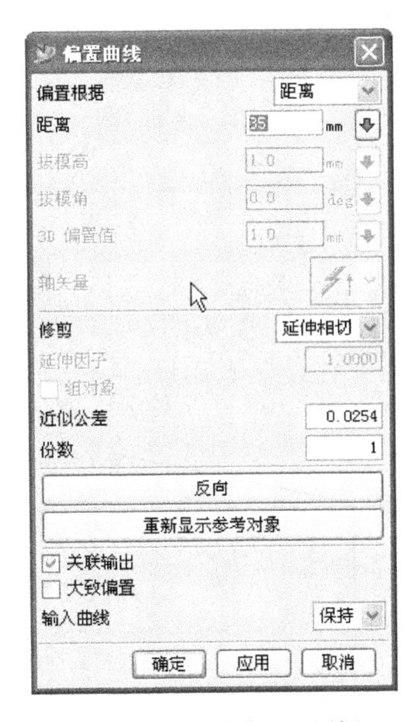

图 2-10　“偏置曲线”对话框 2

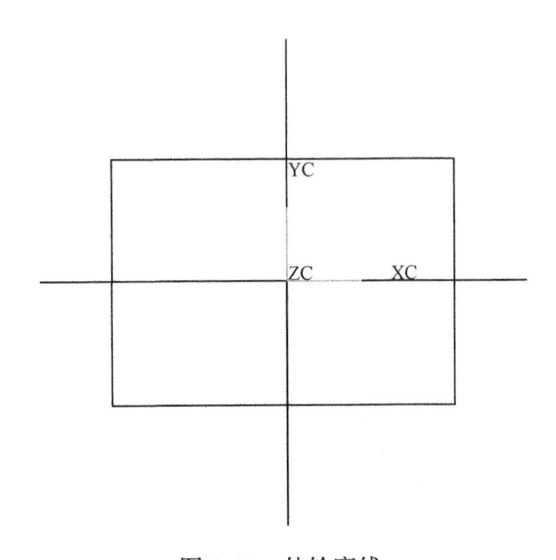

图 2-11　外轮廓线

NOTICE　注意

修剪功能的使用，操作步骤如下所示：

① 如图 2-12 所示，要进行曲线 3 的修剪，选择菜单“插入”→“曲线”→“基本曲线”单击“曲线”工具条上“基本曲线”图标，选择修剪功能，如图 2-13 所示。

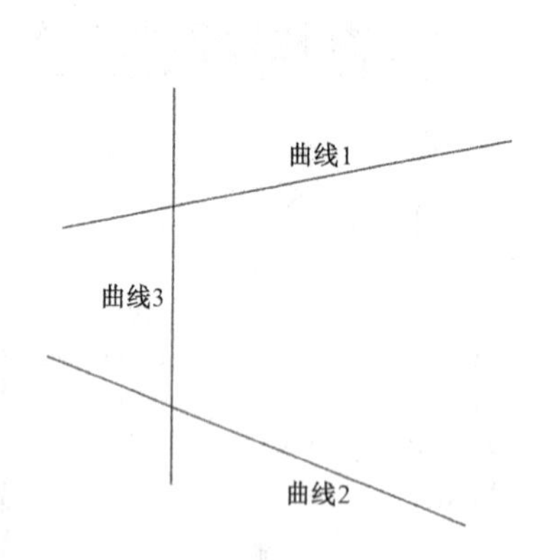

图 2-12　曲线的修剪

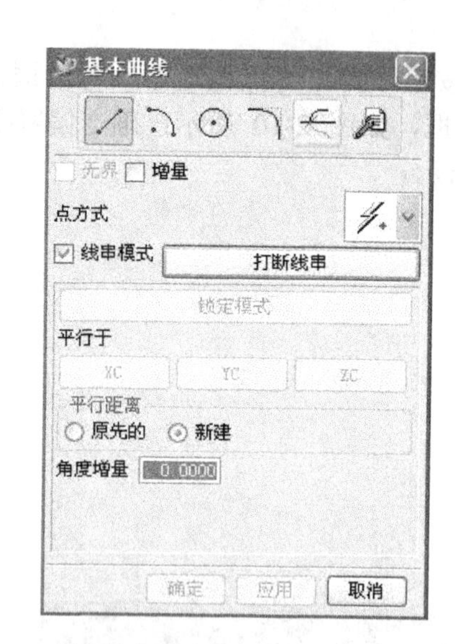

图 2-13　在“基本曲线”对话框中选择修剪功能

② 弹出“修剪曲线”对话框，单击要修剪的线串按键，如图 2-14 所示。

③ 按提示选择需修剪的曲线 3（选择需删除部分），再选择第一边界曲线 1 和第二边界曲线 2，最后单击“确定”按钮完成曲线的修剪，如图 2-15 所示。

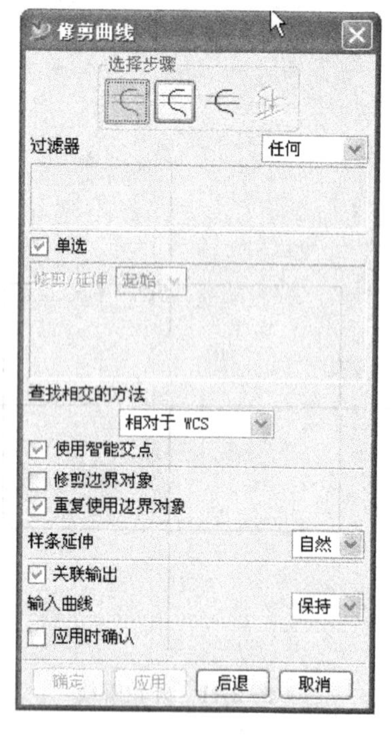

图 2-14　“修剪曲线”对话框

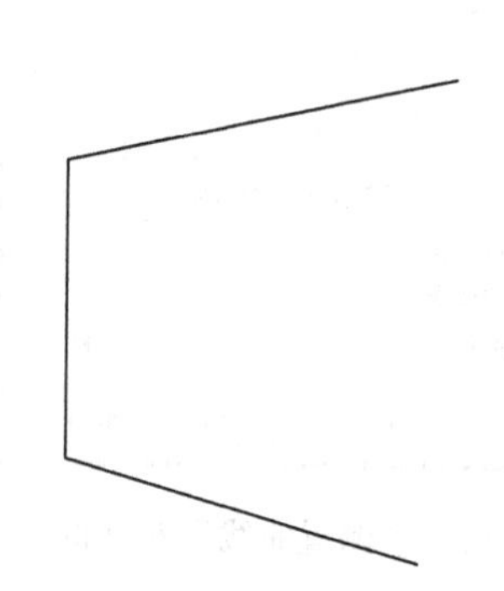

图 2-15　修剪后的曲线

3．作内轮廓线

先利用偏置功能作出内轮廓的平行线，再选择菜单“插入”→“曲线”→“基本曲线”→“圆角”或单击曲线工具条上“基本曲线”→“圆角”命令，弹出如图 2-16 所示的对话框，给出圆角半径，作出内轮廓圆角，如图 2-17 所示。

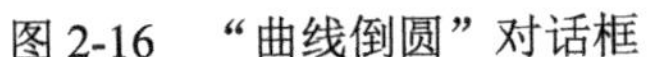
图2-16 “曲线倒圆”对话框

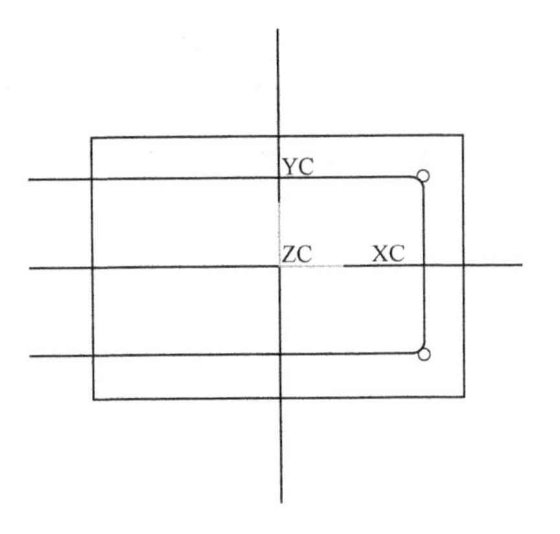

图2-17 内轮廓圆角

单击主菜单中的“插入”→“曲线”→“基本曲线”或单击曲线工具条上“基本曲线”对话框中“圆”命令，作出 *R*70 圆，如图2-18所示。

➢ 修剪多余的线条：单击“基本曲线”→“修剪”命令，弹出“修剪曲线”对话框，如图 2-19 所示。先选择第一边界对象，再选择第二边界对象，最后选择需要修剪的曲线（选取去除部分），完成曲线的修剪，如图 2-20 所示。同理可以进行直线修剪，在修剪的过程中，选择第一边界对象后直接选取将要修剪的线串，进行修剪。

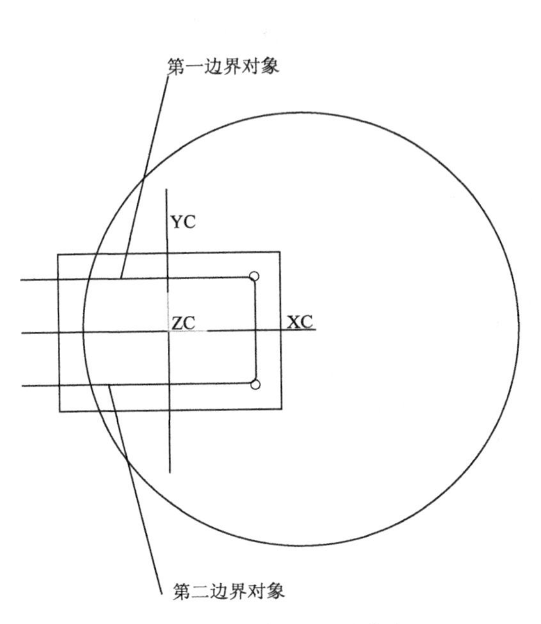

图2-18 内轮廓 *R*70 圆弧

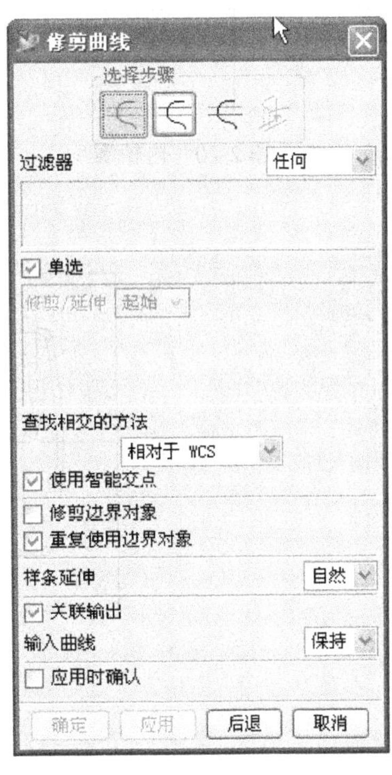

图2-19 “修剪曲线”对话框

➢ 合并曲线：单击“插入”→“来自曲线集的曲线”→“合并”命令，选择需连接的曲线，单击“确定”按钮，弹出“合并曲线”对话框，再单击“确定”按钮，（合并曲线的目的是将各段曲线形成一条封闭的曲线轮廓，以保证进行线条偏置时的连续性。）

➢ 内轮廓向内偏置 0.9：选择菜单“插入”→“曲线”→“偏置曲线”或单击曲线工

具条上“偏置曲线”图标，弹出“偏置曲线”对话框，根据提示选取需偏置的曲线，进行偏置距离设置，此处为 0.9，如图 2-21 所示。然后单击“确定”按钮，完成对曲线的偏置，如图 2-22 所示。

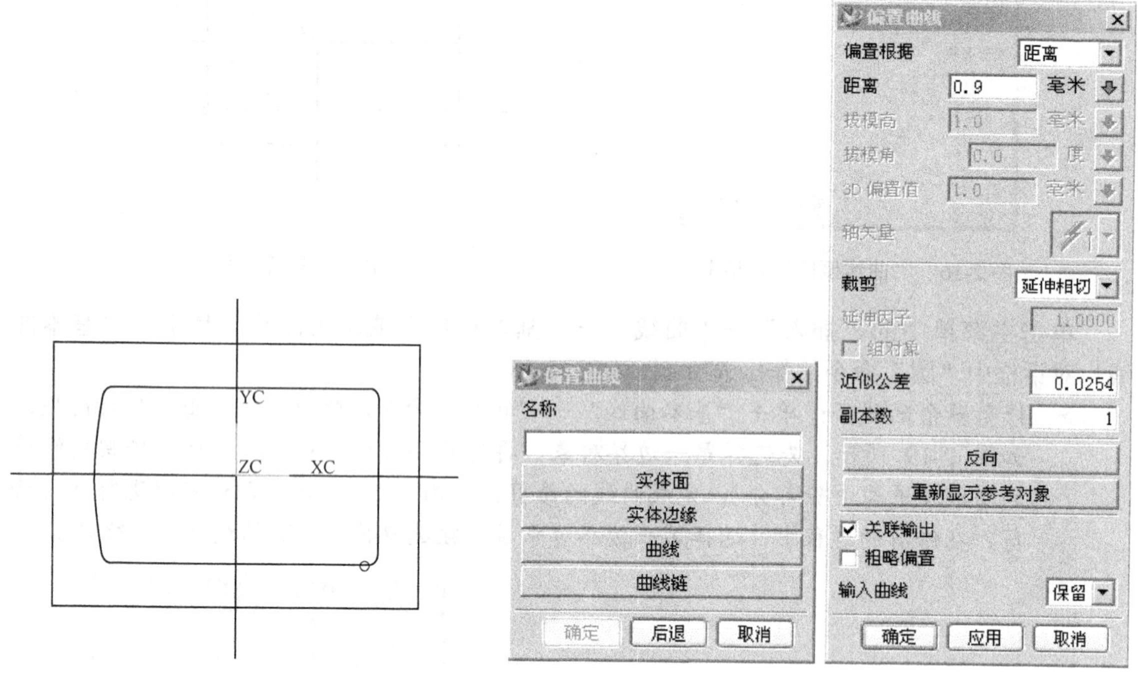

图 2-20　内轮廓

图 2-21　设置曲线偏置距离

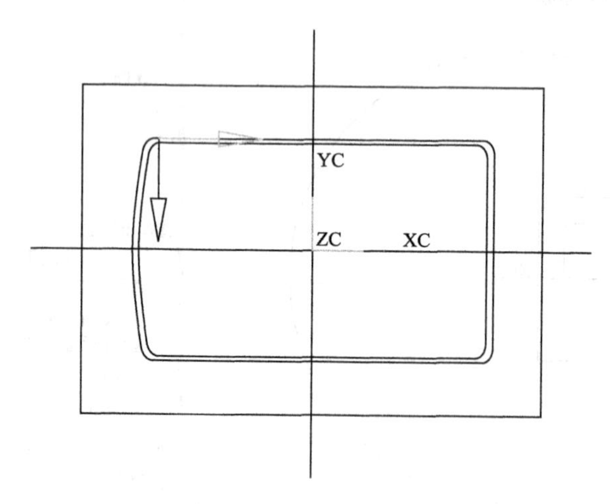

图 2-22　内轮廓偏置

4．作按键的曲线轮廓

利用直线、圆、圆弧及曲线修剪功能，按图纸要求绘制出按键的曲线轮廓，如图 2-23 所示。

其中，根据零件图的要求，将水平中心线向下偏置 8mm（单击曲线工具条上“偏置曲线”图标），再以 8mm 线为基准，向上偏置 5.5mm 得出一条线、偏置 11.5mm 得出一条线，向下偏置 6.5mm 得出一条线，此三条线作为按键曲线轮廓水平方向的边界线。

将垂直中心线向右偏置 16.5mm 得出一条线，以此线为基准向左偏置 42mm 得出一条线，作为按键曲线轮廓垂直方向的边界线。再根据零件图纸的要求，作出圆心坐标为（−11.07,4.5），半径为 *R*7 的圆。然后，曲线四周边界倒出 *R*4 的圆角，最后进行相应的修剪即可。

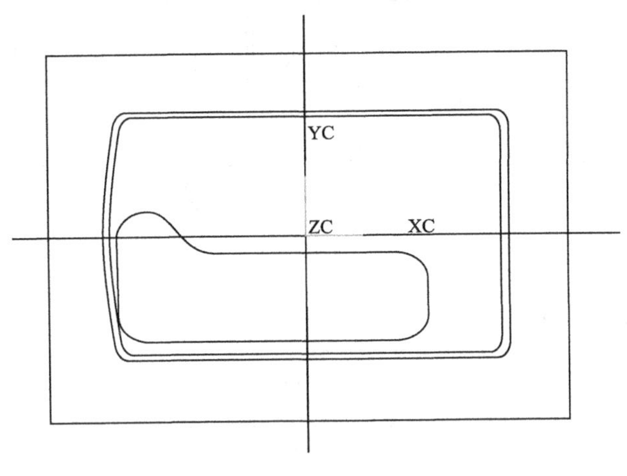

图 2-23　按键的曲线轮廓

5．作按键

利用圆心的偏置绘制按键，完成传呼机壳的绘制，如图 2-24 所示。

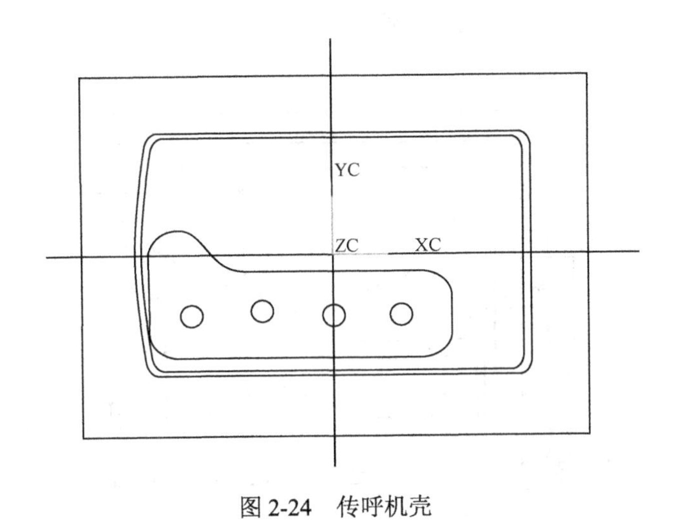

图 2-24　传呼机壳

2.2　实例二　绘制支架的二维图

一般情况下线框造型并不是主要的造型方法，但是在所有的造型过程中都不可避免地要用到线框造型。下面这个例子完成后请注意存盘，因为在以后的学习中还会用到。如图 2-25 所示是支架的二维图纸。

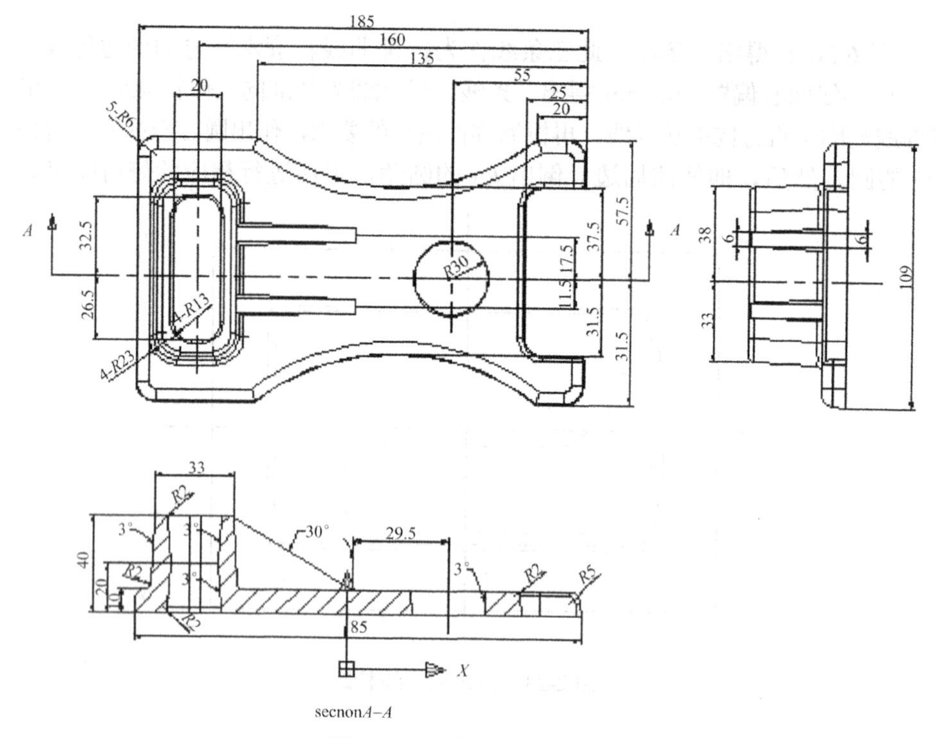

图 2-25　支架的二维图纸

仔细分析图 2-25 所示的支架图纸，选择俯视图作为 3D 造型的突破口是最为方便的。因此选择俯视图作线框造型，如图 2-26 所示。

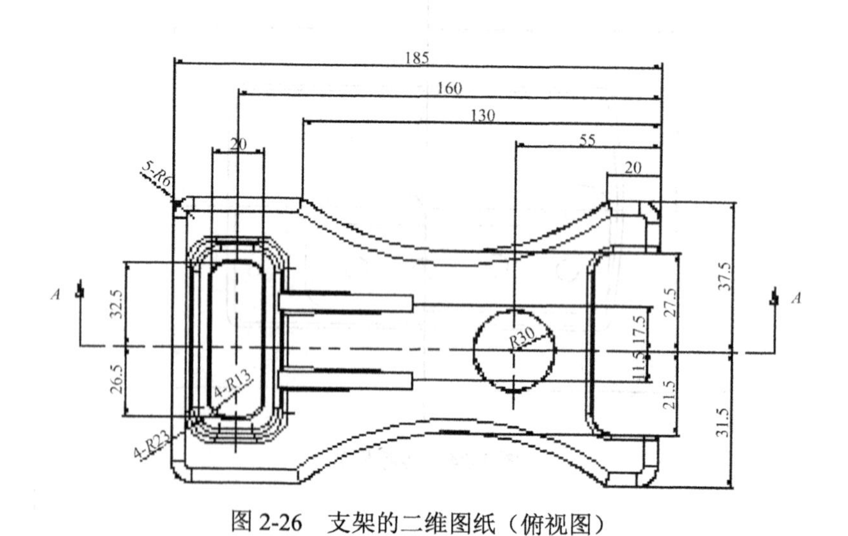

图 2-26　支架的二维图纸（俯视图）

① 根据图纸基准绘制基准线，使用曲线偏置命令绘制出外框线，如图 2-27 所示。

② 绘制圆弧和缺口部分图形，如图 2-28 所示。

③ 使用裁剪功能修剪掉多余的线串，如图 2-29 所示。

④ 绘制圆孔基准线和方孔基准线，并绘制圆孔和方孔图形，如图 2-30 所示。

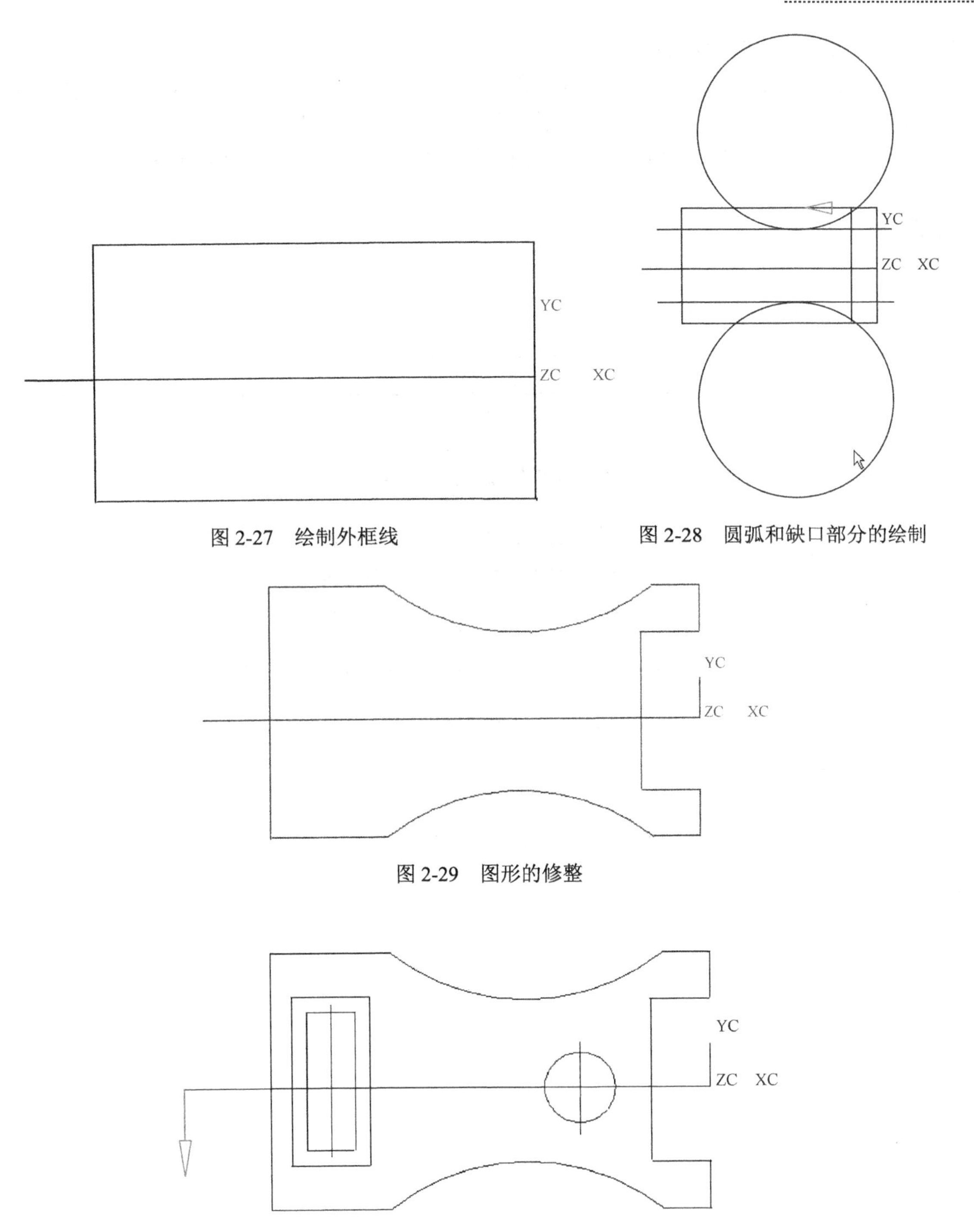

图 2-27　绘制外框线

图 2-28　圆弧和缺口部分的绘制

图 2-29　图形的修整

图 2-30　圆孔和方孔的绘制

在使用线框建造三维模型时，通常绘制的线框只是为了生成三维实体，因此没有必要将俯视图中的每一条线都绘制出来，而是选择在建造三维实体时所需要的线框。

一般情况下，圆角和拔模斜度都是在三维实体中最后构建的，在线框造型中不直接绘制。相反，如果在线框造型中绘制出圆角，不但费时而且往往会对三维建模造成影响，具体情况可在实际应用中慢慢体会。

通过分析支架的二维图纸可以发现，图 2-30 中的线串已满足建模要求，其他的线串在三维建模中使用不上，在此就不必绘制了。关于支架三维模型的构建将在第 3 章详细介绍，请读者将支架二维线框的文件保存好，以便在第 3 章的讲解过程中方便地调用。

习题 2

绘制图 2-31 所示的防倒阀二维图。

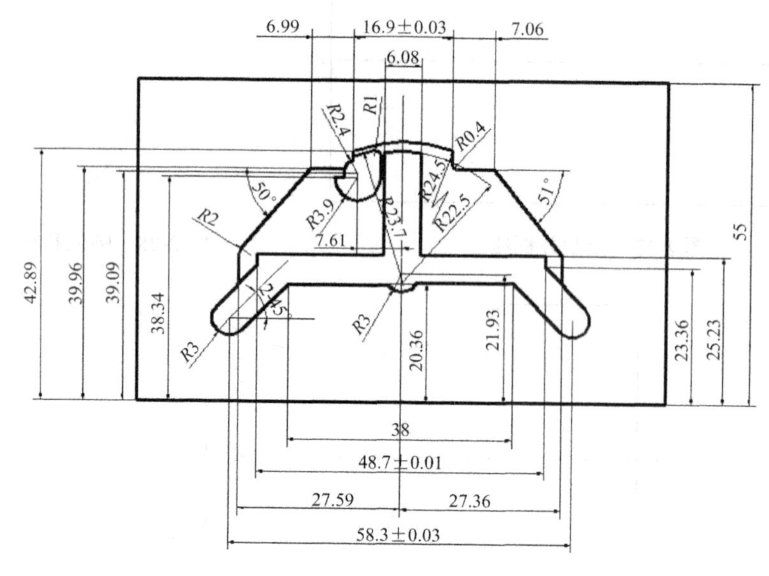

图 2-31　题图

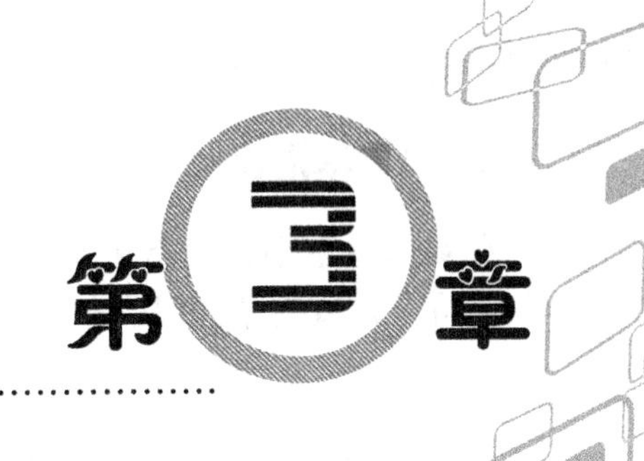

特征建模

UG 的建模功能是非常强大的，本章主要用几个实例来讲解完全参数化建模和非完全参数化建模的应用。本章所涉及的草图建模、线框建模和实体特征建模并不是独立的。一般情况下，一个三维模型往往都包括这几种建模方式，甚至还包含其他建模方式，如直接建模等。本章之所以将这几种建模方式分开，主要是为了使用户能更深刻地了解不同建模方式在不同情况下的应用，以及便捷地比较它们之间的优缺点。

UG 建模的常用命令有以下几种。

体素：长方体（Block），圆柱（Cylinder），圆锥（Cone），球（Sphere）。

添加材料特征：凸台（Boss），凸垫（Pad）。

去除材料特征：孔（Hole），腔（Pocket），直槽（Slot），环槽（Groove）。

扫描特征：拉伸体，旋转体。

布尔操作：布尔加，布尔减，布尔交。

倒圆倒角：边倒圆，倒斜角，面倒圆。

直接建模工具：面取代。

其他操作：修剪体，抽壳，实例特征，缝合。

实体特征建模能够方便迅速地创建二维和三维实体模型。通过扫描、旋转实体等特征操作，并辅之以布尔操作和参数化，可以精确地描绘几乎任何几何形状。将这些形状结合起来，便可以达到设计、绘图等目的。

本章主要介绍成型特征中长方体、腔体、孔等的成型过程，以及特征操作中倒角、引用等特征的使用，通过固定片的成型过程，使读者了解实体体素建模的操作过程。

3.1 基准要素

基准要素包括基准轴、基准面和基准坐标系，主要用做确定特征或者草图的位置和方向，生成实体或直接创建实体。

3.1.1 基准轴

基准轴主要用于建立特征的参考方向，如图 3-1 所示。单击“插入”→“基准/点”→“基准轴”命令，弹出“基准轴”对话框，如图3-2 所示，进行基准轴的设定。

3.1.2 基准面

在实体造型中，经常用基准面作为辅助平面。通过使用基准面，可以在非平面上方便地创建特征，或为草图提供草图工作平面位置。

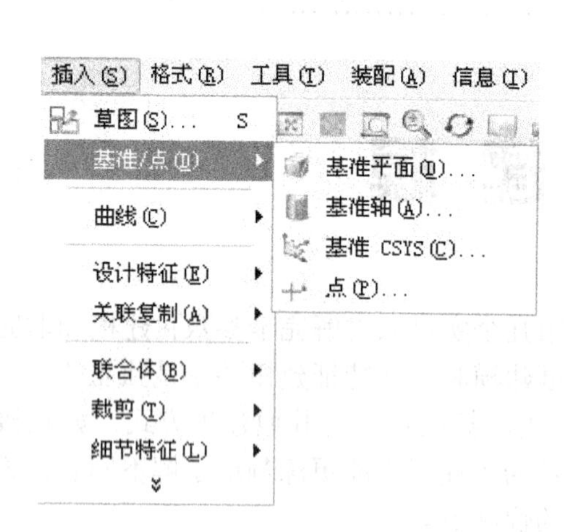

图 3-1 确定基准轴

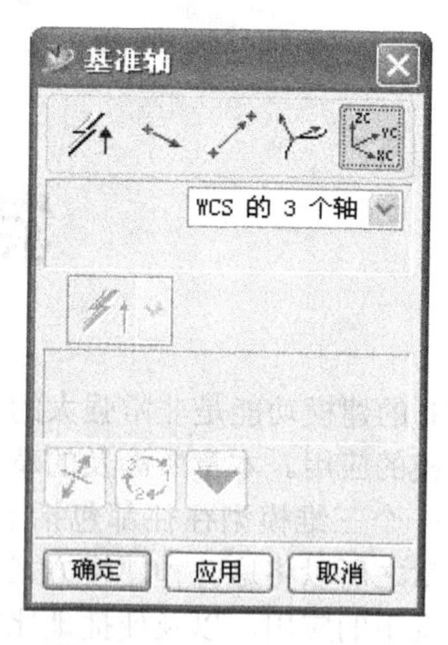

图 3-2 “基准轴”对话框

在图 3-1 中单击“插入”→“基准/点”→“基准平面”命令，弹出“基准平面”对话框，如图 3-3 所示，进行基准平面的设定。

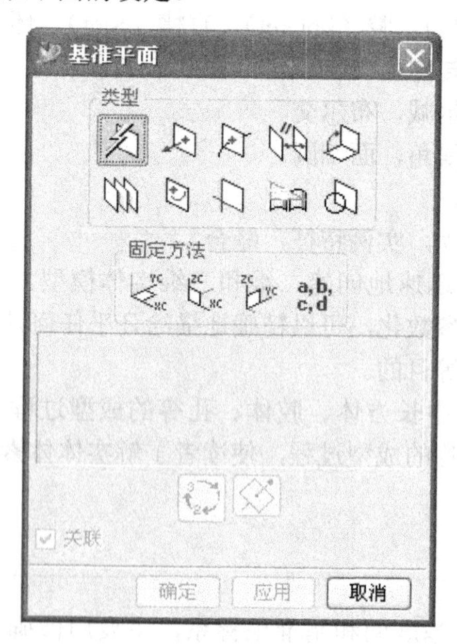

图 3-3 “基准平面”对话框

3.2 实体建模实例一 固定片的三维建模

固定片如图 3-4 所示。

3.2.1 读图

读图是建模的基础。只有充分了解图纸的内容，理解图纸的设计意图，才能理清建模顺序。

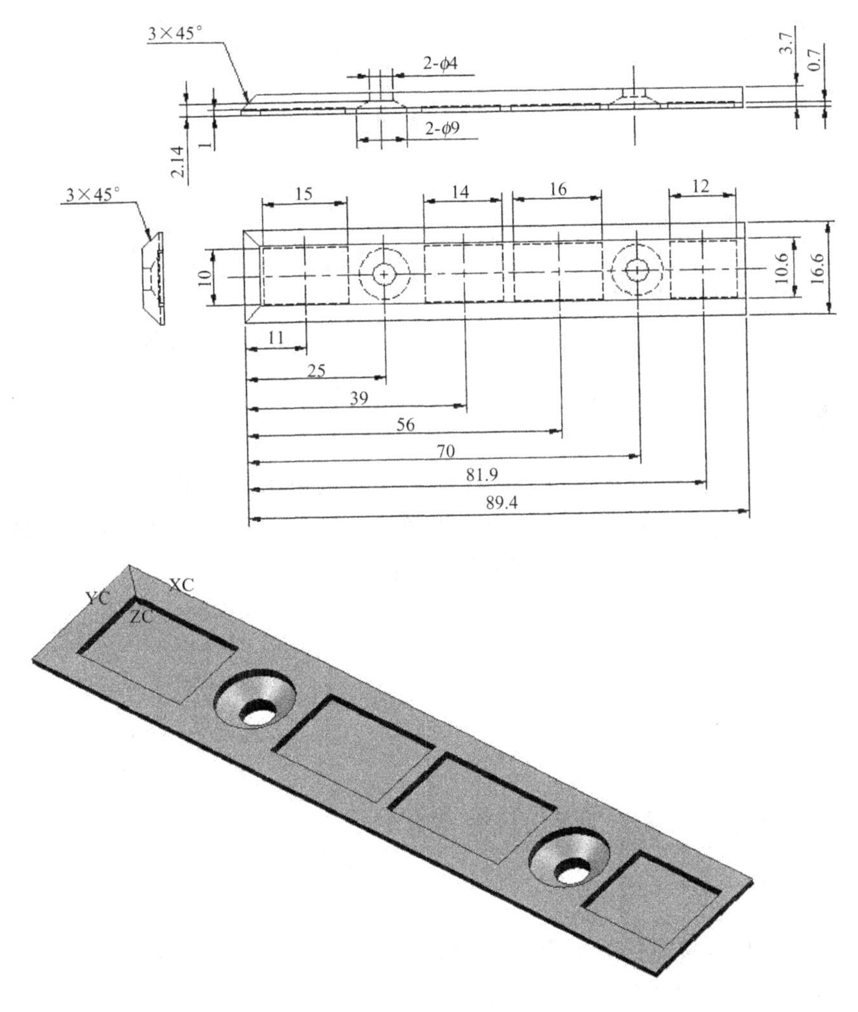

图 3-4 固定片

由图 3-4 可知，俯视图中设计基准为左端竖直边和水平中心线，主视图中设计基准为底面端线。图形主体为一长方体，在长方体上有圆孔、方孔和倒角三种特征。由此可以得出建模顺序为：

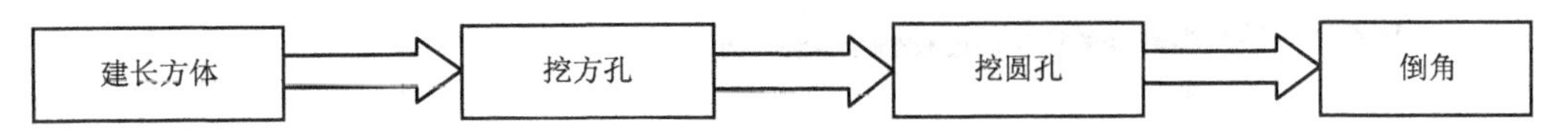

3.2.2 建立长方体

新建一个 UG 文件，单击“起始”→“建模”按钮，进入“建模”模块中，单击“成型特征”工具条上长方体按钮“”，出现“长方体”对话框，如图 3-5 所示。

按照图 3-4 所标注的零件尺寸分别输入长方体的长、宽、高，即如分别图 3-5 所示输入尺寸，单击“确定”按钮，就得到所需的长方体，如图 3-6 所示。

此外，UG 软件还可以构建圆柱体、圆锥体和球三种体素。

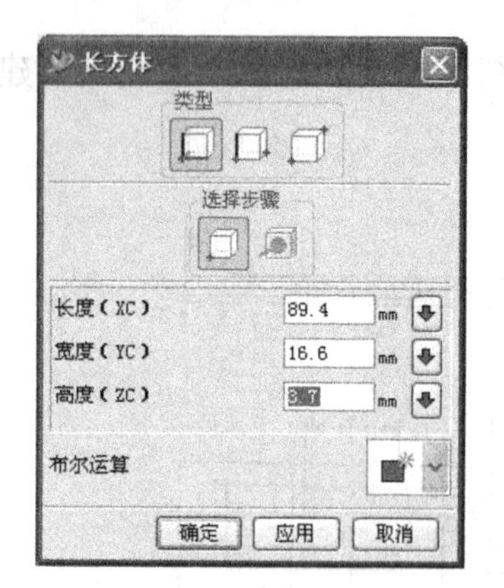

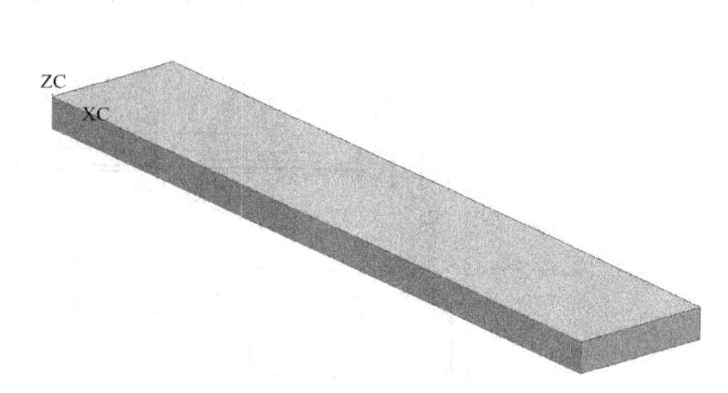

图 3-5 “长方体”对话框

图 3-6 长方体

3.2.3 建立方孔

单击“插入”→“设计特征”→“腔体”按钮，或单击“成型特征”工具条上“”按钮，弹出“腔体”对话框，如图 3-7 所示。选择“矩形”按钮，弹出“矩形腔体”对话框，如图 3-8 所示，对话框提示可以选择实体的某一表面或基准面。

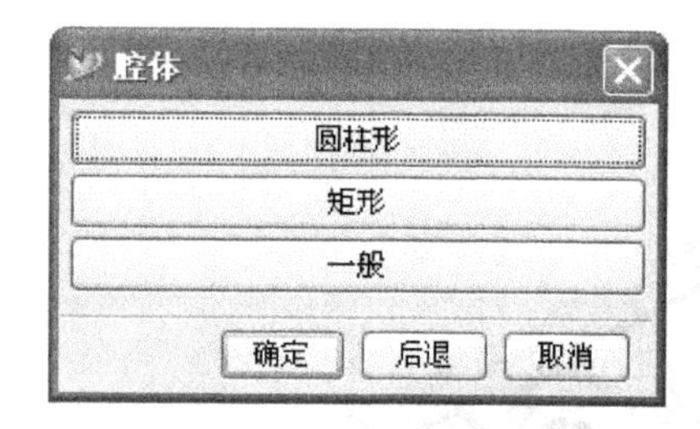

图 3-7 “腔体”对话框

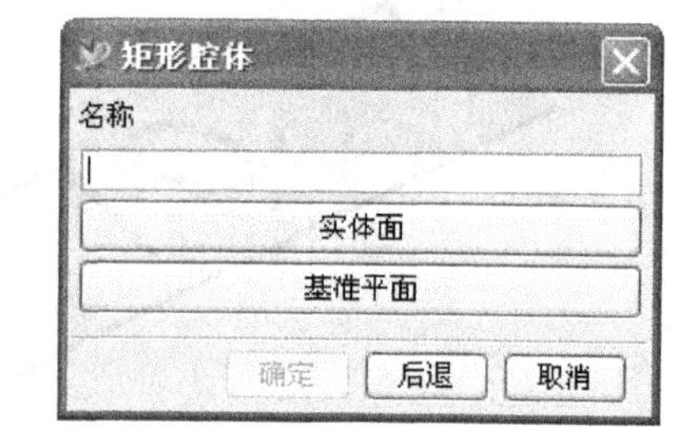

图 3-8 “矩形腔体”对话框

本例中选择长方体底面作为放置面，弹出“水平参考”对话框，选择长方体的一边作为水平参考方向，即图 3-9 中的 XC 轴方向。

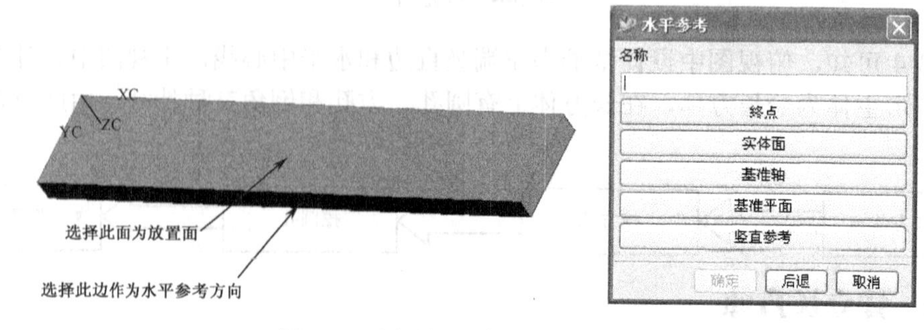

图 3-9 选择放置面和水平参考方向

选择水平参考方向后，弹出“矩形的腔体”参数设置对话框，根据所选择的水平参考方向输入矩形腔体的长度、宽度、深度等各项参数，如图 3-10 所示，单击“确定”按钮。

此时弹出“定位”对话框，如图 3-11 所示，选择水平定位方式按钮“”，然后选择

“第一条水平定位参数”和“第二条水平定位参数”作为定位边界，在弹出的“创建表达式”对话框中输入定位尺寸 11.0，如图 3-12 所示，单击“确定”按钮完成水平定位；然后选择垂直定位方式按钮“ ”，选择“第一条垂直定位参数”和“第二条垂直定位参数”作为定位边界，在弹出的“创建表达式”对话框中输入定位尺寸 8.3，单击“确定”按钮完成垂直方向的定位。结果如图 3-13 所示。

其他几个方孔的建模方法同上。

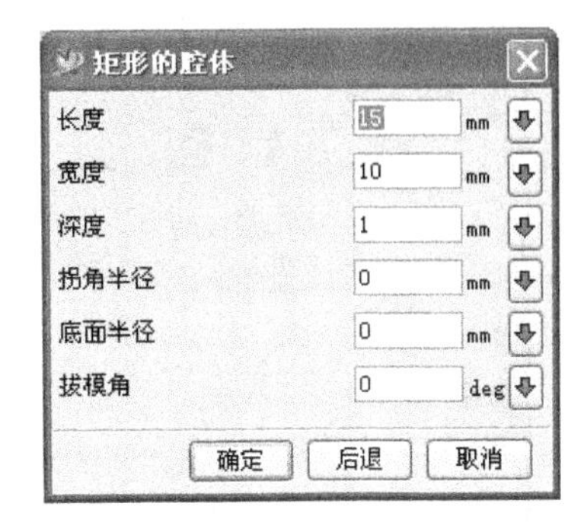

图 3-10　“矩形的腔体”参数设置对话框

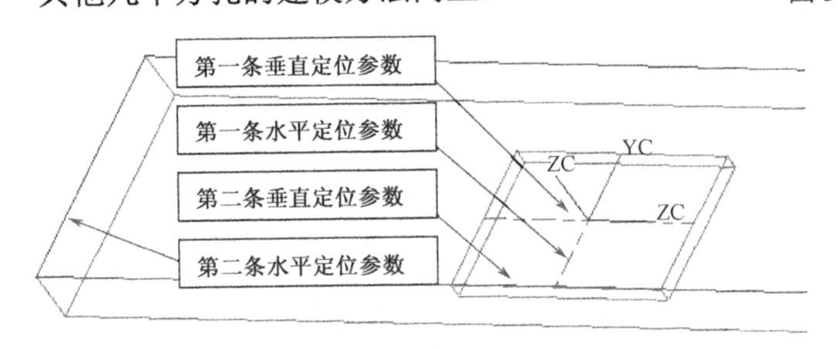

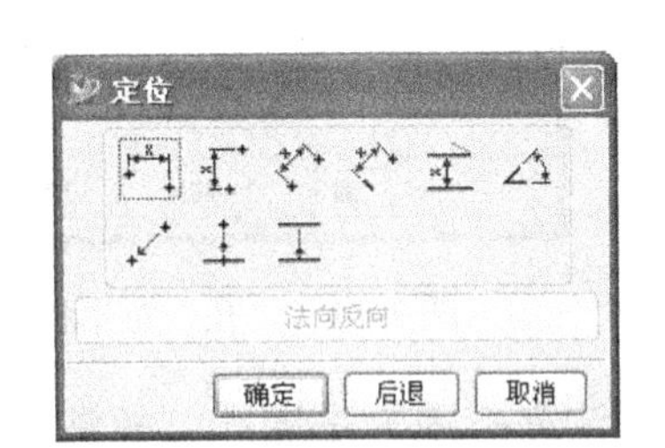

图 3-11　选择定位边界

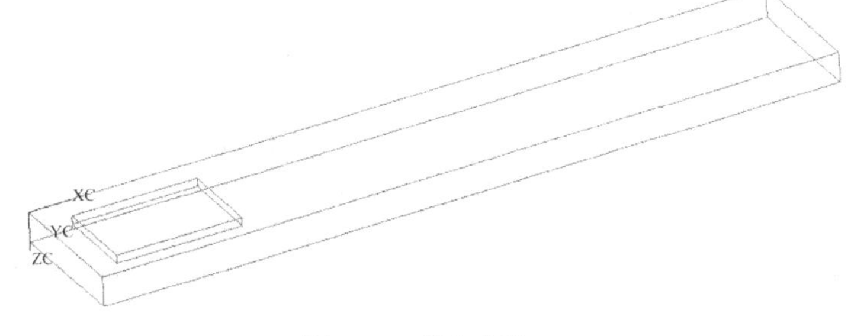

创建表达式
p9　11.0　mm
确定　后退　取消

图 3-12　添加定位尺寸

图 3-13　建立方孔

3.2.4　建立圆孔

单击“插入”→“设计特征”→“孔”按钮，或单击“成型特征”工具条上（简单）的孔“ ”按钮，弹出“孔”对话框，如图 3-14 所示。在“类型”中选择孔的类型：（简单），输入尺寸并在“选择步骤”中选择放置面，单击“确定”按钮，弹出定位尺寸标注栏，按照上一节叙述方法标注定位尺寸，最后单击“确定”按钮完成 $\phi9$ 沉孔构建。

NOTICE　注意

选择的放置面只能是平的放置面，而不能是曲面。在选择平的放置面时可选择上表面，此时提示栏告知选择通过面，这时“确定”按钮已可以使用。由于已设定沉孔深度为 1mm，因此，可不进行通过面的设定，直接单击“确定”按钮。

下面介绍通孔（2-$\phi4$）的构建方法。单击“ ”按钮，弹出“孔”对话框，选择埋头孔的类型，输入尺寸如图 3-15 所示。

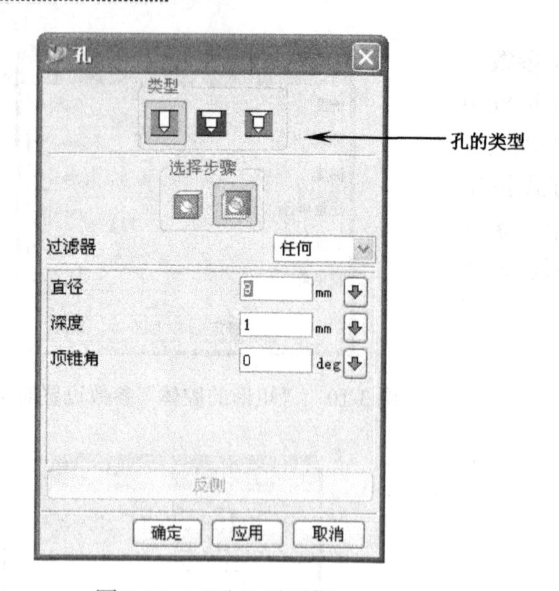

图 3-14 “孔”对话框

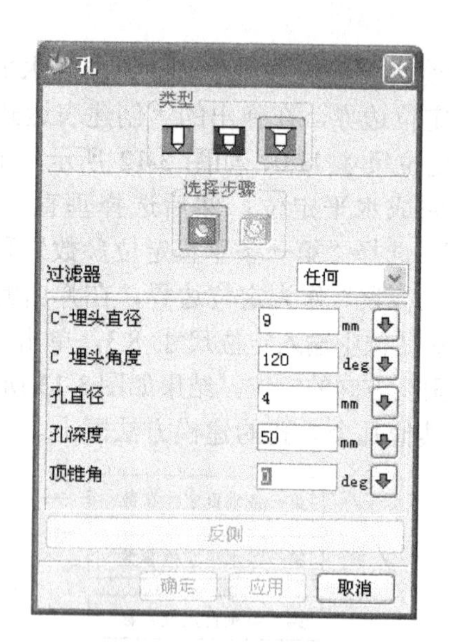

图 3-15 孔设定

注意：因为是通孔，故深度尺寸应略大一些。单击“确定”按钮，弹出“定位”对话框，选择点到点按钮“ ”进行定位尺寸标注，选择上述$\phi 9$ 沉孔的圆心，完成通孔的构建，如图 3-16 所示。

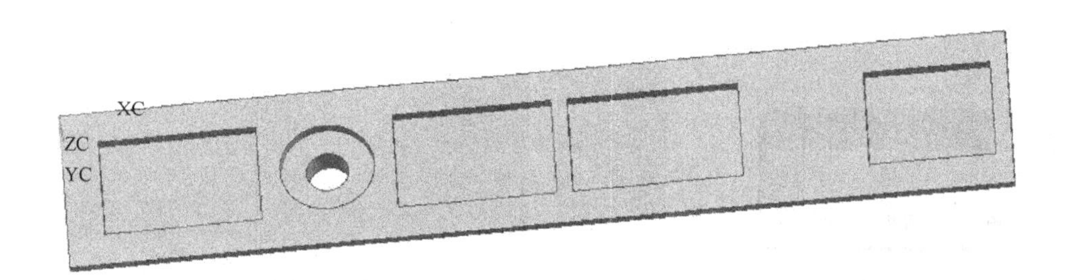

图 3-16 构建通孔

通过“实例”可以快速建立另外两个孔的特征。单击“插入”→“关联复制”→“实例”按钮，或单击特征操作工具条上“实例特征”图标，弹出“实例”对话框，如图 3-17 所示。选择“矩形阵列”，弹出过滤器窗口，如图 3-18 所示。可以在模型中选择上面已经建立的两个孔的特征，也可以在过滤器窗口中按住 Ctrl 键直接选择多个特征。完成选择后，单击“确定”按钮，弹出“输入参数”对话框，按照图 3-19 所示输入参数，单击“确定”按钮，此时弹出“创建引用”确认对话框，如图 3-20 所示，同时在模型中生成预览，最后单击“确定”按钮完成操作。

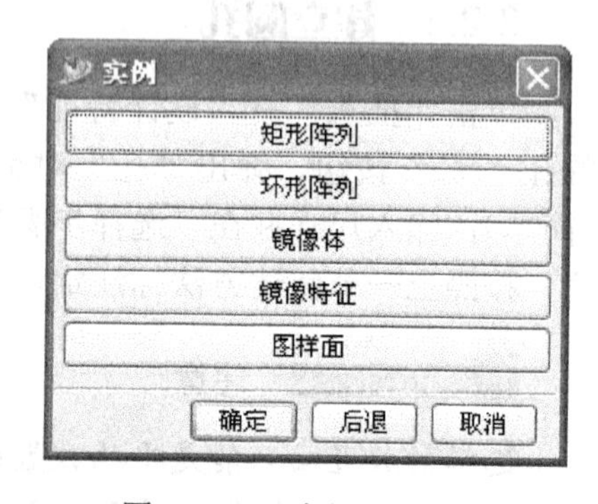

图 3-17 “实例”对话框

图 3-18　过滤器对话框

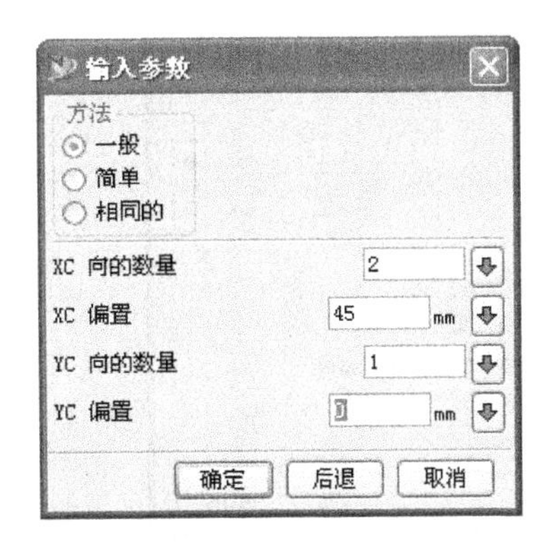

图 3-19　“输入参数”对话框

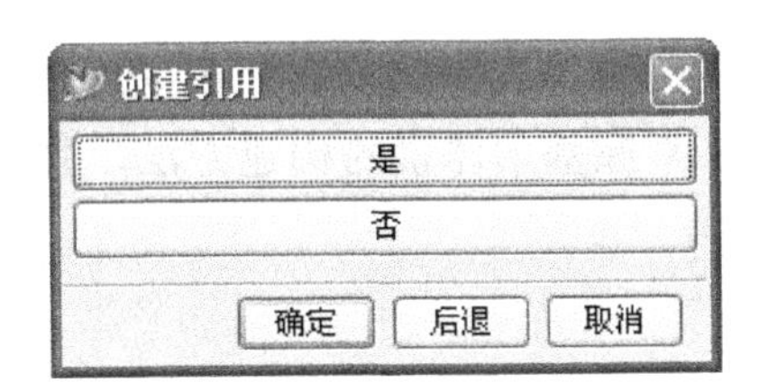

图 3-20　“创建引用”确认对话框

3.2.5　生成倒角

单击“插入”→“细节特征”→“倒斜角”按钮，或单击“成型特征”工具条上倒斜角“ ”按钮，弹出“倒斜角”对话框，如图 3-21 所示。在“输入选项”中选择“单偏置”，然后在模型中选择需要倒角的边（注意：各边倒角特征相同时才可以同时选择单偏置，否则需要进行多次倒角），根据图 3-4 所示零件图纸，输入偏置（倒角）值 3，单击“确定”按钮，如图 3-22 所示。

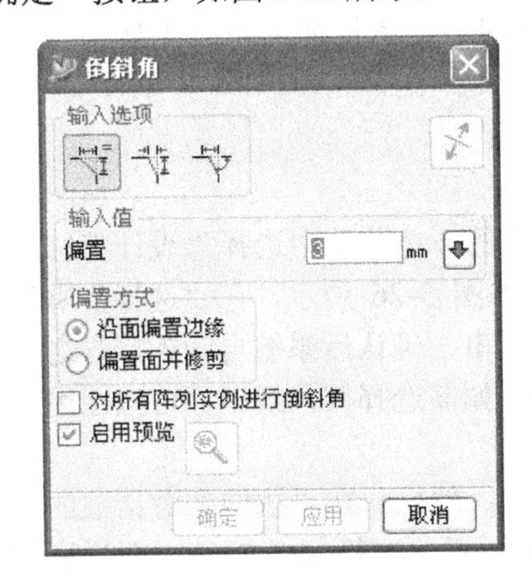

图 3-21　“倒斜角”对话框

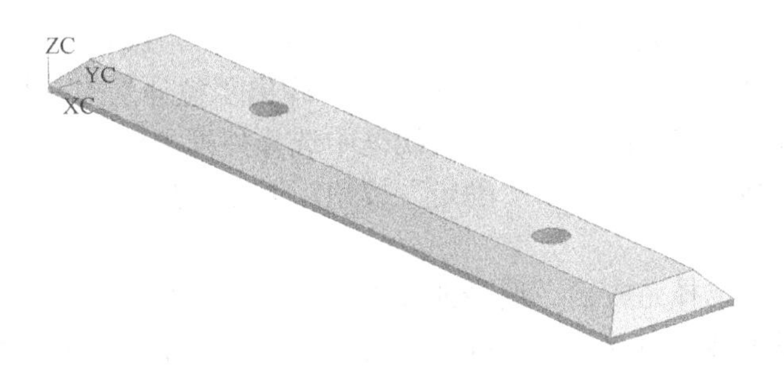

图 3-22　固定片背面

同理，在图 3-21 的“输入选项”中选择“双偏置”，则对话框如图 3-23 所示，填入数值，绘出两孔之间的倒角如图 3-24 所示。

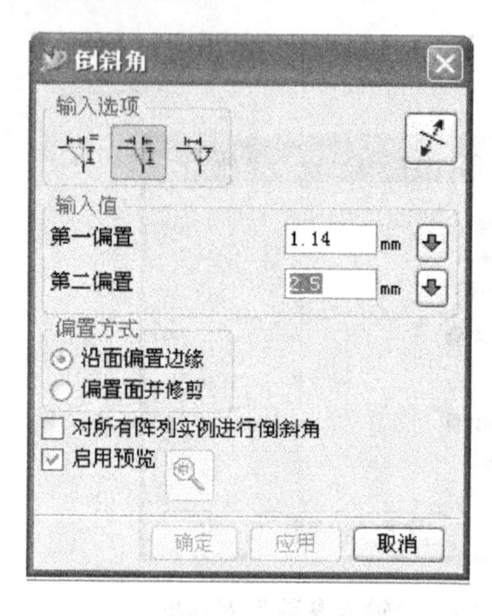

图 3-23　倒角偏置

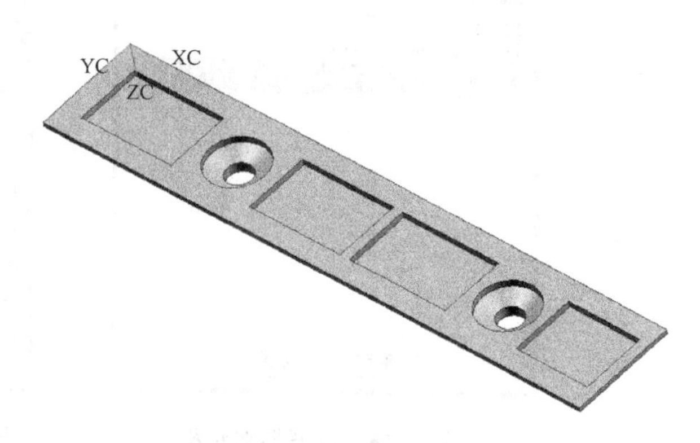

图 3-24　固定片正面

至此，便完成了固定片的三维建模。通过这个简单的模型，可以了解使用 UG 造型的一般步骤，熟悉 UG 造型的界面，掌握基本体素的构建方法，强化拓展思路。

NOTICE 注意

1. 在进行孔造型定位时，两点重合定位是平行定位的特例，即在平行定位中的距离为零时，就是两点重合定位。

2. 在进行孔造型定位时，点到线上的定位是正交定位的特例，即在正交定位中距离为零时，就是点到线上的定位。

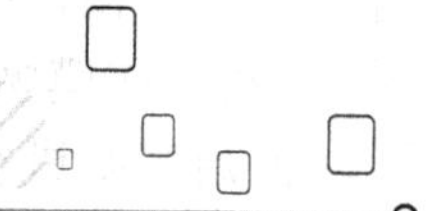

3.3 实体建模实例二　支架的三维建模

打开第 2 章中完成的支架线框建模文件，本节将利用实体特征来完成支架的三维建模。

3.3.1 拉伸特征

在工具栏中选择拉伸特征按钮“”，或在“插入”的下拉菜单中选择“设计特征”→“拉伸”命令，如图 3-25 所示，弹出“拉伸”对话框，如图 3-26 所示，在“选择步骤”中选择“成链曲线”后，在线框中选择外框上的任意一条线串，确认后系统自动连接与之相连的其他线串。单击“确定”按钮，返回“拉伸”对话框。如需选择其他线串，可按上述方法继续操作。

选择完成后，选择的线串变成红色，如图 3-27 所示。然后，在“拉伸”对话框的“选择步骤”中选择“方向”，以确定拉伸方向，如图 3-28 所示，选择 ZC 轴正方向为拉伸方向。最后在“拉伸”对话框的“限制”中输入拉伸体的参数“起始”和“结束”（仔细阅读第 2 章中给出的支架的二维图纸），如图 3-26 所示。单击“确定”按钮完成拉伸体建模，效果如图 3-29 所示。

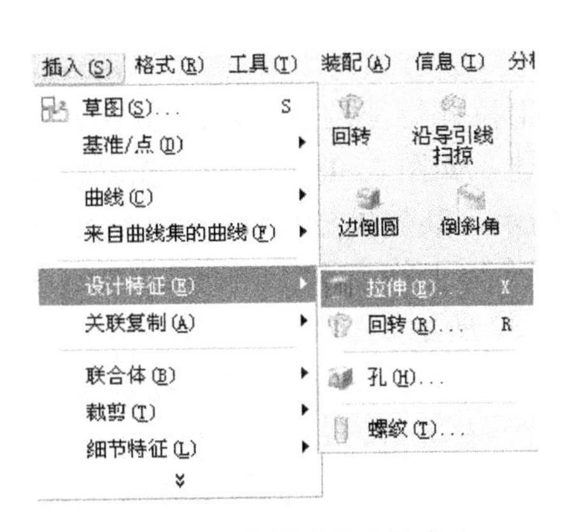

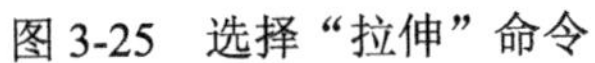
图 3-25 选择“拉伸”命令

图 3-26 “拉伸”对话框

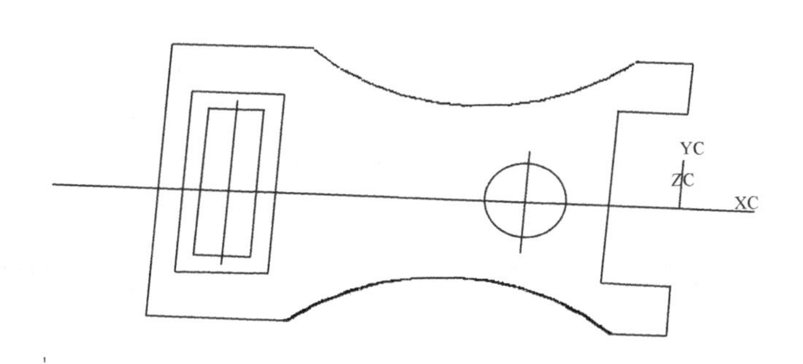

图 3-27 拉伸体的建模

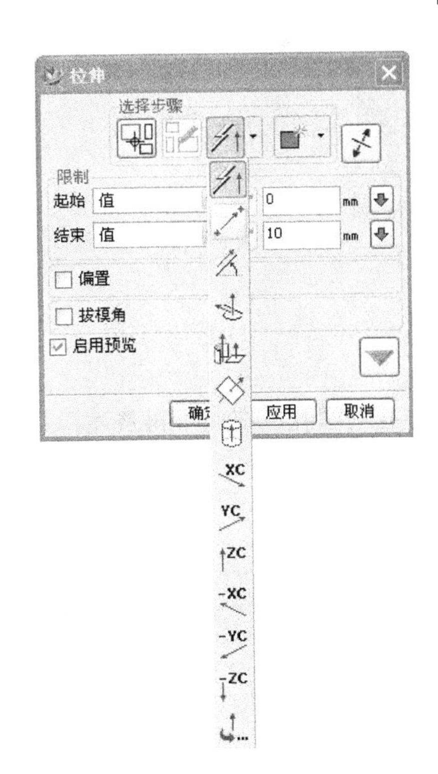

图 3-28 拉伸体参数的设置

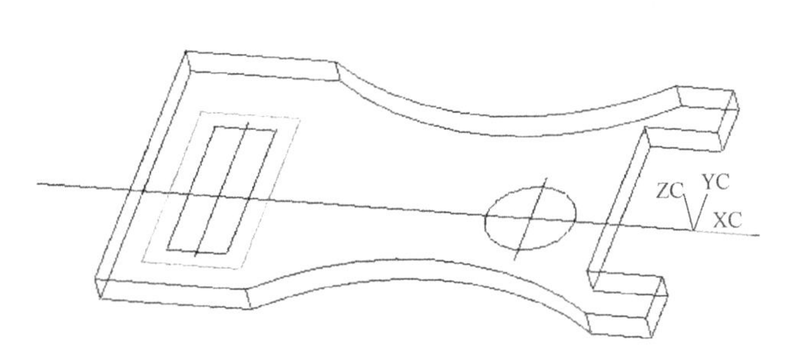

图 3-29 拉伸体

3.3.2 构建凸台

可以用凸台命令直接构建凸台，也可以使用拉伸特征构建凸台。本节使用拉伸特征来构建凸台，首先选择凸台边线，方法同3.3.1所述，如图3-30所示。完成参数输入后，由于存在多个实体，需要给出（求和），如图3-31所示，其效果与单独使用布尔运算命令的效果完全相同，选择布尔并。当系统中存在三个或三个以上的实体时，系统会要求选择与拉伸体进行布尔运算的实体以完成凸台的建模，如图3-32所示。

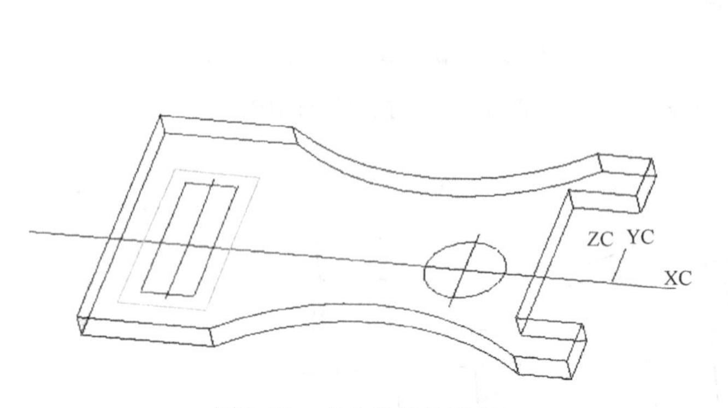

图3-30 凸台边线的选择

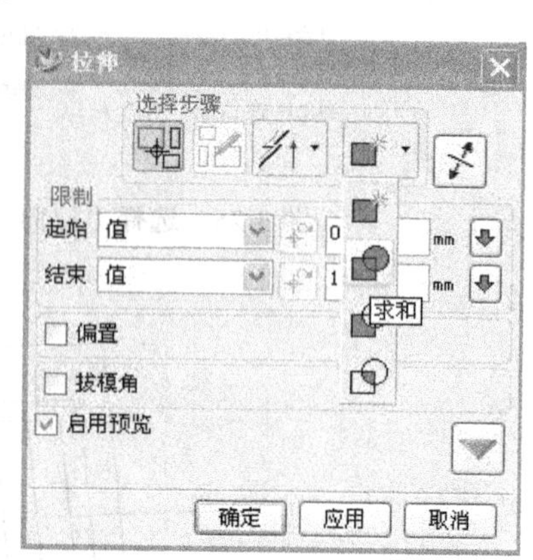

图3-31 创建布尔操作

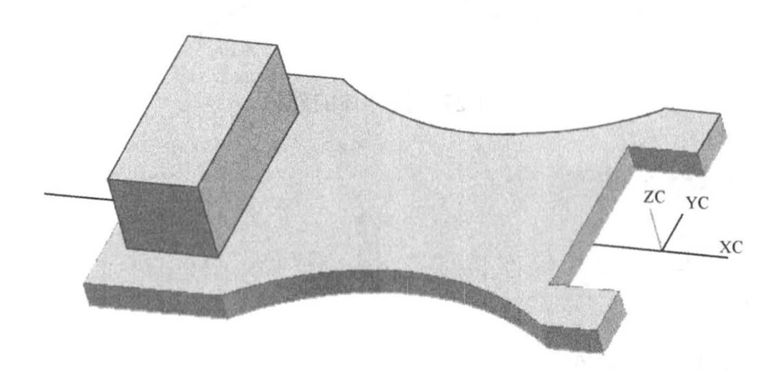

图3-32 凸台的建模

3.3.3 构建方孔和圆孔

利用已有线框，使用拉伸命令可方便而快速地构建方孔与圆孔，在此不再赘述，其效果如图3-33所示。

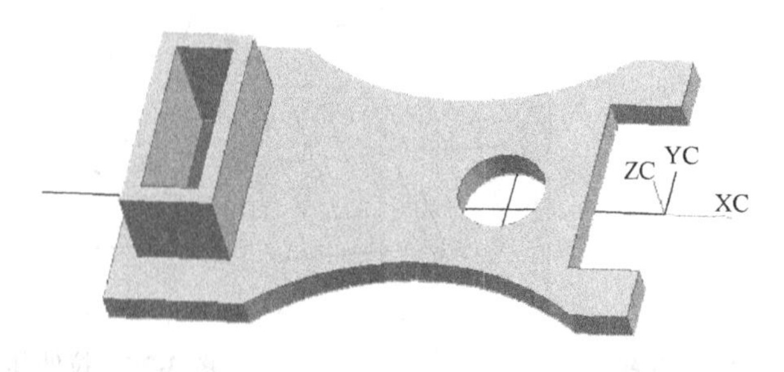

图3-33 构建方孔与圆孔

3.3.4 构建加强筋

使用长方体体素特征构造长方体作为加强筋，并放置在图纸要求位置。注意加强筋的长度要合适，不要做布尔运算，效果如图 3-34 所示。

3.3.5 构建拔模斜度

首先做加强筋的 30° 斜度。

在工具栏中选择拔模特征按钮“ ”，或在“插入”的下拉菜单中选择“细节特征”→“拔模”命令，如图 3-35 所示。打开“拔模角”对话框，在此可进行锥角参数设置，如图 3-36 所示。

图 3-34 构建加强筋

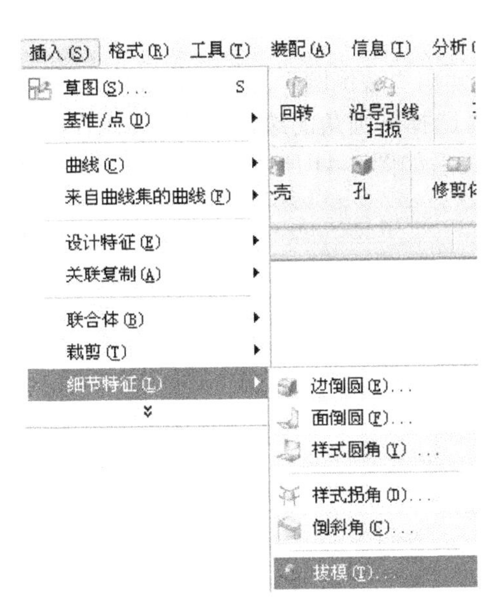

图 3-35 选择“拔模”命令

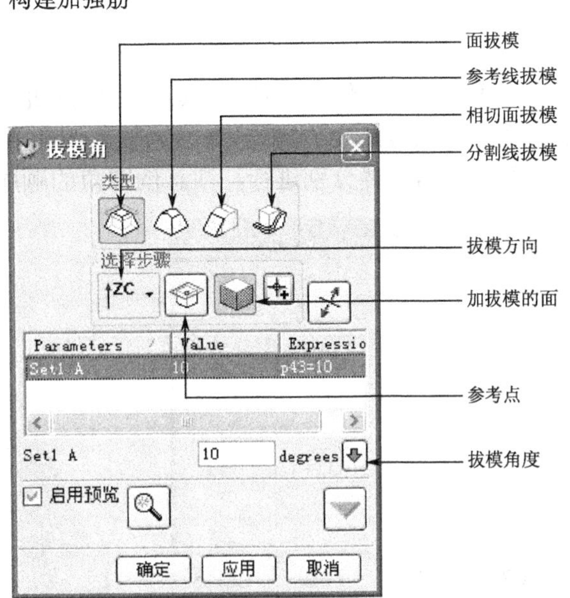

图 3-36 锥角参数设置

参考图 3-37，选择要拔模的面，再选择 Z 轴为拔模方向，选择底面上任一点为参考点，构建拔模。使用布尔并，将三个实体加到一起。注意，两个实体不能同时拔模，需分别进行拔模处理，最终效果如图 3-38 所示。

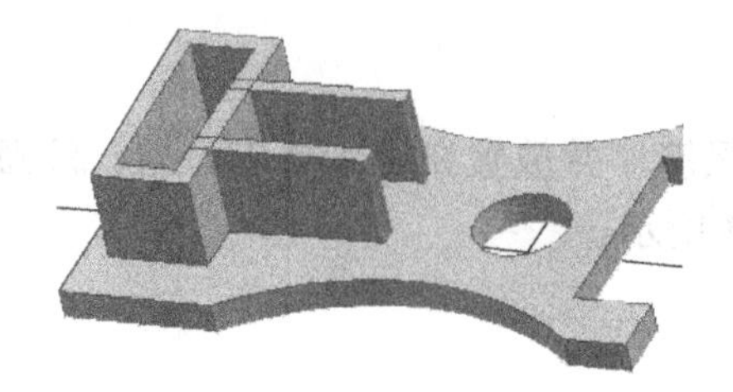

图 3-37　拔模面的选择

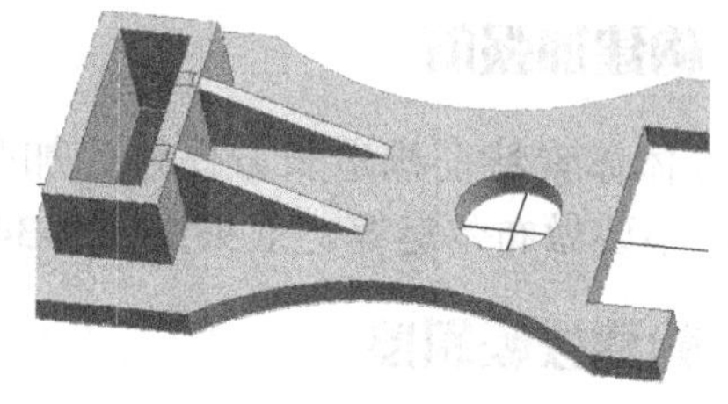

图 3-38　加强筋的拔模

用同样的方法，按照图纸对其他面进行拔模。在本模型中，也可以使用参考边进行拔模，可在练习中自己研究。须注意，在一个面中需要向相对的两个方向同时拔模时，拔模前要将这个面分割成两个面，然后再拔模。

在需要分割的位置构建曲线，保证曲线在需要分割的面上。在特征操作工具条中选择“分割面”命令，或选择“插入”→“修剪”→“分割面”按钮，弹出“分割面”对话框，选择需分割的面，再选择分割曲线，如图 3-39 所示，单击“确定”按钮，确定后即可将一个面分割。

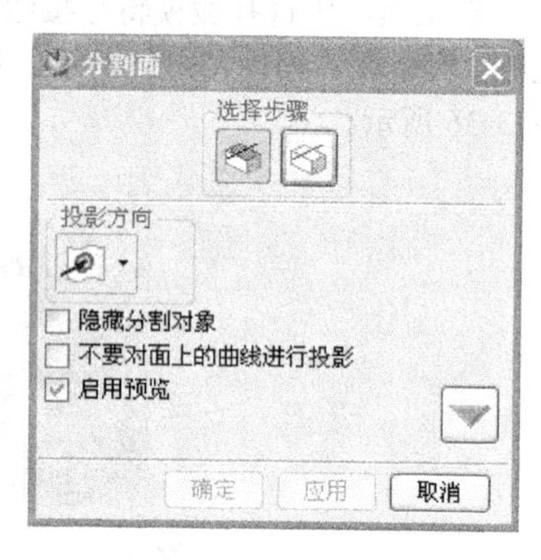

图 3-39　分割面的选择

3.3.6　构建圆角特征

1．恒定半径

单击“特征操作”工具条“边倒圆”按钮“ ”，弹出“边倒圆”对话框，如图 3-40 所示。系统默认方式为“恒定半径”，输入圆角半径，再选择倒圆角的边，单击确定即可。不同半径的圆角需要分别进行，注意倒圆角的顺序，完成后如图 3-41 所示。

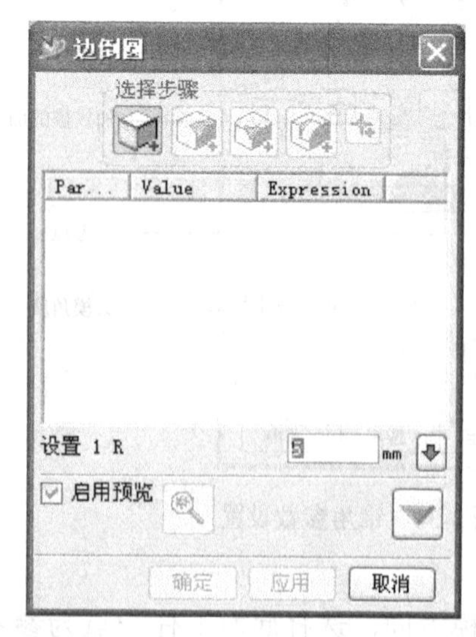

图 3-40　“边倒圆”对话框

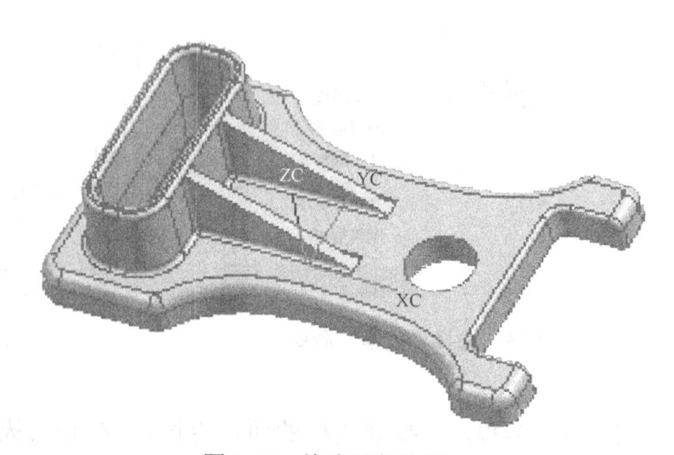

图 3-41　构建圆角特征

2．变半径

选中一条实体边缘后，在“边倒圆”对话框中的“选择步骤”下单击“变半径”，即选择按钮“”，指定各圆角半径的点，在参数文本框中输入对应圆角半径的长度，如图 3-42 所示。单击“确定”后效果如图 3-43 所示。

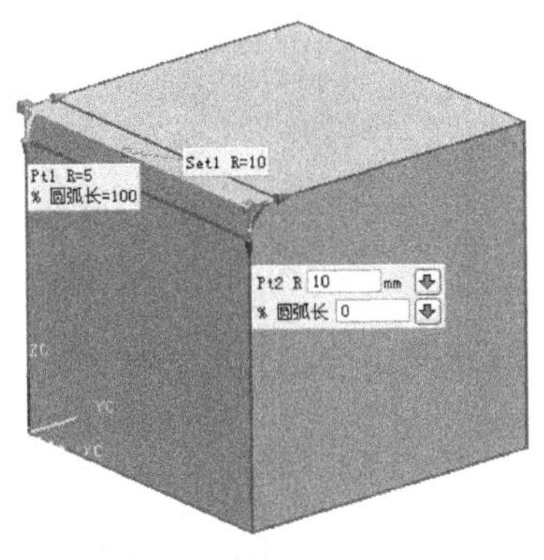

图 3-42　变半径参数设置

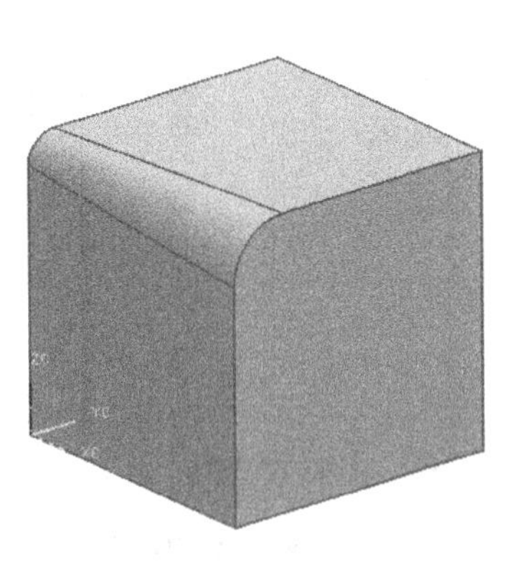

图 3-43　变半径边倒圆

3．setback

setback 方式主要用于角的处理，选中长方体某个顶点的 3 条边，在“边倒圆”对话框中的“选择步骤”下单击“setback”选择按钮“”，在实体上该 3 条边会出现浅蓝色线条，如图 3-44 所示，然后单击顶点部分的浅蓝色线条，将会弹出 3 个方向上的偏置参数对话框，如图 3-45 所示，输入 3 个方向上的偏置量，即可完成 setback 方式创建边倒圆，效果如图 3-46 所示。

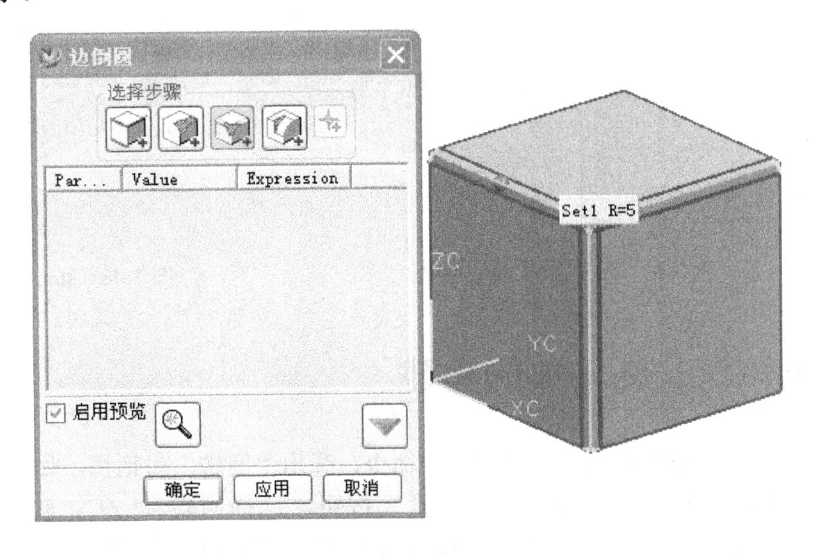

图 3-44　选择倒圆角的边

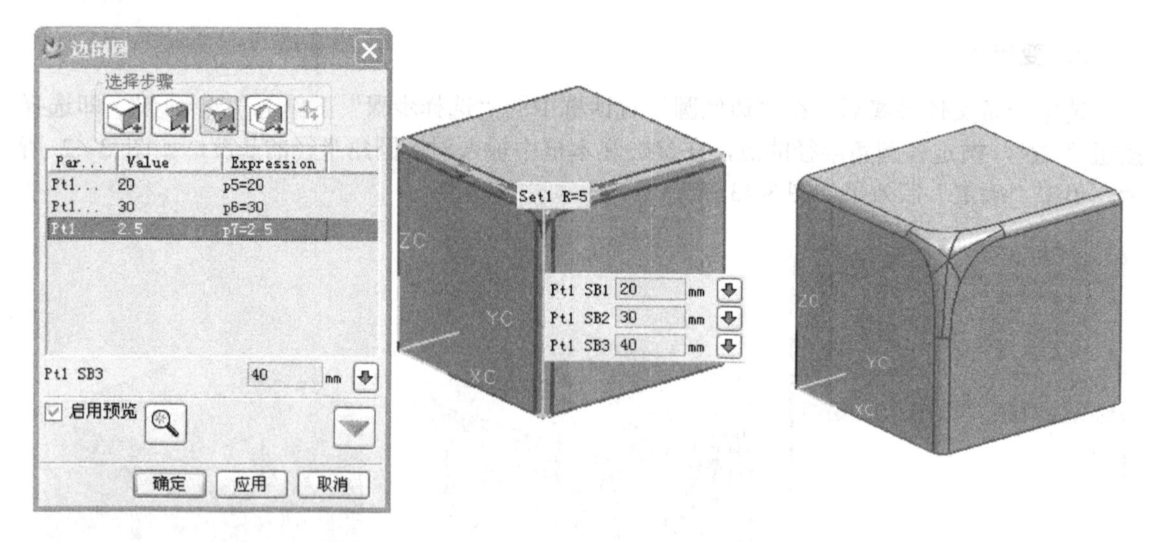

图 3-45 设置参数

图 3-46 setback 倒圆角效果

4．stop short

选中一条实体边缘后，在“边倒圆”对话框中的“选择步骤”下单击“stop short”选择按钮“”，指定末端点位置，在参数文本框输入未倒角的长度，如图 3-47 所示。图 3-48 所示为该方式的示例。

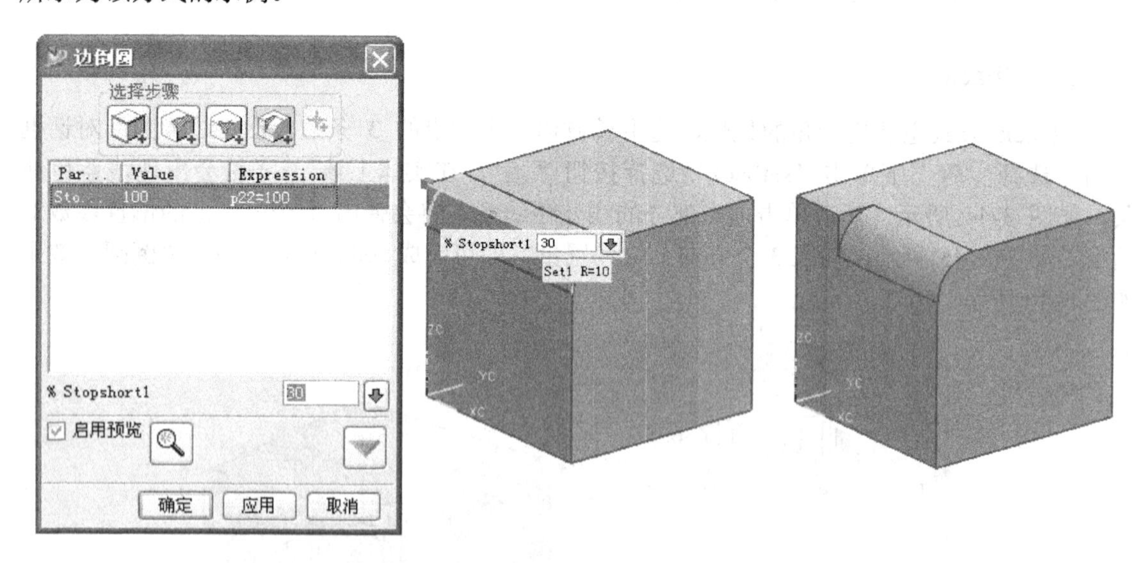

图 3-47 设置 stop short 参数

图 3-48 stop short 边倒圆

3.4 补充知识 旋转体的构建

单击“插入”→“设计特征”→“回转”命令，弹出“回转”对话框，如图 3-49 所示。首先选择截面线，再单击“自动判断的矢量”按钮，选择回转轴 ZC，输入“起始”和“结束”角度后，单击“确定”按钮，完成回转操作，结果如图 3-50 所示。（注意：回转方向符合“右手法则”，握住右手，大拇指方向与回转轴方向一致，四指环绕方向即为回转方向。）

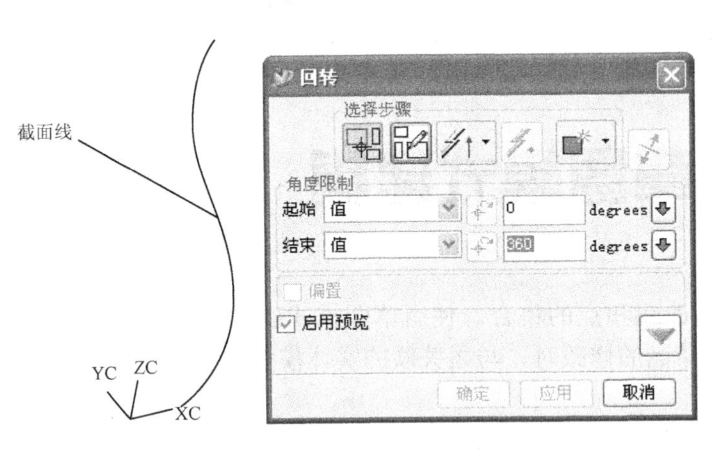

图 3-49　“回转”对话框

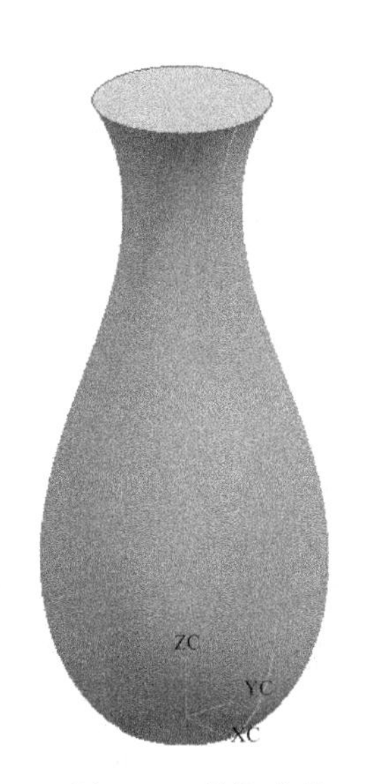

图 3-50　花瓶实体

习题 3

按照图 3-51 所示烟灰缸给定尺寸进行造型。

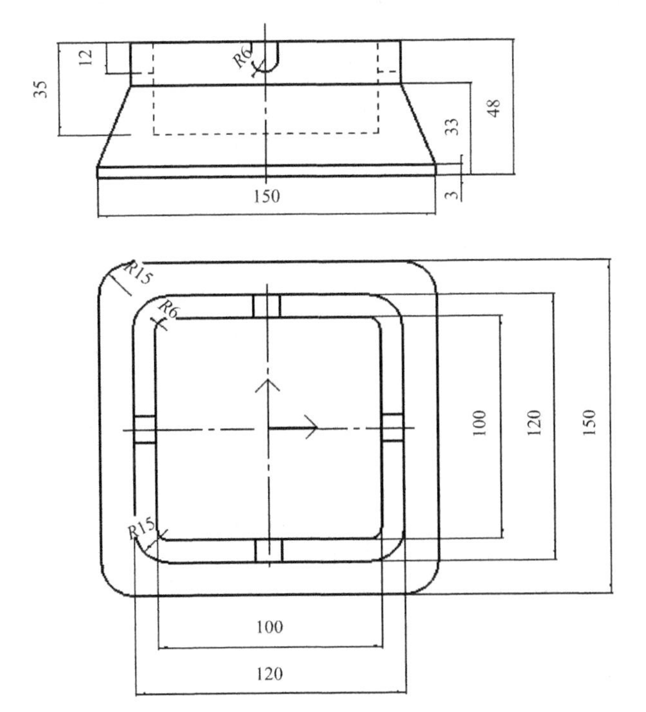

图 3-51　题图

第4章 草图模式建模

草图是位于指定平面上的曲线和点的集合。使用草图模式建模的优势在于可以很方便地对产品进行修改。当完成对草图的修改时，与之关联的实体模型中的各种特征会自动进行修改。

本章主要介绍草图的建立、约束和定位，以及应用草图进行拉伸等特征建模。

建立草图的过程主要包括建立草图工作平面、草图对象和激活草图三个部分。

草图的约束可以限制草图的形状和大小，它包括几何约束和尺寸约束两种。以尺寸约束为例，单击图标“”，弹出如图 4-1 所示的“尺寸”对话框。在对话框中选择需标注尺寸的方向，然后按提示栏的提示选取需修改尺寸的线段，添加修改后的尺寸，然后按 Enter 键，即可完成尺寸的修改，如图 4-2 所示。由于尺寸约束的关系，在绘制草图曲线时不必考虑尺寸大小的准确性，而只考虑形状即可。

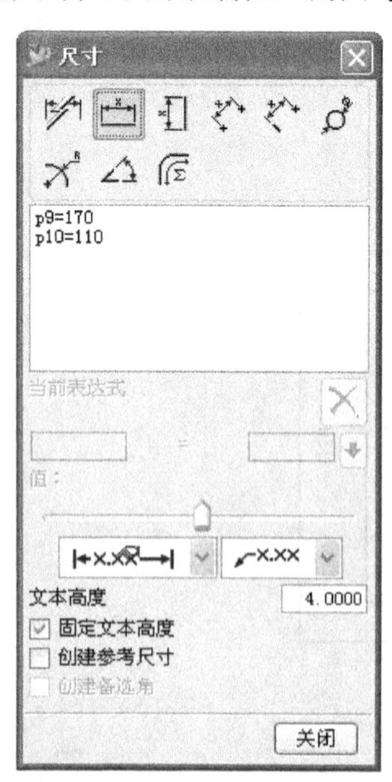

图 4-1 “尺寸”对话框

图 4-2 尺寸约束的设置

4.1　绘制草图

下面绘制一个控制盒底板，其尺寸如图 4-3 所示。

4.1.1　草图平面的建立（草图工作面的建立）

单击“”（插入）图标，出现草图平面构造器，如图 4-4 所示。选择当前工作平面 XC-YC 平面作为草图平面，建立一个草图，进入草图模式。

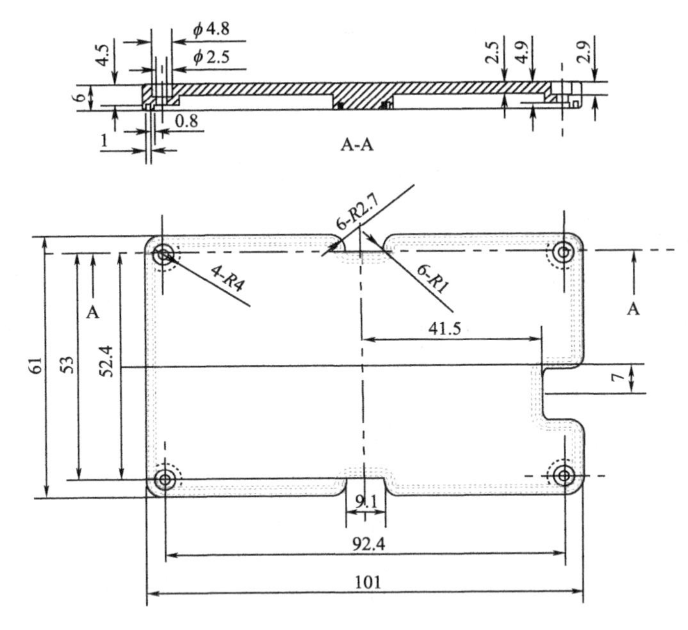

图 4-3　控制盒底板尺寸

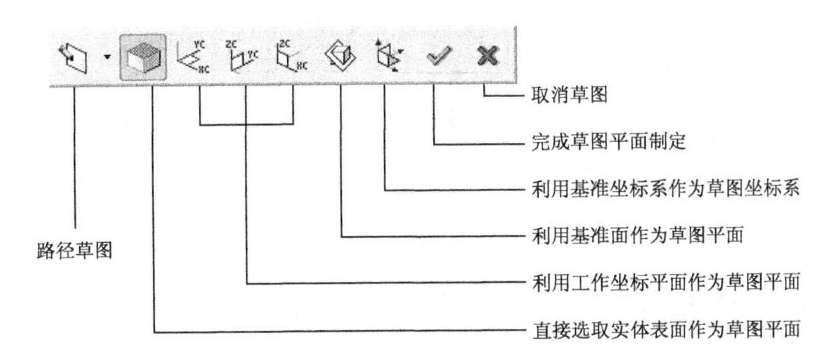

图 4-4　草图平面构造器

进入草图模式后，出现草图曲线菜单栏和草图约束菜单栏，其功能分别如图 4-5 和图 4-6 所示。

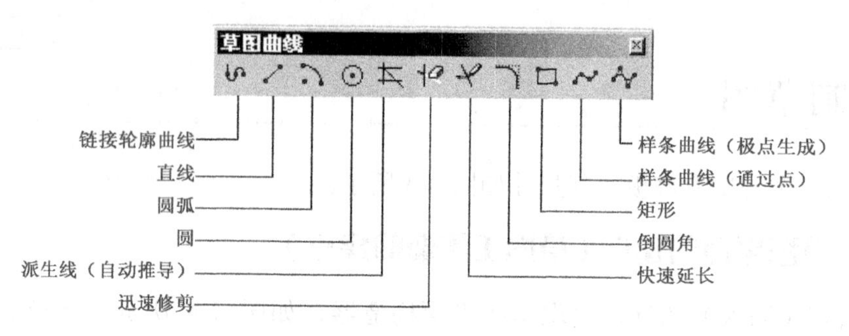

图 4-5　草图曲线功能

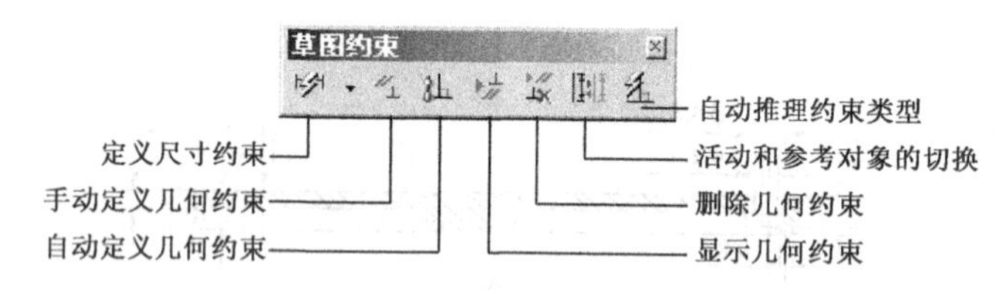

图 4-6　草图约束功能

4.1.2　建立草图对象

草图对象是指草图中的曲线和点。

草图中的曲线和点可以根据零件图中的尺寸直接绘制。在确定尺寸时，注意 Tab 键的使用。

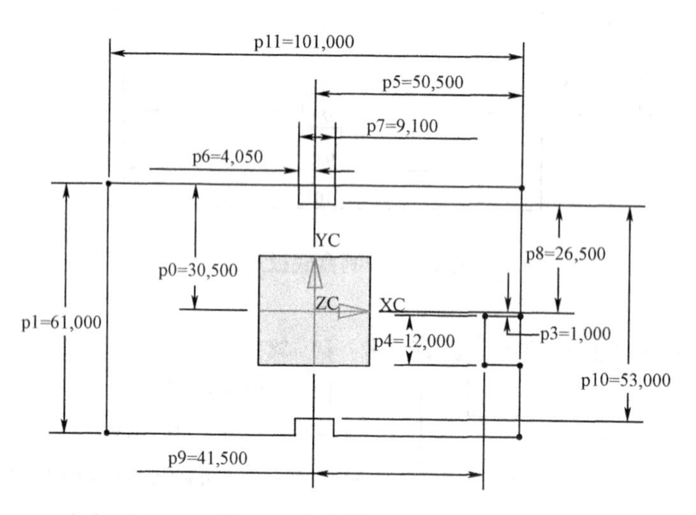

图 4-7　控制盒底板草图

利用上面介绍的命令，完成图 4-7 所示的草图曲线的绘制。然后单击“ ”按钮，退出草图模式，如图 4-8 所示。

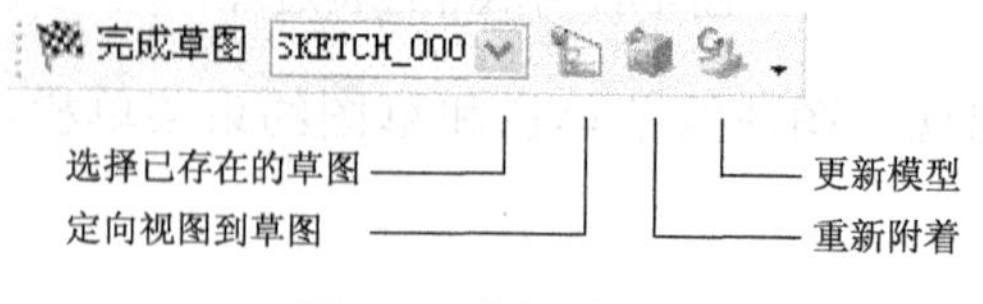

图 4-8　草图功能

在进行草图操作的时候要注意以下几点：抛物线和双曲线不能添加到草图中；在草图

建立前已经被拉伸或者旋转的曲线不能添加到草图中；按照输入曲线规律建立的曲线也不能添加到草图中，而只能用抽取曲线的方法。另外，通过菜单“首选项”→“草图”，打开如图 4-9 所示的“草图首选项”对话框，可以根据需要对草图的捕捉角、小数点位数、文本高度、尺寸标签以及颜色等进行设置。修改之后的效果如图 4-10 所示。

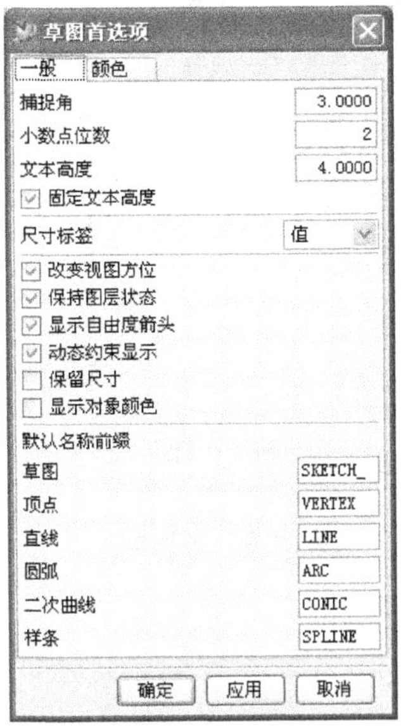

图 4-9　“草图首选项”对话框

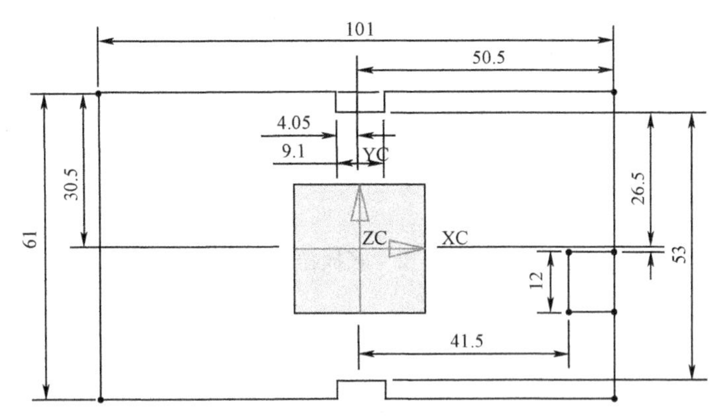

图 4-10　控制盒底板草图图

4.1.3　激活草图

在实际操作过程中，任何的建模过程都可能含有若干个草图，每个草图都有各自的作用，具体使用时可根据自己的需要在一个部件中建立若干个草图。使用草图的时候，每次只能对一个草图进行操作，这个草图叫做激活草图。激活某个草图后，所建立的曲线与这个激活草图相关，激活草图的方法是在屏幕中直接选取草图曲线。

4.2　拉伸特征和倒圆角

单击“插入”→“设计特征”→“拉伸”，或单击“成型特征”工具条上拉伸按钮“ ”，弹出如图 4-11 所示对话框，选择上一节绘制的底板草图，选择拉伸方向“ZC”，按图中所示输入参数，单击“确定”按钮，将其拉伸成 6 mm 高的实体，如图 4-12 所示。单击“插入”→“细节特征”→“边倒圆”，或单击“特征操作”工具条上边倒圆按钮“ ”，弹出“边倒圆”对话框，如图 4-13 所示。输入默认圆角半径“3.8”，选择需要倒角的四条边，如图 4-14 所示，单击“确定”按钮完成倒角，如图 4-15 所示。同理，完成槽口各边倒角，得到控制盒底板如图 4-16 所示。

图 4-11　底板拉伸参数设置

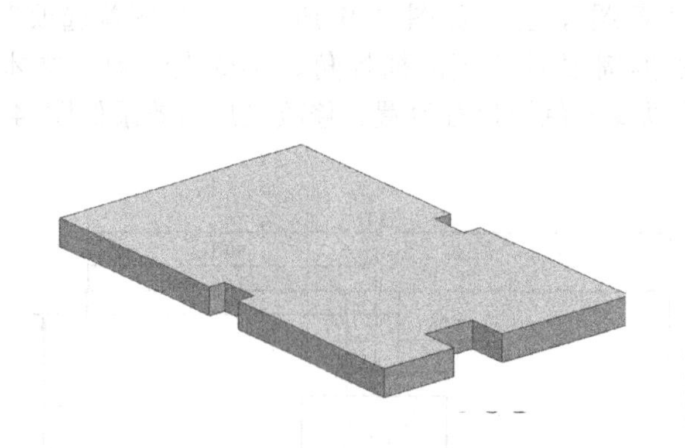

图 4-12　底板拉伸

图 4-13　“边倒圆”对话框

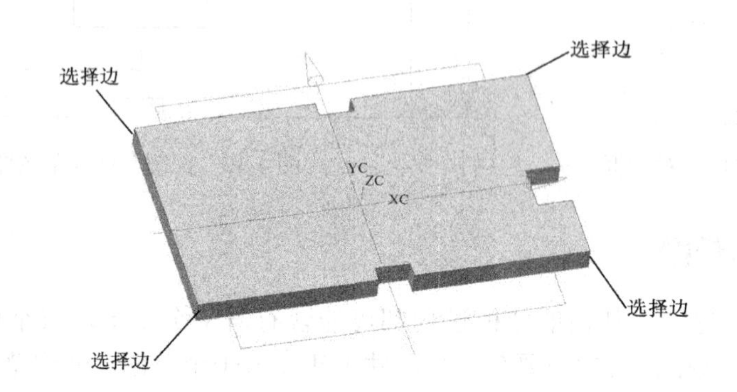

图 4-14　底板拉伸

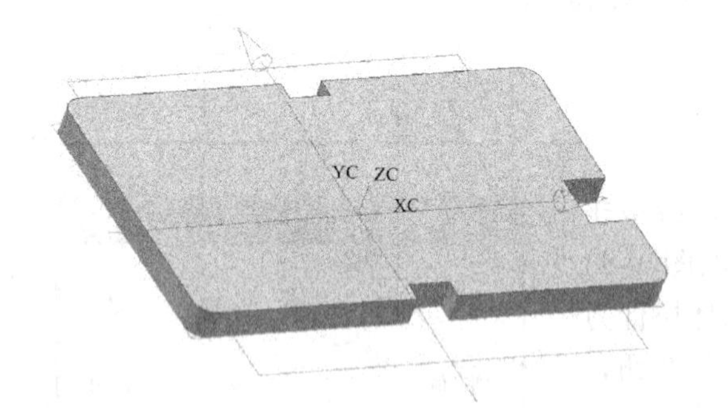

图 4-15　底板拉伸件倒圆角

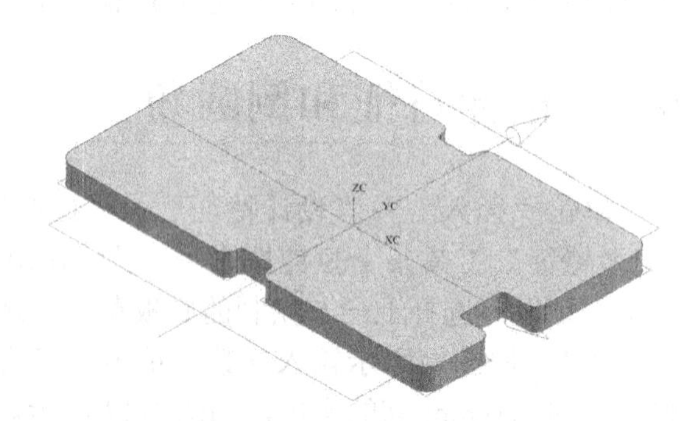

图 4-16　控制盒底板

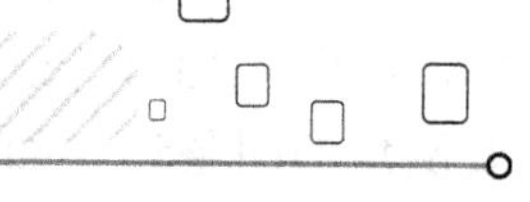

4.3　抽壳

在本节中，将实体变成厚度为 2.5 mm 的壳体。单击“插入”→“偏置/比例”→“外壳”，或单击特征操作工具条上“ ”按钮，弹出“外壳”对话框，如图 4-17 所示，输入默认厚度“2.5”。选择实体底面作为移除的面，单击“确定”按钮，完成抽壳特征，如图 4-18 所示。

NOTICE 注意

在进行抽壳操作的过程中，如果要求不同的面有不同的厚度时，可以通过选择“可变厚度”按钮“”，选择需要变换厚度的面，同时发现“可变的厚度”文本框变成可选的，在此输入面的厚度，单击“确定”按钮即可。

图 4-17　“外壳”对话框

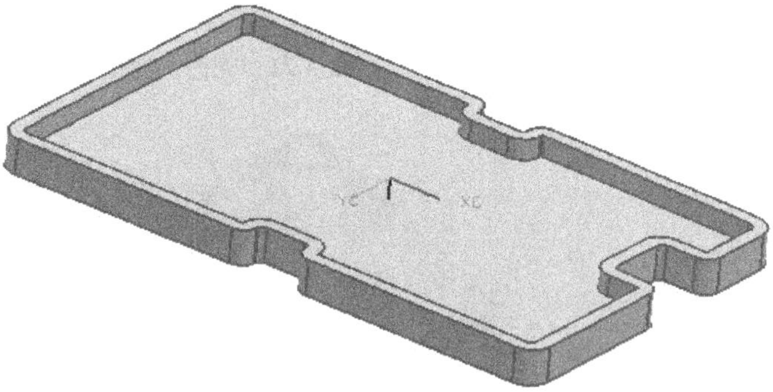

图 4-18　底板抽壳

4.4　挖槽

单击拉伸按钮“”，选择底面外轮廓线，再选择拉伸方向“”， 选择求差按钮“”后，按照图 4-19 所示输入参数，单击“确定”按钮，完成槽特征的建立，如图 4-20 所示。

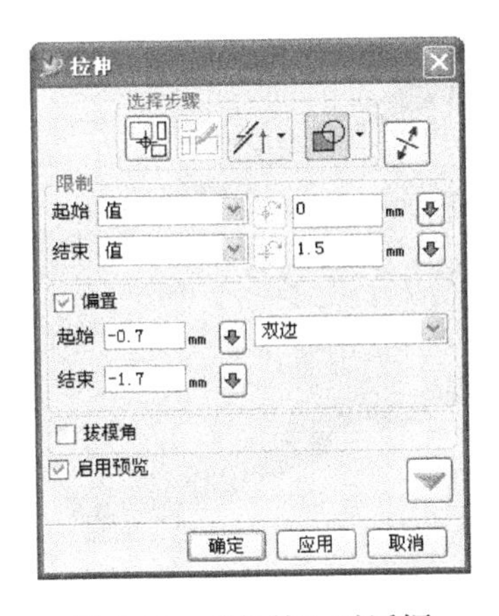

图 4-19　“拉伸”对话框

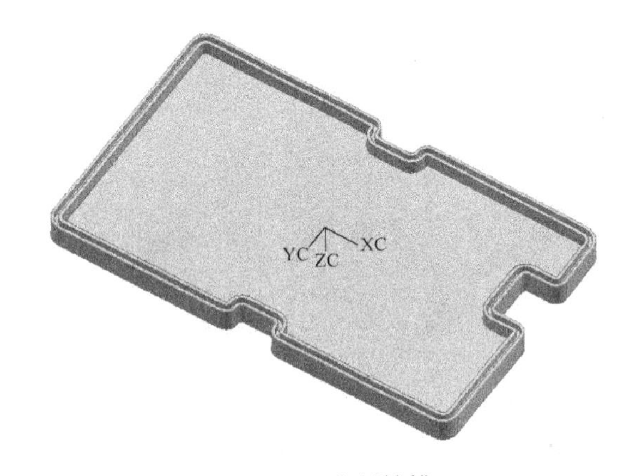

图 4-20　底板挖槽

4.5　建立内部凸台

单击草图图标“”，选择壳内部底面作一草图平面，如图 4-20 所示绘制草图，并标注尺寸。完成后退出草图模式，单击拉伸按钮“”，选择绘制好的草图，拉伸实体并作布尔加，如图 4-21 所示。（注意：凸台的基准面与底面距离为 1.1 mm，以保证凸台高度为 4.9 mm。）

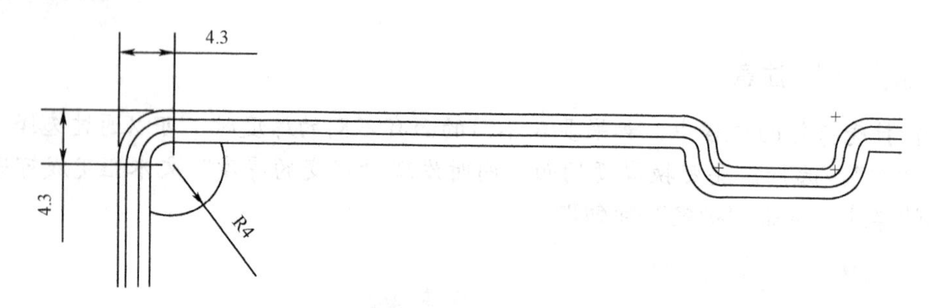

图 4-21　壳内部底面草图

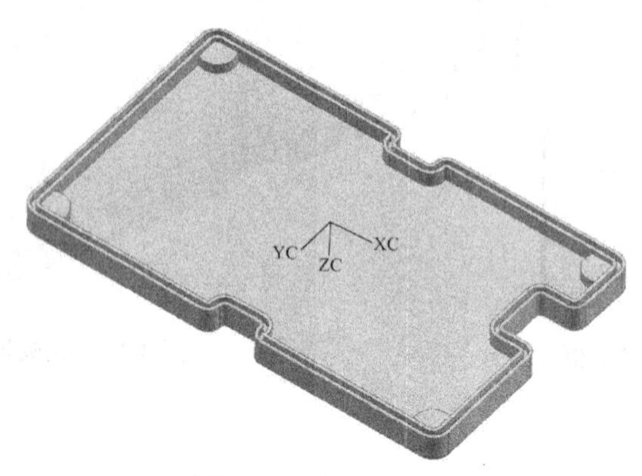

图 4-22　壳内部凸台

单击“插入”→“设计特征”→“ ”按钮，完成 4-ϕ4.8、4-ϕ2.5 的生成。用同样的方法建立其特征，完成模型的建立。最终的效果如图 4-23 和图 4-24 所示。

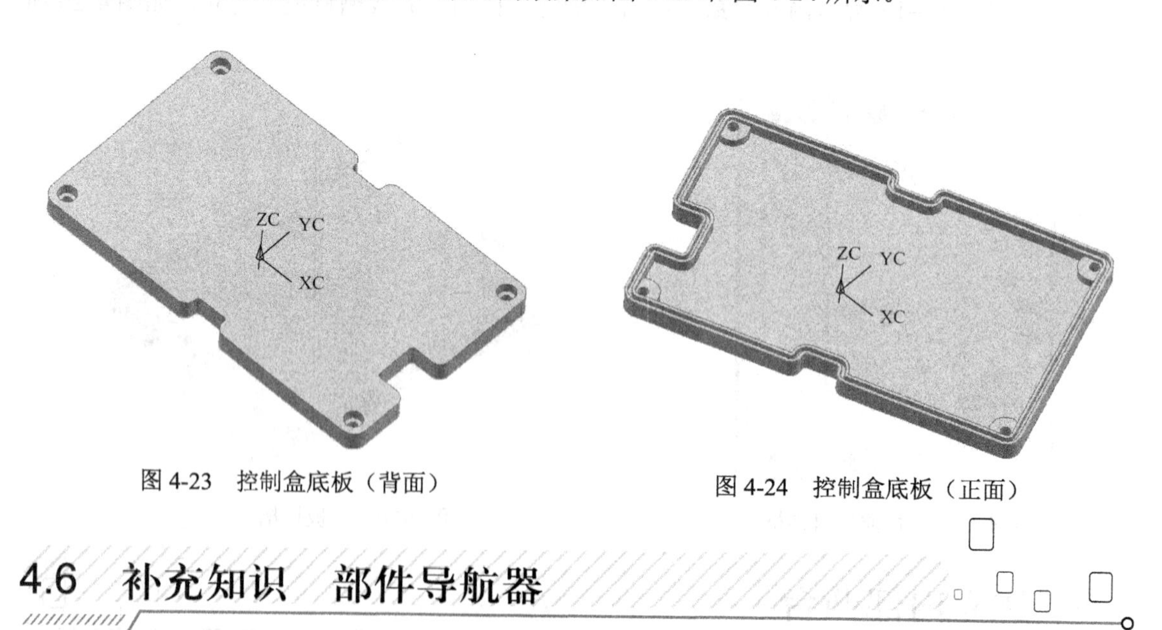

图 4-23　控制盒底板（背面）　　图 4-24　控制盒底板（正面）

4.6　补充知识　部件导航器

反映整个建模过程的目录树称为导航器。在 UG 中，通过导航器不仅能了解全部建模过程，而且还可以方便地对其中的某一特征进行修改或编辑。导航器如图 4-25 所示。

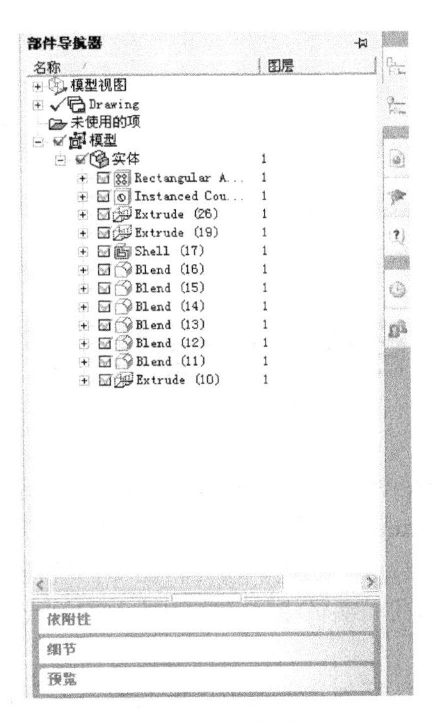

图 4-25　导航器

习题 4

绘制如图 4-26 所示的三维图形。

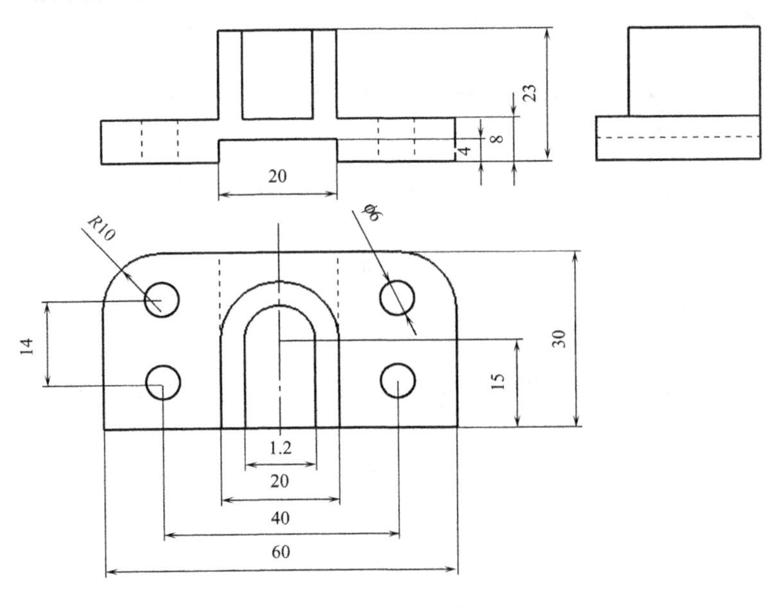

图 4-26　题图

自由曲面造型

UG不仅提供了基本的特征建模（Create Form Feature）模块，同时还提供了自由曲面特征建模（Create Free Form Feature）模块和自由曲面编辑（Edit Free Form Feature）模块，以及自由曲面变换（Free Form Shape）模块。通过自由曲面特征建模模块，可以方便地生成曲面薄体或实体模型；通过自由曲面编辑模块和自由曲面变换模块，可以实现对自由曲面的各种编辑和修改操作。

自由曲面特征包括23种特征创建方式，可以完成各种复杂曲面、片体、非规则实体的创建。

曲面构建命令主要是在“曲面”工具条和“自由曲面成形”工具条中使用，如图5-1，5-2所示。

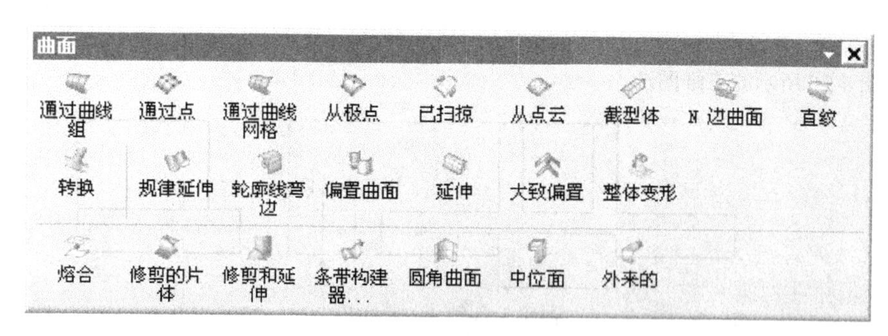

图5-1　“曲面”工具条

自由曲面成形
整体突变　四点曲面　艺术曲面1x1　艺术曲面1x2　艺术曲面2x0　艺术曲面2x2　艺术曲面nxn　样式圆角　样式拐角　样式扫掠
曲面变形　X-成形　匹配边　剪断曲面　整修面　极点光顺　曲面上的曲线

图5-2　“自由曲面成形”工具条

5.1 自由曲面造型的步骤和方法

自由曲面造型是UG造型中的重点和难点，下面先通过简单的例子来了解自由曲面造型的步骤和方法。

自由曲面造型的基本步骤：先建立三维曲线，再利用曲线生成三维曲面，最后将曲面加厚为三维实体模型。

本节所使用的基本命令有：基本曲线，分割曲线，样条曲线，扫掠。

5.1.1　构建基本曲线

单击“基本曲线”按钮，按照图 5-3 所示的图纸构建基本圆弧。在提示栏“XC -224.732 YC 74.36548 ZC 0.00000 0.000 0.000 0.000 0.000”中输入各圆弧的中心位置及其直径，圆弧构建如图 5-4 所示。

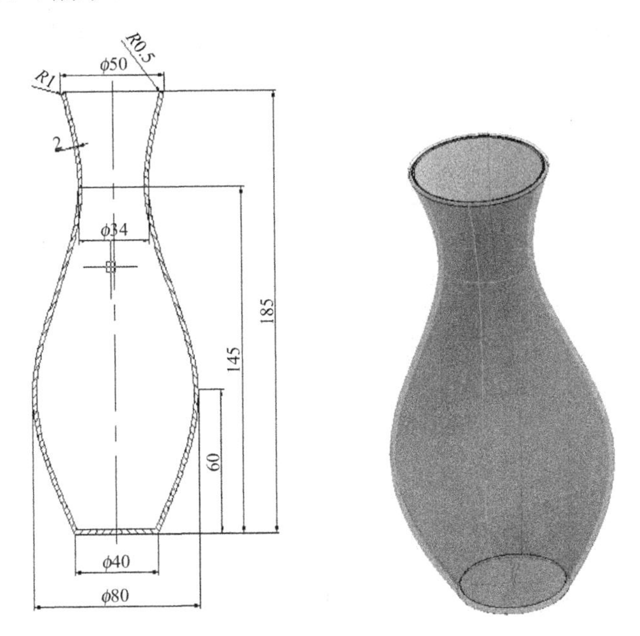

图 5-3　花瓶曲线示意图

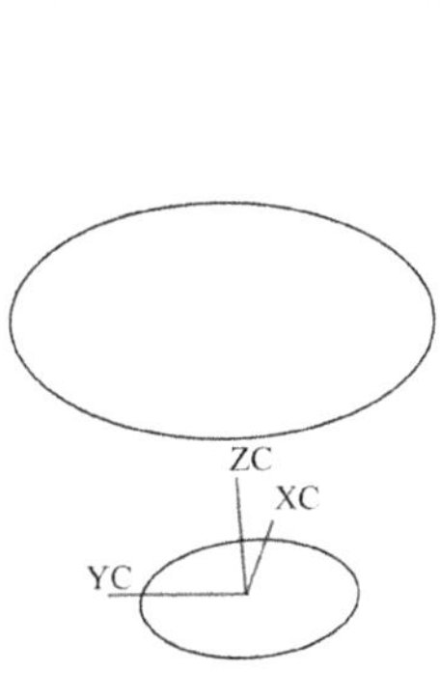

图 5-4　构建图弧

5.1.2 编辑曲线

在编辑菜单中选择曲线，单击分割曲线按钮“ ”，弹出“分割曲线”对话框，如图 5-5 所示。选择“等分段”，弹出“等分段”对话框，如图 5-6 所示，选择需要分割的曲线，在弹出的对话框中输入分段数“3”，如图 5-7 所示，单击“确定”按钮将曲线分割成相等的三段。用相同的方法完成其他三条圆弧的分割。

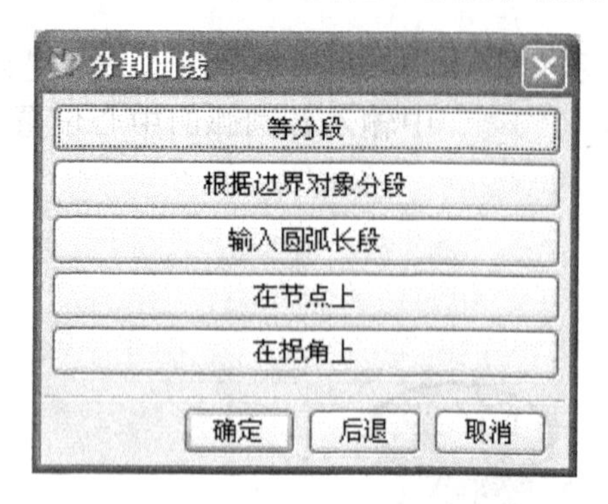

图 5-5 “分割曲线”对话框

图 5-6 “等分段”对话框

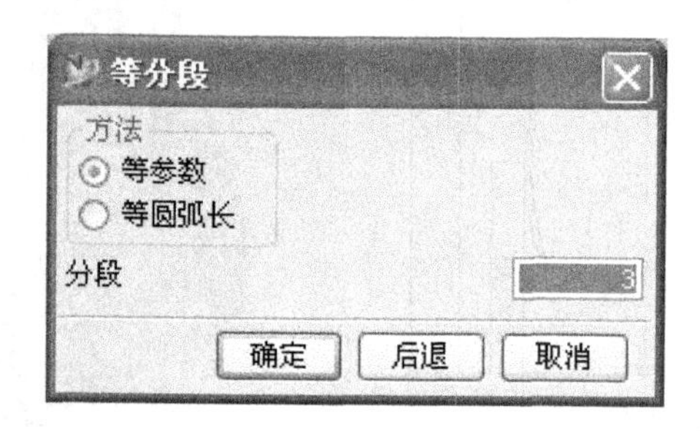

图 5-7 输入分段数

曲线分割的作用是在扫掠时便于控制扫掠曲线的方向。

5.1.3 样条曲线

在插入菜单中选择曲线，单击样条线按钮“ ”，弹出“艺术样条”对话框，如图 5-8 所示，选择“通过点”按钮“ ”，输入曲线阶次 3，单击“确定”按钮后，依次按顺序选择各被分割后的圆弧上的端点，完成后确认，直到生成样条曲线。用同样的方法生成另外三条样条曲线，如图 5-9 所示。

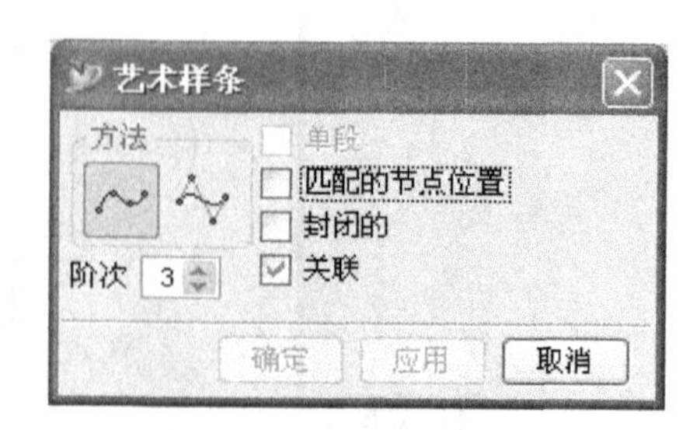

图 5-8 样条曲线功能

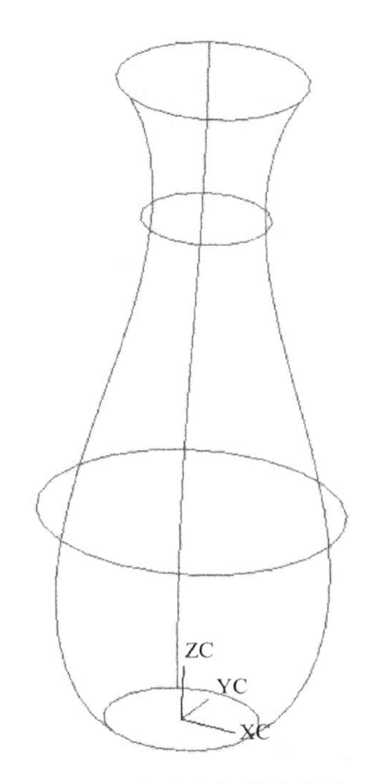

图 5-9 生成花瓶样条曲线

5.1.4 扫掠

在插入菜单中选择扫掠，单击已扫掠命令按钮“”，弹出“已扫掠”对话框，选择第一条引导线，单击“确定”按钮，如图 5-10 所示，再依次选择第二条、第三条引导线。

引导线选择完成后，系统自动要求选择截面线，从上至下依次选择截面线，注意每一条截面线的方向须与起始点保持一致，如图 5-11 所示。如果截面线方向与起始点不一致，生成的模型就会扭曲。

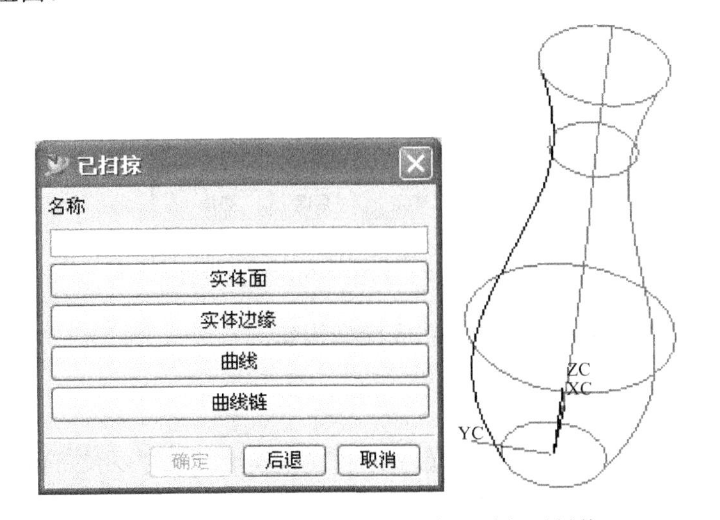

图 5-10 打开“已扫掠”对话框、选择引导线

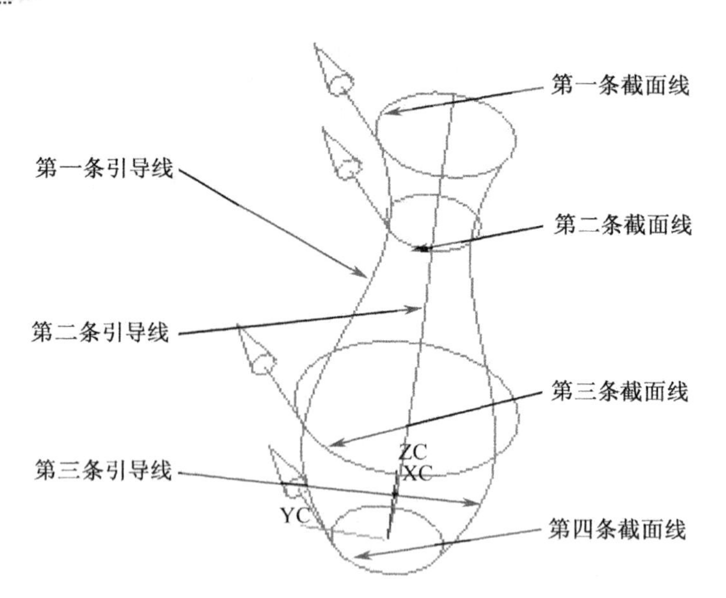

图 5-11　选择截面线

完成选择后单击“确定”按钮，在弹出的对话框中选择“⊙线性”，单击“确定”按钮，再选择对齐方式为“⊙参数”，单击“确定”按钮，完成模型建立，如图 5-12 所示。

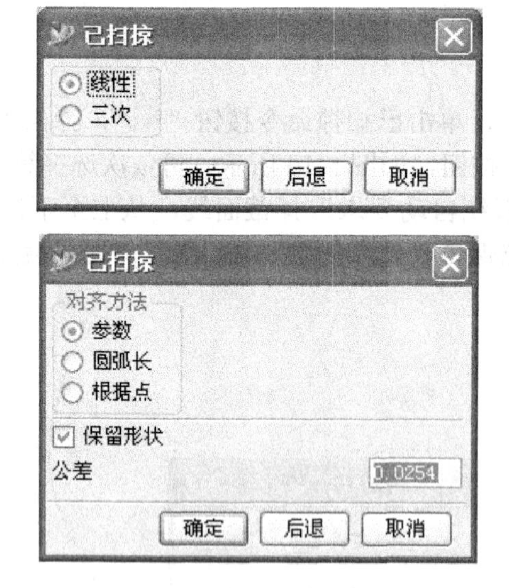

图 5-12　“已扫掠”功能参数设置

利用前面介绍的抽壳和倒圆角命令完成模型构建。

NOTICE　注意

使用封闭的截面线进行扫掠时，可直接得到实体模型。也可以使用网格线先建立曲面，再将曲面增厚为实体。

将不需要的曲线隐藏起来，先选择如图 5-13 所示的命令，再选择需要隐藏的线，得到的图形如图 5-14 所示。

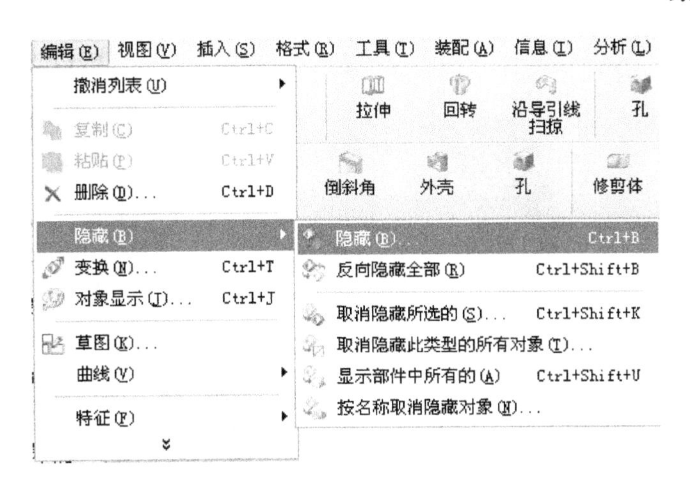

图 5-13 选择“隐藏”命令

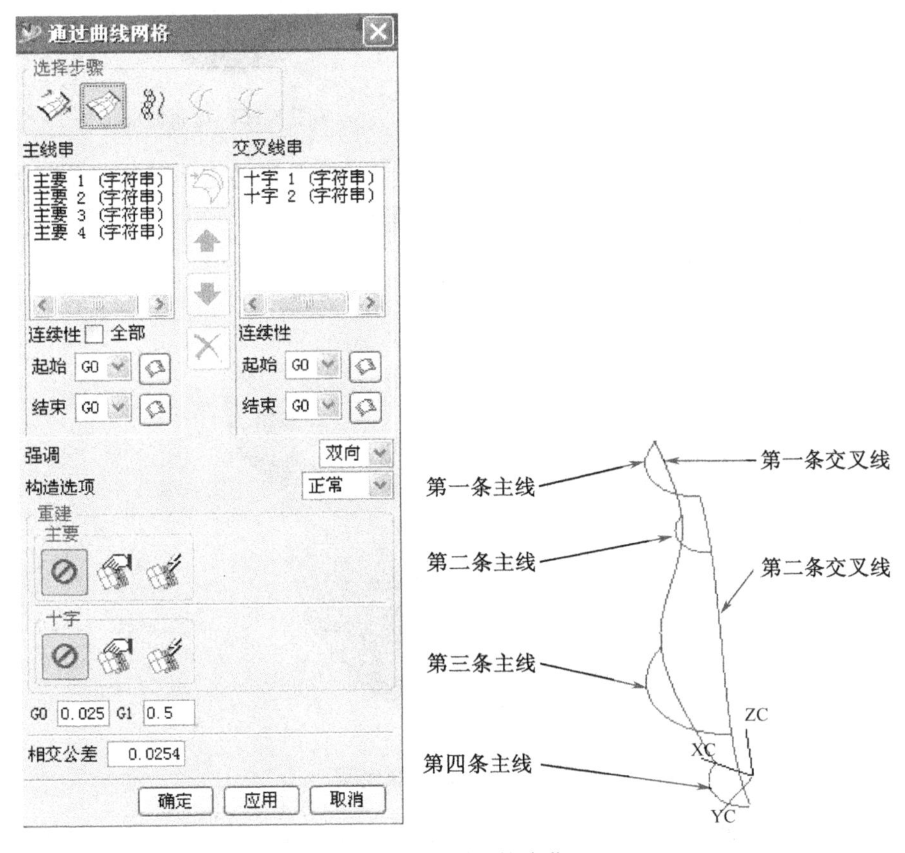

图 5-14 图形的隐藏

所示依次选择各条主线和交叉线。注意每条主线和交叉线选择完成后都要单击“确定”按钮或单击鼠标中键确认，选择完第四条主线后需单击两次“确定”按钮，才能选择交叉线。曲面建立如图 5-15 所示。用相同的方法生成剩余曲面，如图 5-16 所示。

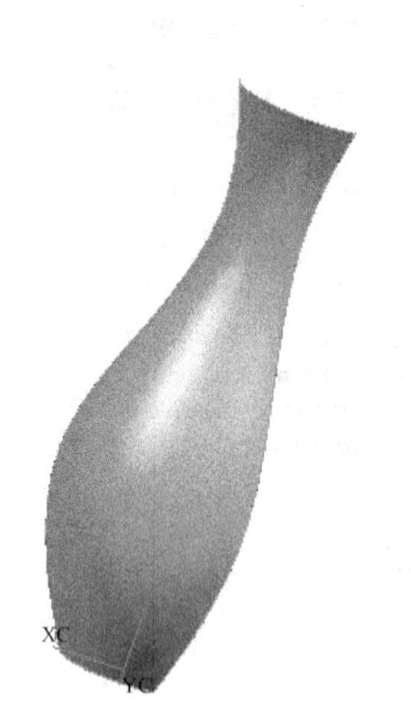

图 5-15　花瓶部分曲面

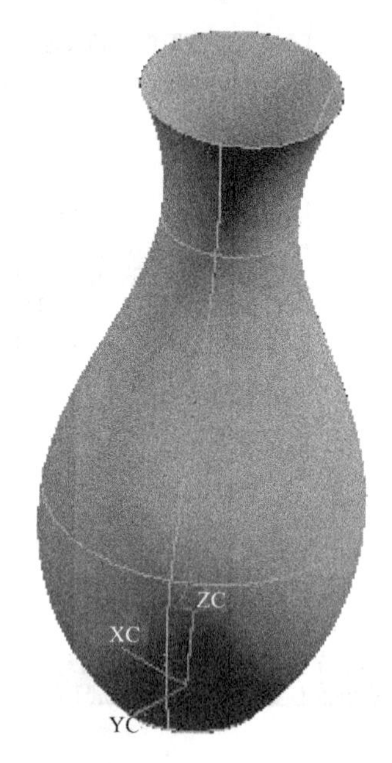

图 5-16　花瓶曲面

在插入菜单中选择曲面，单击有界平面命令“ ”，选择确定平面的三条圆弧线作为边界线串，单击“确定”按钮生成底面，如图 5-17 所示。

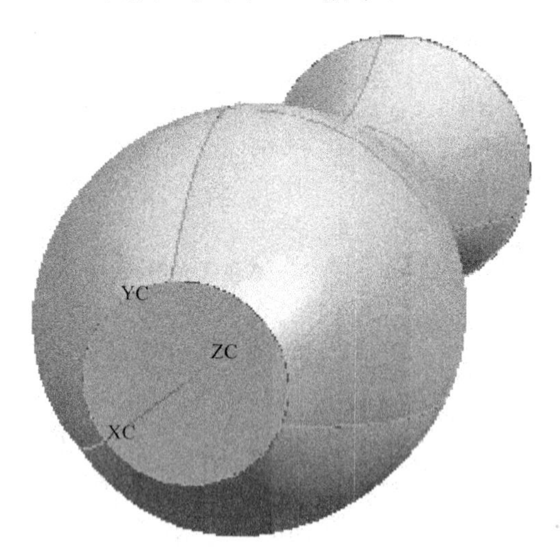

图 5-17　生成花瓶底面

单击“插入”→“联合体”→“缝合”，或单击“特征操作”工具条上缝合按钮“ ”，将所作的面缝合成一个面，单击“插入”→“偏置/比例”→“加厚片体”按钮“ ”，选择要加厚的面，输入厚度“2”，如图 5-18 所示，单击“确定”按钮，注意加厚的方向。单击特征操作工具条上修剪体按钮“ ”，选择加厚以后的实体，单击鼠标中键确认，选择“平面”，如图 5-19 所示。再选择对象平面“ ”，在模型中选择花瓶顶部的圆弧线，剪切掉花瓶顶部多余的部分，如图 5-20 所示。注意剪切的方向，如果方向不正确，则选择反向。

最后将模型按照要求倒圆角。在对片体的边倒圆角时，必须先把两个片体缝合。至此，就完成了花瓶的建模。

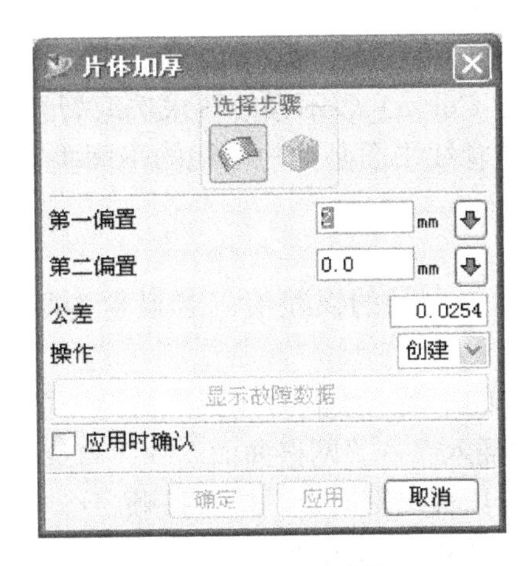

图 5-18　加厚片体

图 5-19　修剪操作

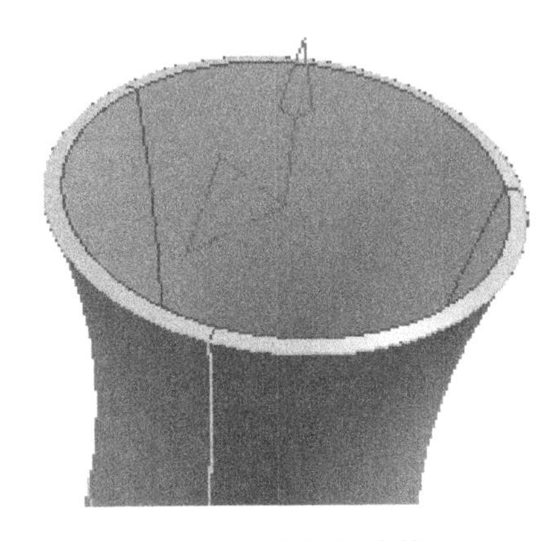

图 5-20　花瓶的裁剪

5.2　补充知识

5.2.1　直纹面的使用（利用两条截面线串构造的平面）

1.　对齐方式（Alignment）

该下拉列表用于调整创建的薄体。当依次选取曲线与法线方向后，再根据选项设置，其对齐方式可分为：参数（Parameter）、圆弧长（Arclength）、根据点（By Points）、距离（Distance）、角度（Angles）和脊线（Spline）。当产生薄体后，若改变其定义的曲线位置，则薄体会随着曲线的变更而适当调整。

其中，参数（Parameter）表示空间中的点会沿着指定曲线，以相等参数的间距穿过曲线，产生薄体。所选取曲线的全部长度将完全被等分；圆弧长（Arclength）表示空间中的点会沿着所指定的曲线，以相等弧长的间距穿过曲线，产生薄体。所选取曲线的全部长度将完全被等分；根据点（By Points）表示选择该选项，可根据所选取的顺序在连接线上定义薄体的路径走向，该选项用于连接线中。在所选取的形体中含有角点时使用该选项；距离（Distance）表示选择该选项，系统会将所选取的曲线在向量方向等间距切分。当产生薄体后，若显示其 U 方向线，则 U 方向线以等分显示；角度（Angles）表示系统以所定义的角度转向，沿向量方向扫过，并将所选取的曲线沿一定角度均分。当产生薄体后，若显示其 U 方向线，则 U 方向线会以等分角度方式显示；脊线（Spine Curve）表示系统要求选取脊线后，所产生的薄体范围以所选取的脊线长度为准，但所选取的脊线平面必须与曲线的平面垂直。

2. 公差（Tolerance）

该文本框用于设置所产生的薄体与所选取的断面曲线之间的误差值。若设置为零，则所产生薄体将会完全沿着所选取的断面曲线创建。

下面简述一下创建过程。首先绘制截面曲线，在 Z=0 的平面上绘制内接圆半径为 1 的正六边形，在 Z=−1.6 的平面上绘制直径为 3.2 的圆；单击“插入”→“网格曲面”→“直纹面”，或单击“曲面”工具条中的“ ”图标，选取圆形并单击鼠标中键确认，接着按顺序选取各段直线段（注意选取方向要同第一条曲线同侧，否则生成的片体将产生扭曲），如图 5-21 所示。

按照图 5-22 所示的“直纹面”对话框，设置各项参数，单击“确定”按钮，产生如图 5-23 所示的实体。

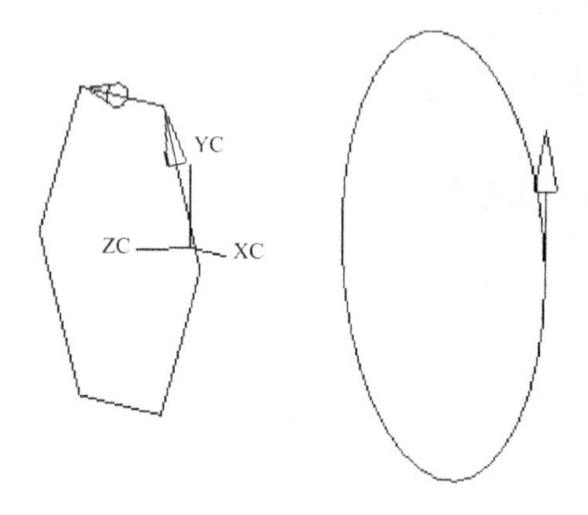

图 5-21　选择界面、定义向量方向

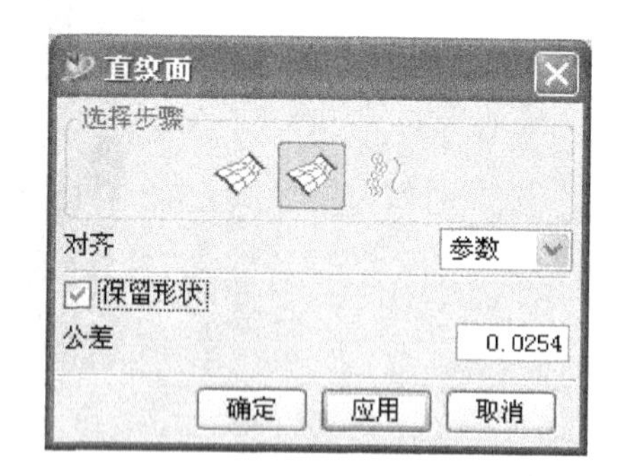

图 5-22　“直纹面”对话框

由于两个截面曲线均是封闭线，因此产生的是实体而非薄体，实体如图 5-23 所示。

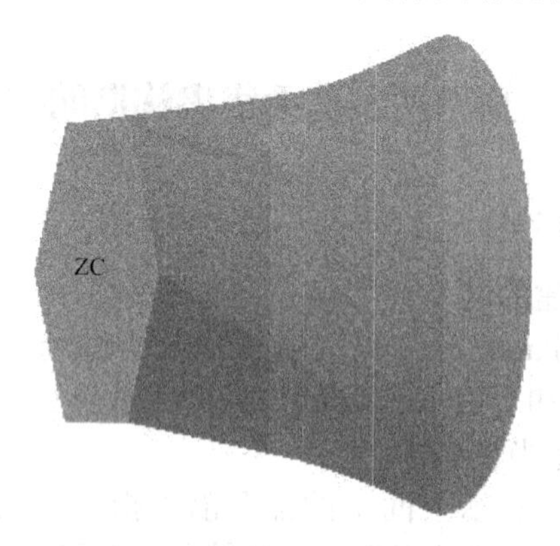

图 5-23　实体造型

5.2.2　艺术曲面 1×1（通过一条截面线和一条引导线构建曲面）

单击“插入”→“网格曲面”→“1×1”命令。

首先作两条相交曲线，再单击“艺术曲面 1×1”，如图 5-24 所示。选择截面线，然后

选择引导线，单击“确定”按钮生成所需曲面，如图 5-25 所示。

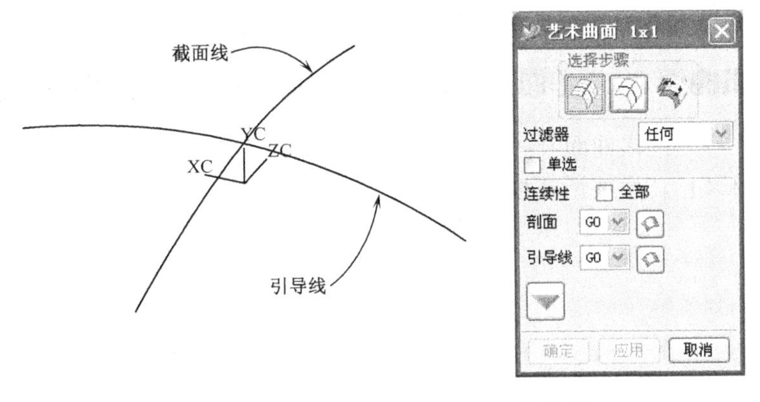

图 5-24　作截面线与引导线并选择“艺术曲面 1×1”

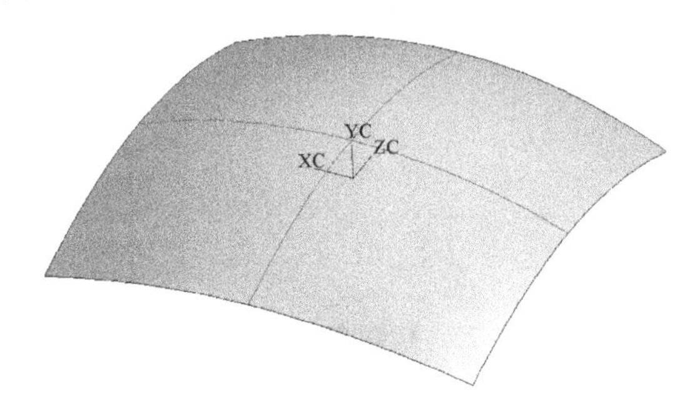

图 5-25　艺术曲面 1×1

5.2.3　艺术曲面 1×2（通过一条截面线和两条引导线构建曲面）

单击“插入”→“网格曲面”→“1×2”命令，如图 5-26 所示，做截面线与引导线，方法同“艺术曲面 1×1”。生成所需曲面，如图 5-27 所示。

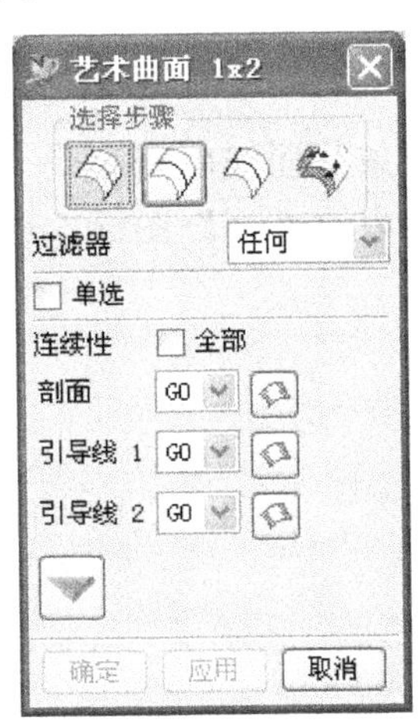

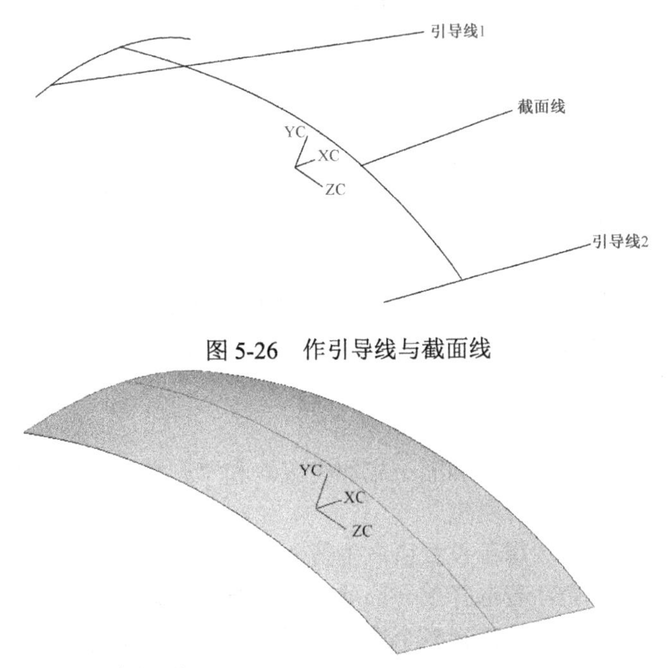

图 5-26　作引导线与截面线

图 5-27　艺术曲面 1×2

NOTICE 注意

引导线和引导线的选择方向要相同！截面线和截面线的选择方向也要相同！

5.2.4 艺术曲面 2×2（通过两条截面线和两条引导线构建曲面）

单击“插入”→“网格曲面”→“2×2”命令，如图 5-28 所示，构建艺术曲面 2×2，作法同“艺术曲面 1×1”。生成所需曲面，如图 5-29 所示。

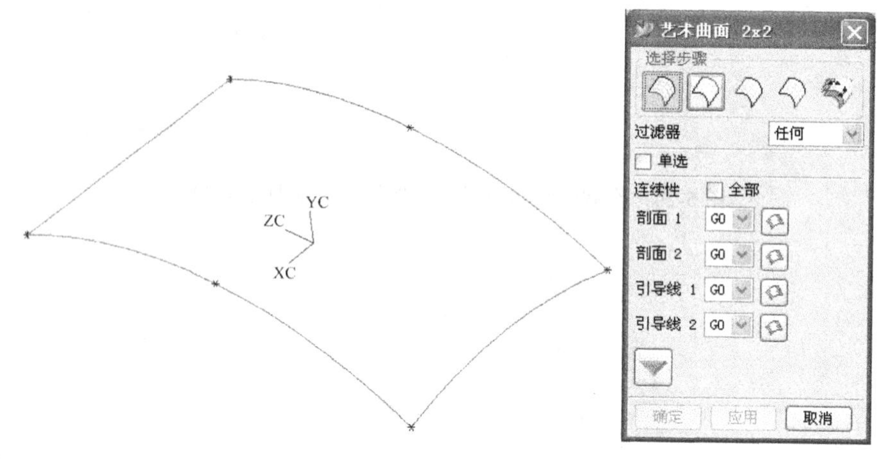

图 5-28 构建艺术曲面 2×2

NOTICE 注意

两条引导线和截面线的选择方向要相同！

5.2.5 创建穿越曲面

1. 命令介绍

选择菜单命令“插入”→“网格曲面”→“通过曲线组”，或在工具栏中单击“ ”按钮，弹出如图 5-30 所示的“通过曲线组”对话框。

其中各项参数说明如下。

（1）起始

用于设置第一截面线串的边界约束条件，以使其在第一条截面线串处和一个或多个被选择的体表面相切或等曲率过渡。单击“起始”下拉列表右边的“ ”图标，用于选择过渡表面。

（2）结束

在最后一个截面上施加约束，和“起始”方法一样。

（3）补片类型

该选项用于设置所产生薄体的偏移面类型，有两个选项：

单个，若选择单一选项，则指定的线段至少为两条；

多个，若选择多个选项，则偏移面数为指定的 V 次方数减 1。

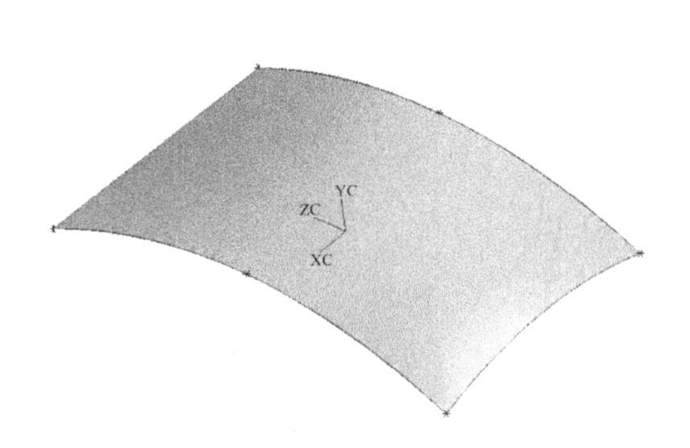

图 5-29　艺术曲面 2×2

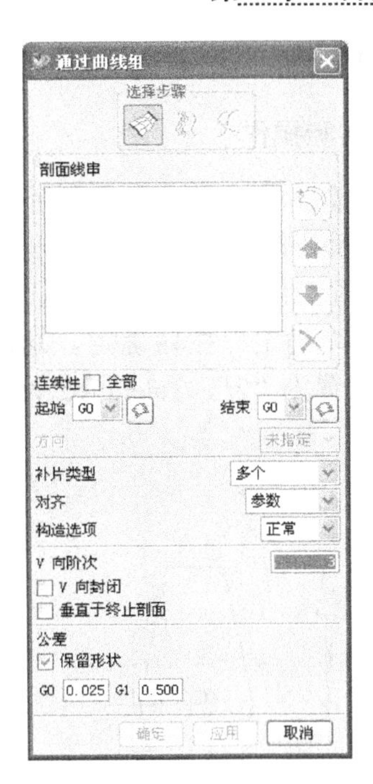

图 5-30　“通过曲线组”对话框

（4）对齐

对齐下拉列表框用于调整所创建的薄体，其对齐方式可分为 6 种。

① 参数（Parameter），选择此选项，所选取的曲线将在相等参数区间等分，即所选取的曲线全长将完全被等分。

② 圆弧长（Arc length），选择此选项，则所选的曲线将沿相等的弧长定义线段，即所选取的曲线全长将完全被等分。

③ 根据点（By Points），选择此选项，则可在所选取的曲线上定义依序点的位置，当定义依序点后，薄体将根据依序点的路径创建。依序点在每个选取曲线上仅能定义一点。

④ 距离（Distance），选取该选项，则系统会弹出“向量副功能”对话框，并以“向量副功能”对话框定义对齐的曲线或对齐轴向。其所创建的偏移面为一组均分的偏移面。

⑤ 角度（Angle），选择此选项，则薄体的构面会沿所设置的轴向向外等分，扩展到最后一条选取的曲线。其定义轴向的方式可分为下列 3 种：两点（Two Points），以两点定义轴线方向及位置；存在的直线（Existing line），选取已存在的线段为轴线；点与向量（Point and Vector），定义一点与向量方向。

⑥ 脊线（Spine Curve），选择此选项，则当定义完曲线后，系统会要求选取脊线，选取脊线后，所产生的薄体范围会以所选取的脊线长度为准。但所选取的脊线平面必须与曲线的平面垂直，即所选取的脊线与曲线须为共面关系。

（5）V 向阶次

V 向阶次选项用于设置 V 方向曲面的次方数。其中，次方数为方程式幂级数加 1。

（6）V 向封闭

选择“V 向封闭”复选框后，所创建的薄体会将 V 方向闭合；反之，将不闭合。

（7）公差

公差选项用于设置所产生的薄体与选取的断面曲线之间的误差值。若设置为零，则所产生的薄体会完全沿着选取的断面曲线创建。

2. 实际操作

下面简述一下创建穿越曲面的过程，在创建规则曲面时创建的两个截面的基础上，在 Z=1 的平面上创建一个 R=2 的圆。单击工具条中的“ ”按钮，分别选取三个封闭曲线作为截面，注意统一矢量方向。这时的三个截面如图 5-31 所示。

单击“确定”按钮确定，这时弹出如图 5-30 所示的“通过曲线组”对话框，将 V Degree 设置为“2”，Tolerance 设置为“0”。单击“确定”按钮，创建的实体模型如图 5-32 所示。

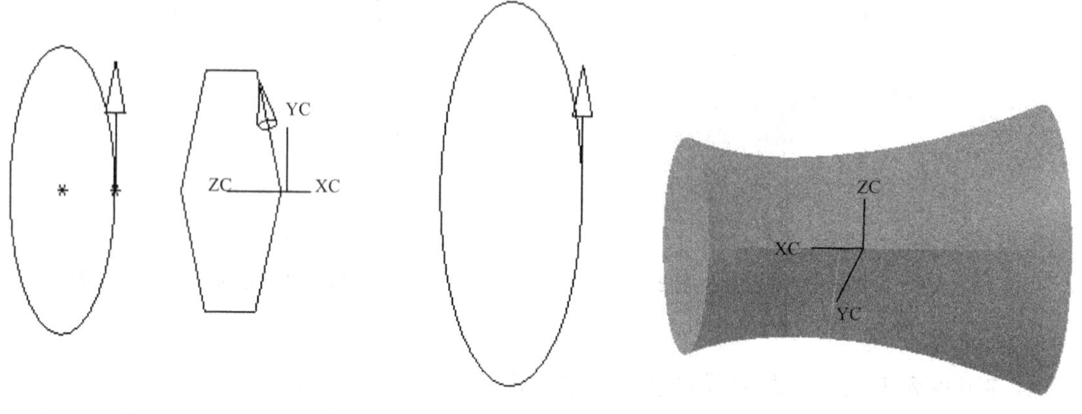

图 5-31　选择截面并定义矢量方向　　图 5-32　创建的实体模型

5.2.6　通过曲线网格构建片体

1. 命令介绍

通过曲线网格构建片体是指通过两组相互交叉的线串构建曲面特征，如图 5-33 所示为通过此方法构建一个鼠标盖的实例。先定义的一组线串称为主曲线（Primary），后定义的一组线串称为交叉曲线（Cross）。

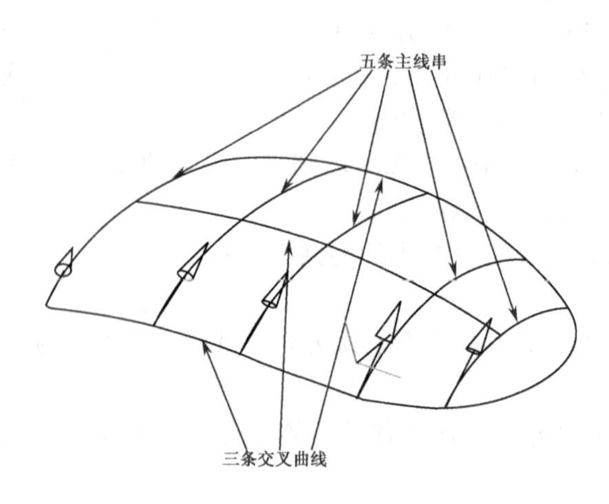

图 5-33　构建鼠标盖

单击“插入”→“网格曲面”→“通过曲线网格”命令，或单击“曲面”工具条上“通过曲线网格”图标，弹出如图 5-34 所示对话框，依次选择五条主线串，注意选择的顺序和线串的方向，然后再选择三条交叉曲线，设置好网格参数后单击“确定”按钮即可。

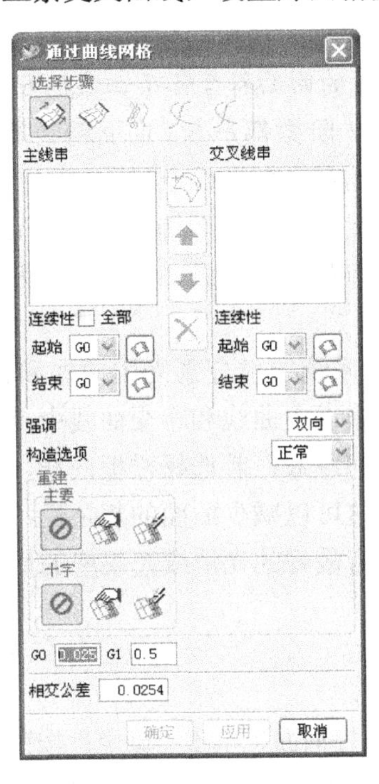

图 5-34 网络参数设置对话框

- 强调：由于构建的曲面与主线串和交叉线串之间允许有一定的距离，因此在构建曲面的过程中，必须指出优先靠近哪一组线串。共有三个选项：双向（Both），选择此选项，所产生的薄体会沿主线串与交叉曲线的中点创建；主要（Primary），选择此选项，所产生的薄体会沿主要曲线创建；十字（Cross），选择此选项，所产生的薄体会沿交叉曲线创建。
- 相交公差：该选项用于设置曲线与相交线串之间的公差，限制主线串与相交线串之间的 3D 距离。当曲线与主要的弧不相交时，曲线与相交线串之间的距离不得超过所设置的交叉公差值。若超过所设置的公差值，系统会显示“Highlighted strings do not intersect within tolerance”的错误信息，并且无法生成曲面，提示重新操作。

（1）起始

用于定义第一条主线串（交叉线串）与已经存在的面的约束关系，目的在于可以使生成的曲面与已经存在的曲面在第一条弧处符合一定的关系，例如：

① 无约束（No Constraint）：定义第一条主线串（交叉线串）无约束，即不可改变形式，生成的曲面在公差范围内要严格沿着第一条弧。

② 相切（Tangency）：定义第一条主线串（交叉线串）与所选取的薄体相切，且所产生薄体的切线斜率与所选取薄体的切线斜率连续。选择该选项后，系统将提示选择薄体。

③ 曲率（Curvature）：定义第一条主线串（交叉线串）与所选取的薄体相切，且使其曲率连续，该选项比 Tangency 有更高的要求。

（2）结束

用于定义最后一条主线串（交叉线串）与已经存在的面的约束关系，目的在于可以使生成的曲面与已经存在的曲面在最后一条主线串（交叉线串）处符合一定的关系。同第一条主线串（交叉线串）相同并具有同样的含义，在此不再赘述。

➢ 构造选项：用于设置生成的曲面符合各条曲线的程度，共有三个选项。

（1）正常：构建的曲面 U，V 阶数都是 3，曲面精确吻合于定义线串。该选项具有最高的精度，因此生成较多的块，占据最多的存储空间。

（2）样条点：只有当所有的定义曲线都具有相同数量定义点的 B 样条时才能使用本方法。参数曲线将按定义线的定义点和斜率生成，构建的曲面由相交曲线上的对齐点和阶次为 3 两个参数决定。

（3）简单：使用该方法时，系统要求分别为主曲线和相交曲线选择一条曲线作为样板曲线。若不选择样板曲线，系统将以主曲线和相交曲线中具有最高阶次的一条曲线的阶次和段数来决定 U，V 参数线的阶次和段数；若选择样板曲线，生成曲面的参数线的阶次和段数与样板曲线的阶次和段数相同。这可以减少曲面的复杂性，使曲面的曲率变化柔顺，补片较少。该选项生成的曲面或实体具有最好的光滑度，生成的块数也是最少的，因此占用最少的存储空间。

2. 实际操作

此处使用“正常”方法构建鼠标曲面，单击“确定”按钮后，生成曲面，如图 5-35 所示。

单击“插入”→“网格曲面”→“通过曲线组”命令，或单击“曲面”工具条上“通过曲线组”图标，选择模型前段的两条曲线，生成通过曲线的曲面，如图 5-36、图 5-37 所示。

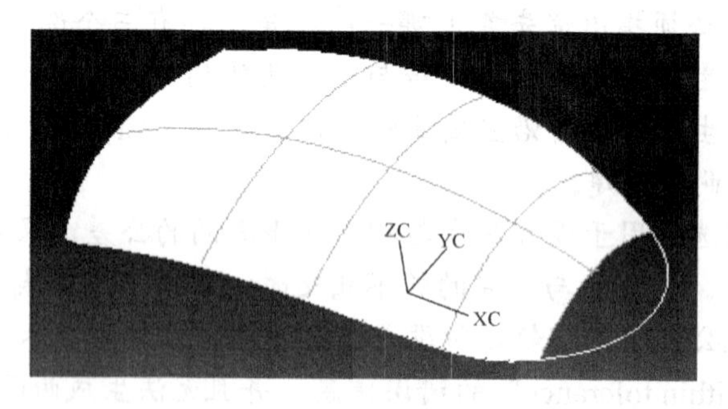

图 5-35 生成鼠标上方曲面

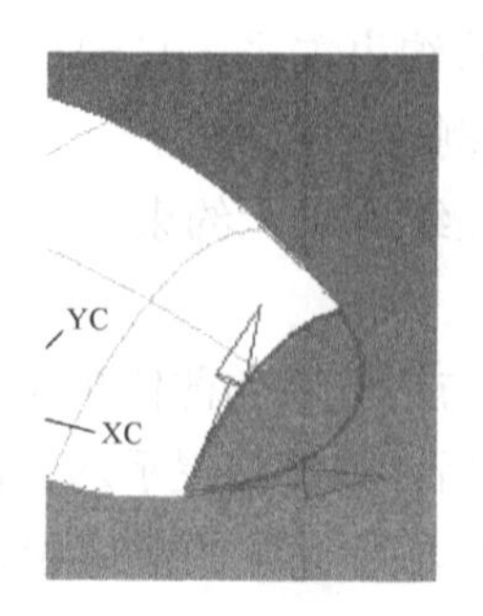

图 5-36 生成鼠标前端曲面

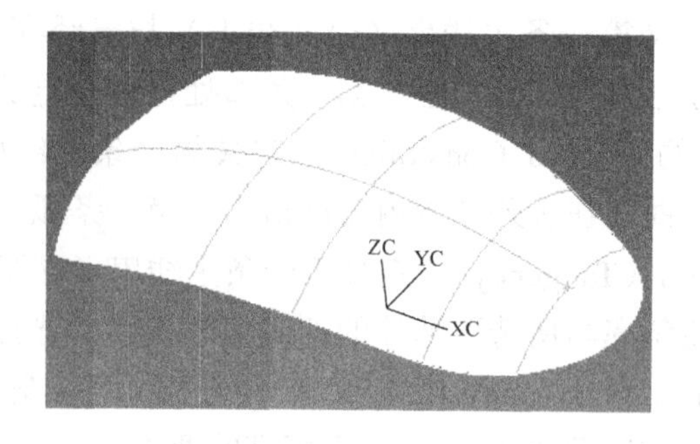

图 5-37 生成鼠标曲面

5.2.7 创建断面

1. 命令介绍

单击“插入”→“网格曲面”→“剖面”命令，或单击“曲面”工具条上“剖面”按钮“”，系统弹出如图5-38所示的“剖面”对话框。

（1）剖面形式

① 两边-峰线-肩线（Ends-apex-shoulder）：首先选择始边，再选取肩线——定义曲线穿越的曲线，再选取终边，接着再选取峰线。当选取完峰线后系统会要求选取脊线，定义脊线后，系统即自动依定义开始产生薄体。该断面生成方式如图5-39所示。

② 两边-斜率-肩线（Ends-slopes-shoulder）：首先选择始边弧，再选取始边斜率控制线，选取肩线，定义曲线穿越的定义点，然后选取终边弧，接着再选取终边斜率控制线。当选取完成后，系统会要求选取脊线，定义脊线后，系统即自动依定义开始产生薄体。该断面生成方式如图5-40所示。

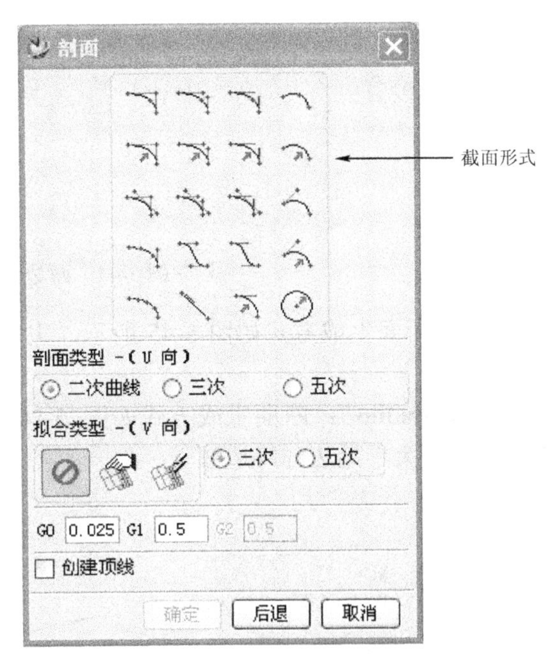

图5-38 “剖面”对话框

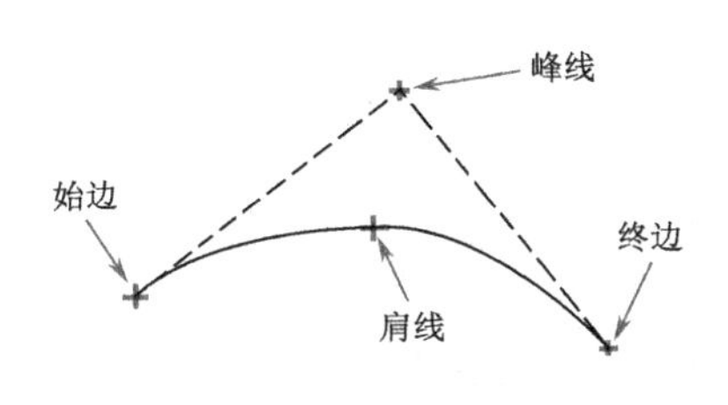

图5-39 两边-峰线-肩线方式

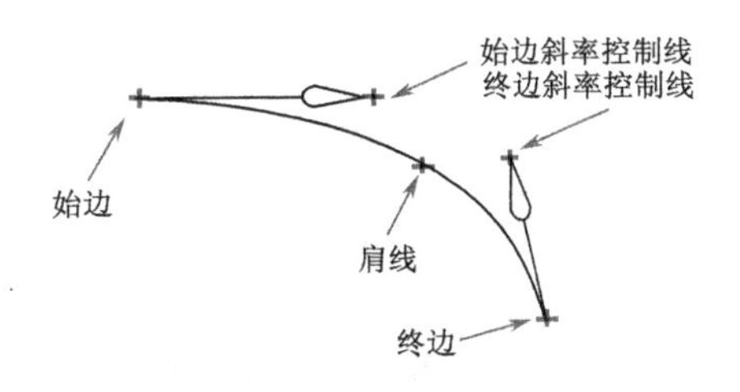

图5-40 两边-斜率-肩线方式

③ 切弧-肩线（Fillet-shoulder）：断面生成方式如图5-41所示。

④ 三点-圆弧（Three Points-arc）：断面生成方式如图5-42所示，生成的圆弧弧度要

小于 180°，否则系统将出现错误提示。

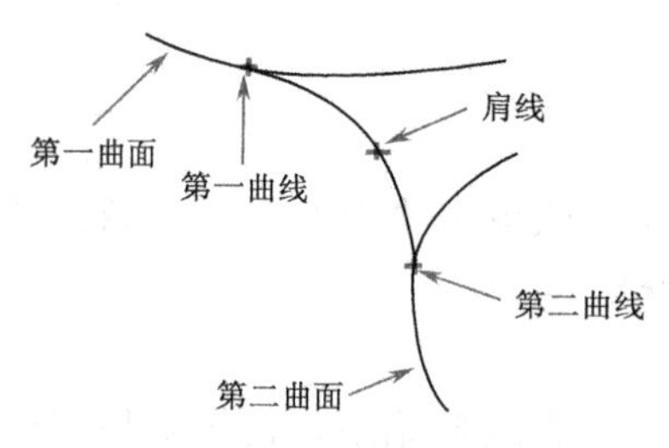

图 5-41　切弧-肩线方式

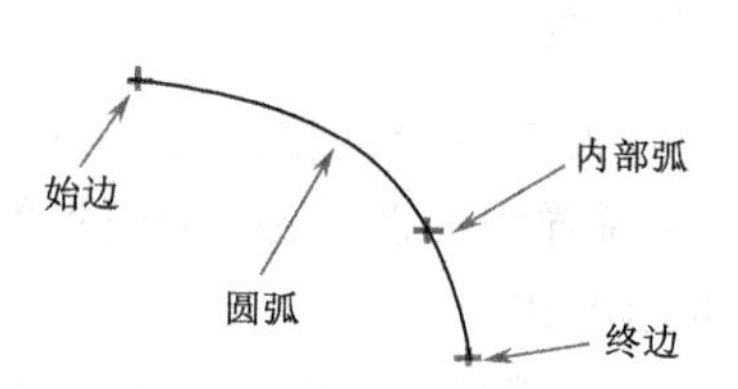

图 5-42　三点-圆弧方式

⑤ 两边-峰线-rho（Ends-apex-rho）：断面生成方式如图 5-43 所示，其中，rho 为定义内部曲线 B 的位置，rho=BC/AC。当选择脊线完成，系统将提示输入 rho 的值。

⑥ 两边-斜率-rho（Ends-slopes-rho）：断面生成方式如图 5-44 所示，rho 的含义同上。

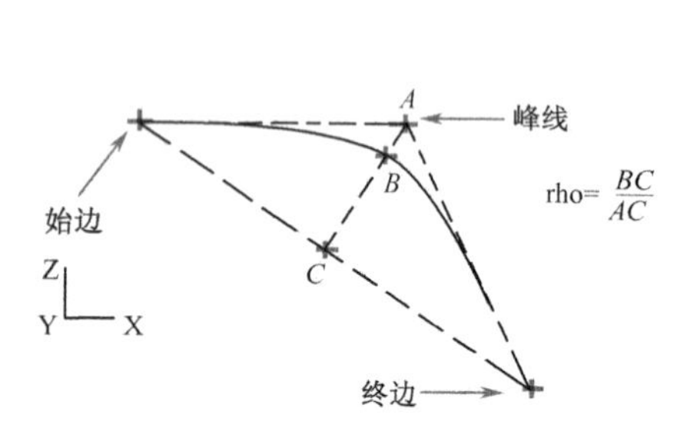

图 5-43　两边-峰线-rho 方式

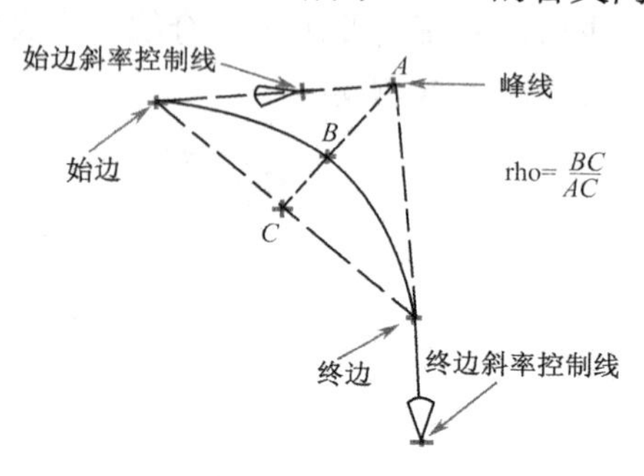

图 5-44　两边-斜率-rho 方式

⑦ 切弧-rho（Fillet-rho）：断面生成方式如图 5-45 所示，生成的曲面与第一（第二）曲面相切于第一（第二）曲线处。

⑧ 两点-半径（Two-points-radius）：断面生成方式如图 5-46 所示。注意，当系统提示输入半径时，所输入的半径值须大于始边与终边弦长。

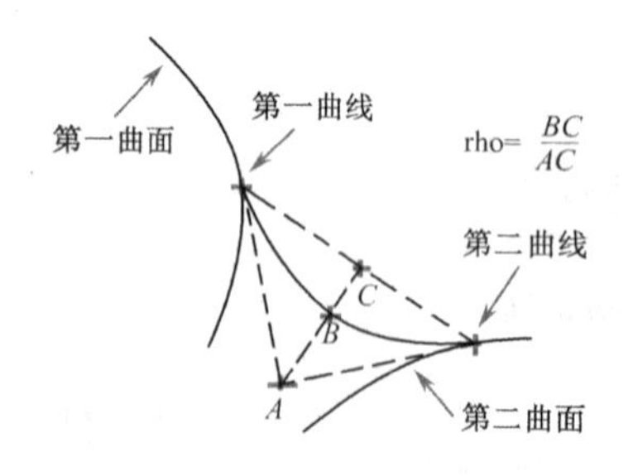

图 5-45　切弧-rho 方式

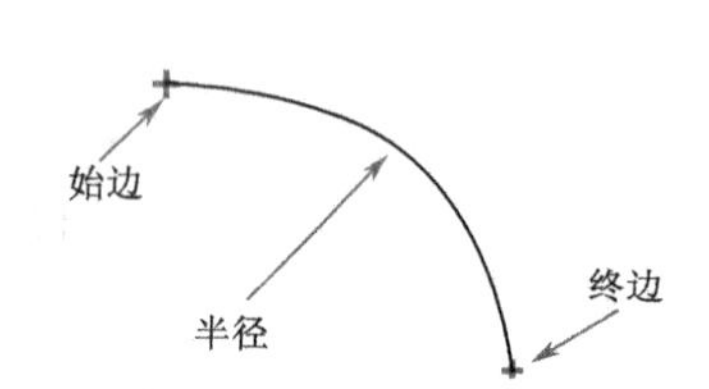

图 5-46　两点-半径方式

⑨ 两边-峰线-Hilite（Ends-apex-hilite）：断面生成方式如图 5-47 所示，切线端点弧之间的线段与生成的断面线相切。

⑩ 两边-斜率-Hilite（Ends-slopes-hilite）：断面生成方式如图 5-48 所示。

⑪ 切弧-Hilite（Fillet-hilite）：断面生成方式如图 5-49 所示。

⑫ 两边-斜率-圆弧（Ends-slope-arc）：断面生成方式如图 5-50 所示。

⑬ 4 点-斜率（Four points-slope）：断面生成方式如图 5-51 所示。

⑭ 端点-斜率-三次方曲面（Ends-slops-cubic）：断面生成方式如图 5-52 所示。

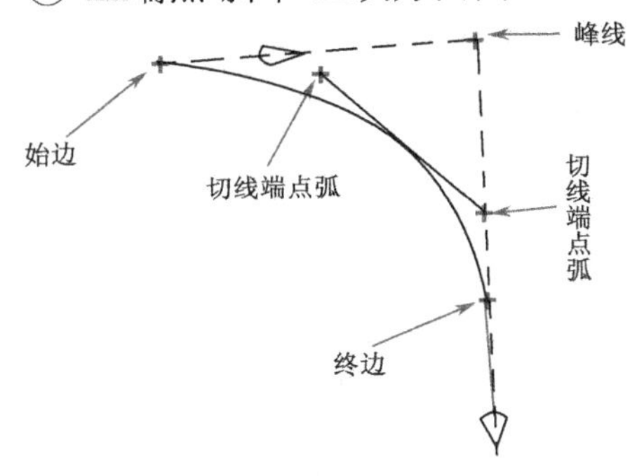

图 5-47　两边-峰线-Hilite 方式

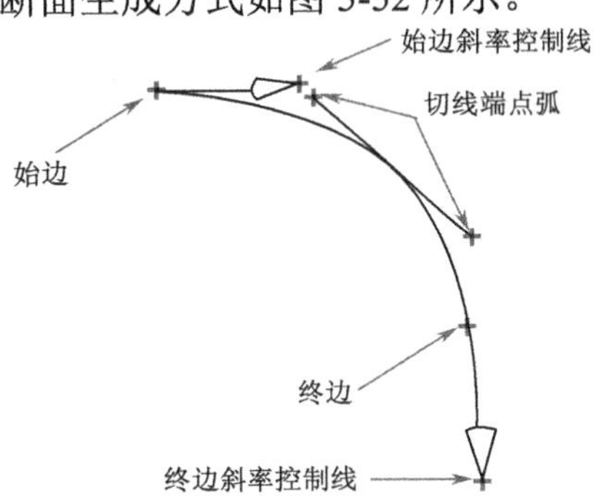

图 5-48　两边-斜率-Hilite 方式

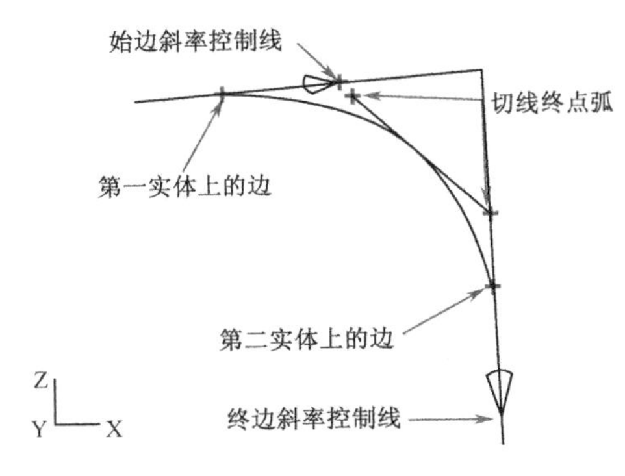

图 5-49　切弧-Hilite 方式

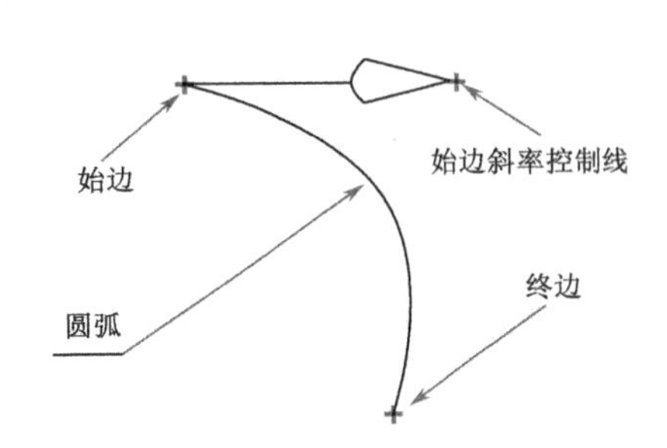

图 5-50　两边-斜率-圆弧方式

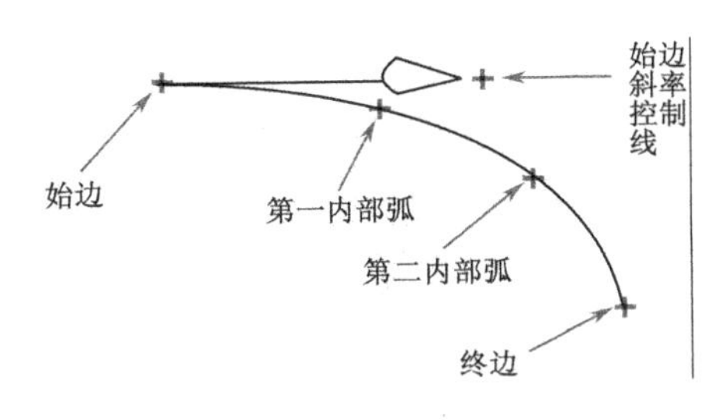

图 5-51　4 点-斜率方式

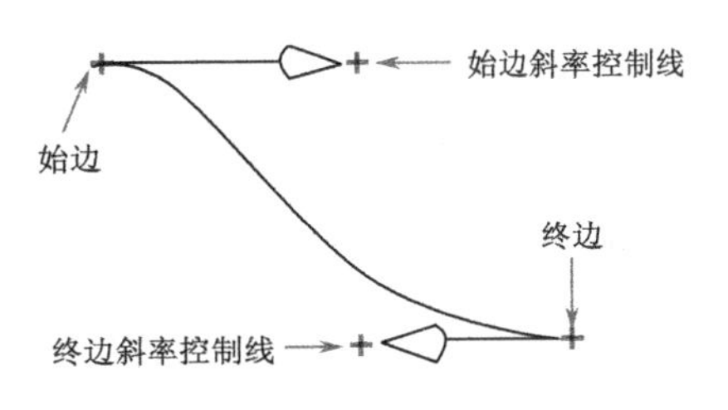

图 5-52　端点-斜率-三次方曲面方式

⑮ 导圆弧-三次曲面（Fillet-cubic）：选取第一个曲面，同意后再选第一个曲面上的线；然后选取第二个曲面，同意后再选第二个曲面上的线；最后选取脊线。系统会根据所设置的定义，以平滑的三次曲线产生 S 形薄体与曲面相切。断面生成方式如图 5-53 所示。

⑯ 点-半径-角度-弧（Point-radius-angle-arc）：首先选取切面上的始边——定义圆弧的起始位置，接着再选取脊线。选取脊线后，系统会弹出显示法线方向及创建断面的对话框，法线方向即为产生圆弧的边，输入半径与半径法则及角度与角度法则后，系统就会根据定义产生薄体。断面生成方式如图 5-54 所示。

⑰ 5 点（Five-points）：首先选取始边曲线，定义薄体的起始位置，再依次定义第一、第二、第三内部弧及终边。当依次定义弧时，系统会要求选取脊线，选取脊线后，系统即在定义的弧位置产生薄体。断面生成方式如图 5-55 所示。

⑱ 线性-切面（Linear-tangent）：断面生成方式如图 5-56 所示。

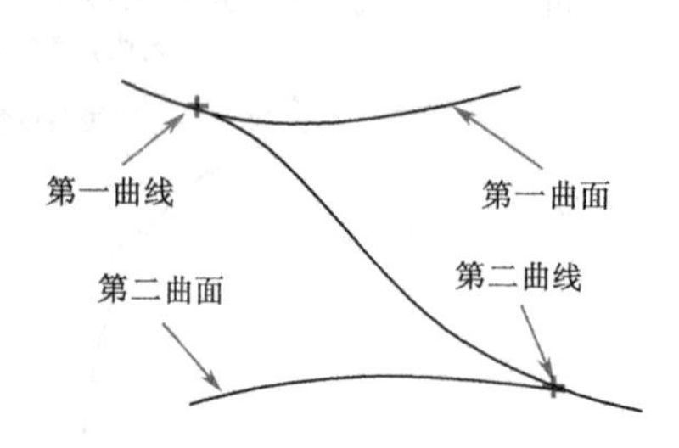

图 5-53　导圆弧-三次曲面方式

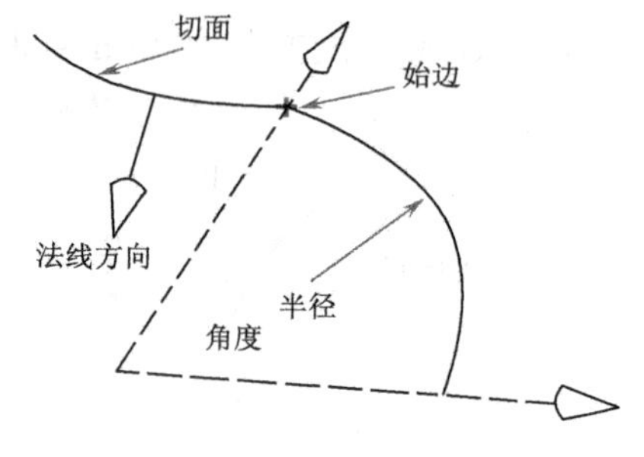

图 5-54　点-半径-角度-弧方式

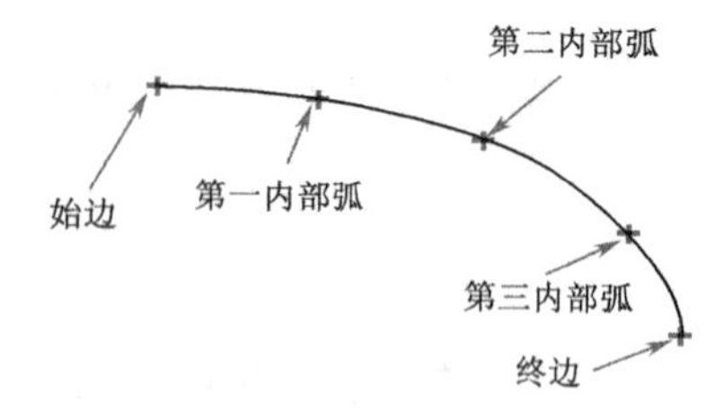

图 5-55　5 点方式

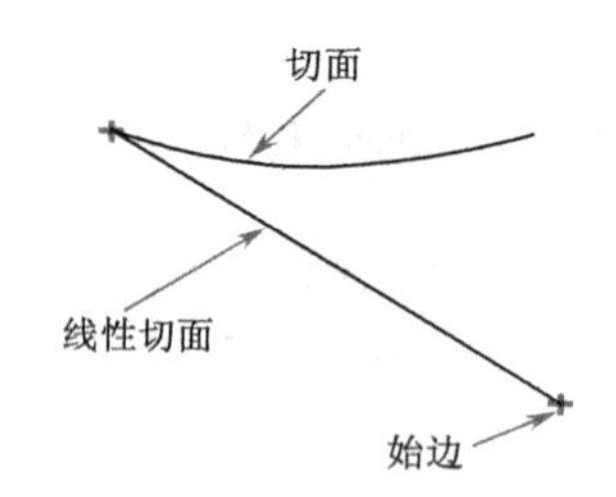

图 5-56　线性-切面方式

⑲ 圆-切线（Circular-tangent）：首先依次选取切面、始边和脊线，然后，在"截面选项"（Section Option）对话框中输入半径并设置产生的圆弧薄体类型，系统即自动产生圆弧薄体。可产生两种方式的圆弧，如图 5-57 所示。

⑳ 圆（Circle）：选择该选项，可产生全圆的薄体。依次选择导引线、定位线和脊线，系统会自动生成实体。断面生成方式如图 5-58 所示。

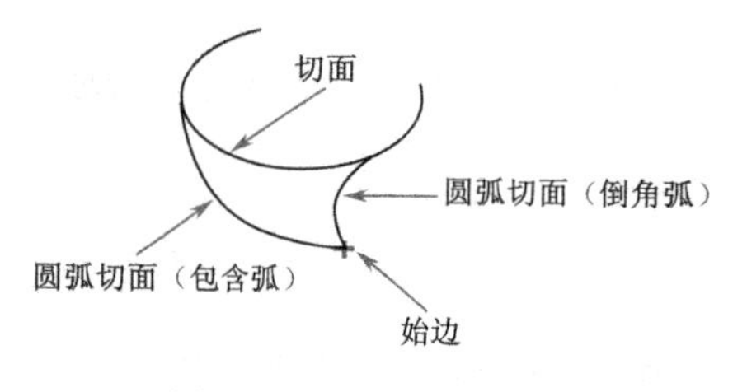

图 5-57　圆-切线方式

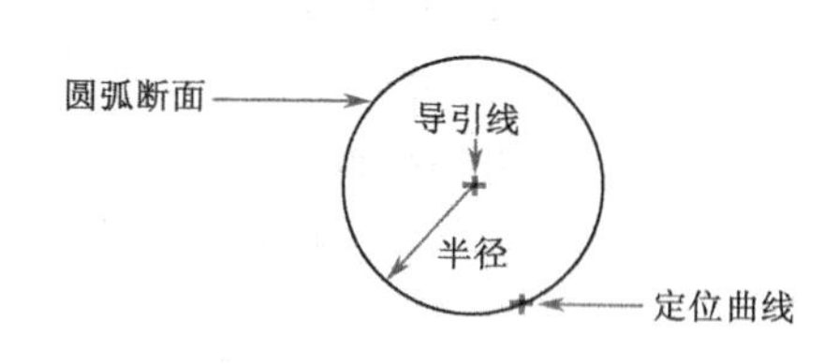

图 5-58　圆方式

（2）截面类型（Section Type-（U-Direction））

截面类型共有三个选项。

① 二次曲线（Conic）：表示 U 方向上曲线为二次曲线。

② 三次曲线（Cubic）：表示 U 方向上曲线为三次曲线。

③ 五次曲线（Quintic）：表示 U 方向上曲线为五次曲线。

（3）拟合类型（Fitting Type-（V-Direction））

拟合类型共有两个选项。

① 三次曲线（Cubic）：表示 V 方向上曲线为三次变化。

② 五次曲线（Quintic）：表示 V 方向上曲线为五次变化。

（4）创建顶线（Create Apex Curve）

选择创建顶线选项后，系统会在创建圆弧薄体的同时，自动产生圆弧薄体的顶线。系统默认为不选择该选项。

2．实际操作

下面使用断面工具构建一个通过一条曲线与一个圆弧面相切的曲面，该曲线和圆弧面如图 5-59 所示。

图 5-59　曲线和圆弧面

单击工具条上的“”按钮，在弹出的“剖面”（Section）对话框中选择“”圆-切线方式生成曲面，将“截面类型”（Section Type）设置为“二次曲线”（Conic），“拟合类型”（Fitting Type）设置为“三次曲线”（Cubic）。

弹出选择菜单后，首先选择圆弧面作为切面，然后选择直线作为始边，提示选择样条时，选择同一条直线作为脊线。

选择结束后，系统弹出“剖面选项”（Section Options）对话框，按图 5-60 所示进行设置，然后单击“确定”按钮，这时系统将自动生成如图 5-59 所示的薄体。

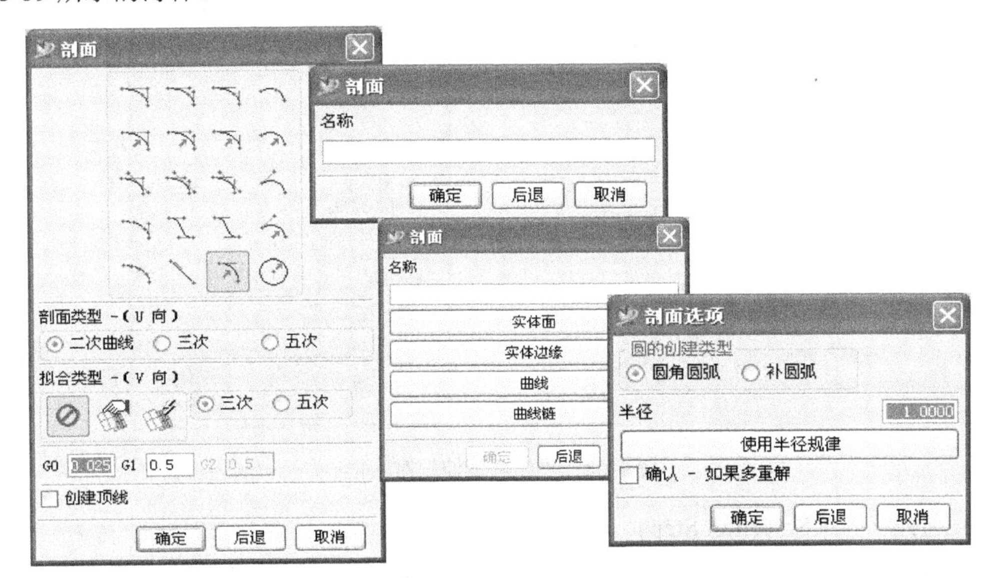

图 5-60　选项设置

图 5-60 中，若“剖面选项”（Section Options）中的半径（Radius）值小于直线与圆弧面母线的最近距离，则系统将出现错误提示。更改半径值即可生成薄体，如图 5-61 所示。

图 5-61　生成薄体

5.2.8 规律控制的延伸

1．命令介绍

单击“曲面”工具条中的“”规律延伸（Law Extension）按钮，系统弹出如图 5-62 所示的“规律延伸”对话框，其中各选项的说明如下。

（1）参考方式（Reference Method）

设置参考方式，有两个选项：①“面（Faces）”，当选择了该选项后，“选择步骤”中的“”基本面（Base Face）是可选择的；②“矢量（Vector）”，当选择了该选项后，“选择步骤”中的“”矢量（Vector）是可选择的，同时还会出现“矢量方式”选项。如图 5-62 所示。

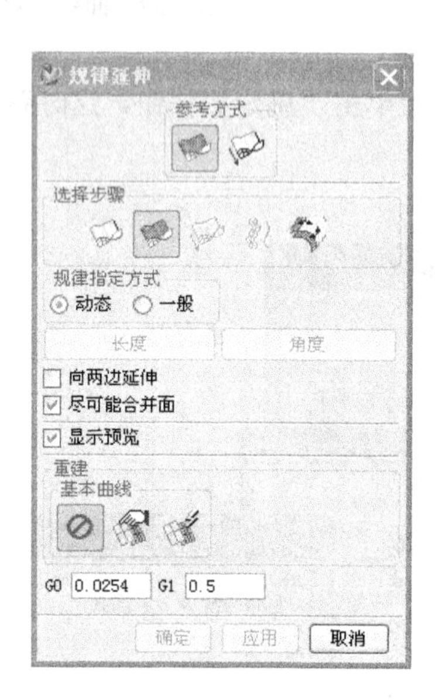

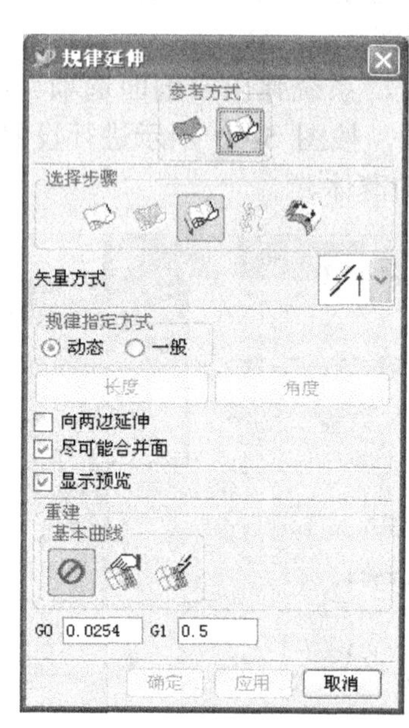

图 5-62 “规律延伸”对话框

（2）选择步骤（Selection Steps）

共有四个选择步骤：①“”基本曲线串（Curve String），选择曲线或边缘作为生成曲面的一个基础边缘；②“”参考面（Base Face），选择一个或多个面来约束生成曲面的参考方向；③“”矢量（Vector），选择一个矢量用以定义延伸曲面的参考方向；④“”脊线串（Spine String），选择一条曲线来定义局部用户坐标系的原点。⑤“”定义规律：当在“规律指定方式”选为“动态”时，该按钮被激活。用于在视图区动态定义延伸的“长度”和“角度”值。

（3）规律指定方式（Law Specification Method）

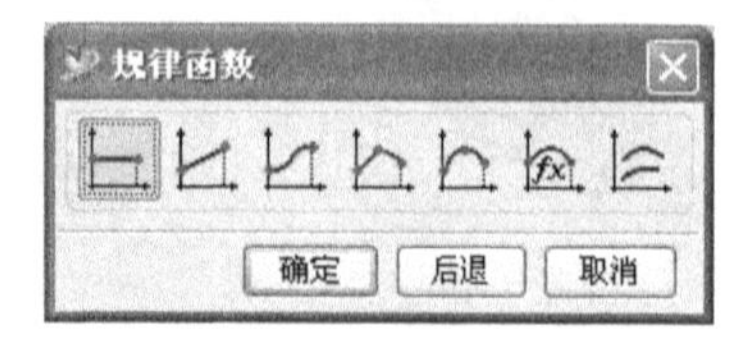

图 5-63 规律控制的方式

共有两个选择步骤：①动态（Dynamic），按照动态方式使用鼠标调整生成面的规律；②一般（General），一般法则包括距离法则（Distance）和角度法则（Angle）。

任意一种规律法则，都包含如图 5-63 所示的几种规律控制方式。依次为：恒定的，线性，三次，沿着脊线的值——线性，沿着脊线的值——三次，根据公式，根据规律曲线，其中前三项比较常用。

（4）向两边延伸（Extend on both sides）

选中该复选框后，系统将在基准曲线的两边同时延伸曲面。

（5）尽可能合并面（Merge Faces if Possible）

选中该复选框后，一旦可能，系统只生成一个单一的曲面。

（6）显示预览（Show Preview）

当选择该复选框时，在完成全部选择步骤后，系统在相应的位置生成预览，方便用户检查生成的面是否正确或可行。完成检查后单击“确定”按钮生成曲面。

2. 实际操作

下面利用延伸功能创建一个薄体。

单击工具条中的“ ”按钮，弹出“规律延伸”对话框，如图5-64所示，在“选择步骤”中单击“ ”按钮，然后选择如图5-64右图中所示的“边缘曲线”。将“参考方式”设置为“矢量”，然后单击“ ”按钮，在“矢量方式”中选择“ ”按钮，然后在“规律指定方式”中选择“一般”，设置“长度”法则的控制方式为“恒定的”，输入常数“10”：设置“角度”法则的控制方式同样“恒定的”，输入常数“45”，最后单击“确定”按钮，系统生成如图5-64所示的延伸薄体。

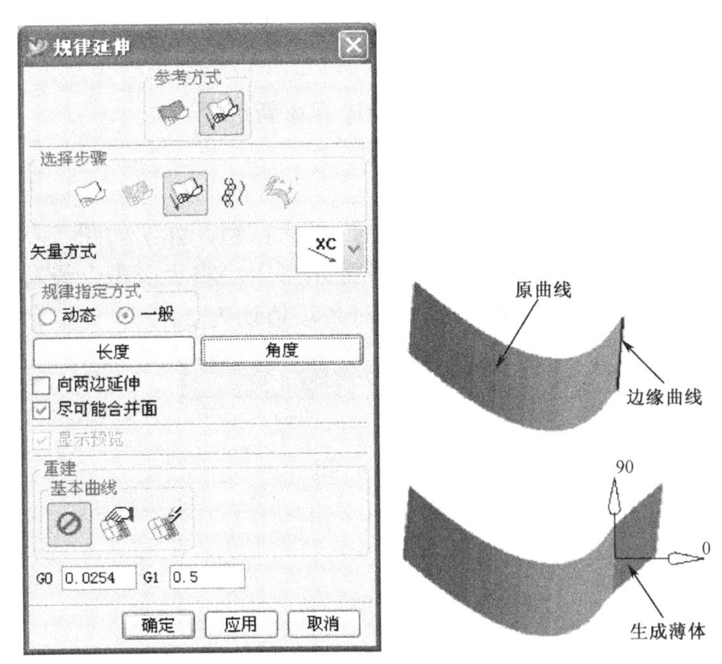

图5-64 生成延伸薄体

5.2.9 扩大曲面

1. 命令介绍

单击“编辑曲面”工具条上扩大按钮“ ”，系统弹出如图5-65所示的“扩大”对话框。

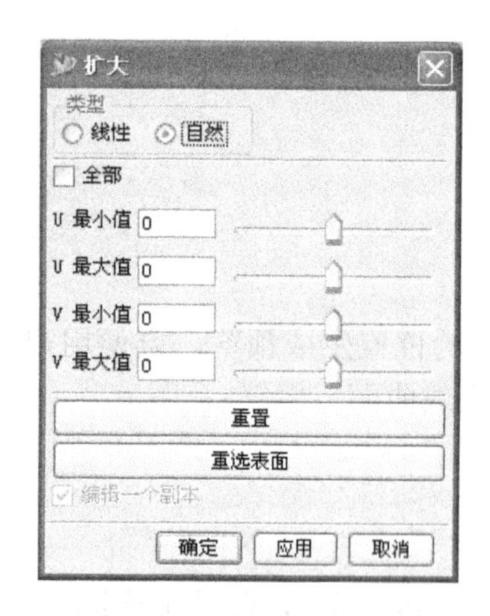

图 5-65 “扩大”对话框

（1）类型（Type）

该选项用来设置扩大曲面的类型，共有两个选项：“线性”（Linear），选择该选项，只可以对选择的曲面按照一定的方式进行扩大，不能进行缩小的操作；“自然”（Natural），选择该选项，既可以创建一个比原曲面大的曲面，也可以创建一个小于该曲面的曲面。

（2）全部（All）

选择该选项后，U 最小值、U 最大值、V 最小值、V 最大值四个输入文本框将同时增加（或减少）同样的比例。

（3）U 最小值（U-Min）

该文本框中输入 U 向最小处边缘进行变化的比例，当将扩大类型设置为线性时，文本框中数值的变化范围是 0～100%，即只可以在这个边缘上生成一个比原曲面大的曲面；当选择自然时，文本框中数值的变化范围是–99%～100%，即可以生成一个大于或小于原薄体的曲面。U 最大值（U-Max）、V 最小值（V-Min）、V 最大值（V-Max）三项与 U 最小值（U-Min）的设置方式和功能类似，不再赘述。

（4）重置（Reset）

单击该选项后，系统将自动恢复设置，即生成一个与原曲面同样大小的曲面。

（5）重选表面（Reselect Face）

如果错误地选择了曲面，可以单击该选项进行重新选择。

2. 实际操作

下面运用该功能创建一个曲面。单击“”扩大按钮，弹出如图 5-66 所示的对话框，提示选择曲面，选择曲面后，对话框中的各项显示可用。将“类型”设置为“自然”，选择“全部”复选框，将 U 最小值设置为“2”，这时各项值均为 2。

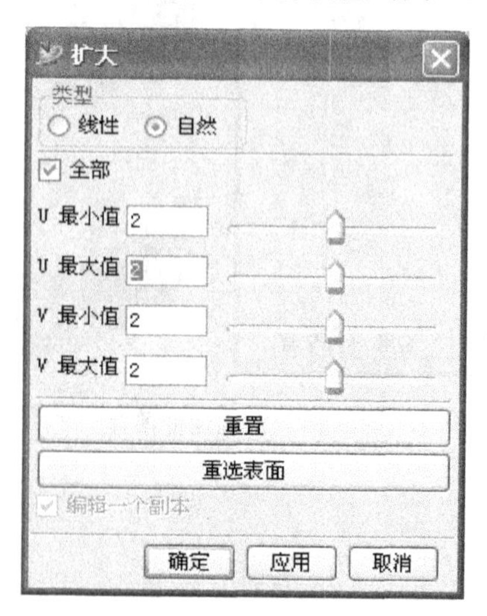

图 5-66 设置参数

单击“确定”按钮，系统自动生成如图 5-67 所示的新曲面。

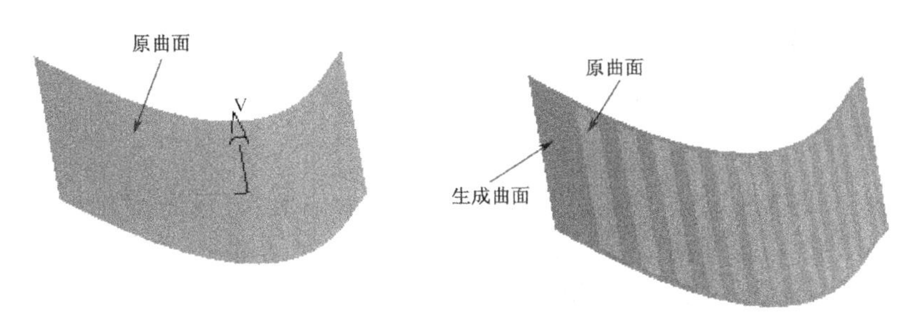

图 5-67　生成新曲面过程

5.2.10　偏置曲面

1．命令介绍

选择菜单命令“插入”→“偏置/比例”→“偏置曲面”，或单击“曲面”工具条中的“ ”偏置按钮，弹出如图 5-68 所示的“偏置曲面”对话框，选择表面后，设置偏置参数。该参数于实现对薄体作同一距离的偏移，系统将依照输入的距离值偏移，根据输入值正负，决定偏移方向。选择平面时系统自动定义一个正方向，如图 5-69 所示，如果输入的距离值为正，则产生的曲面在原曲面的下方，反之在原曲面上方。

图 5-68　“偏置曲面”对话框

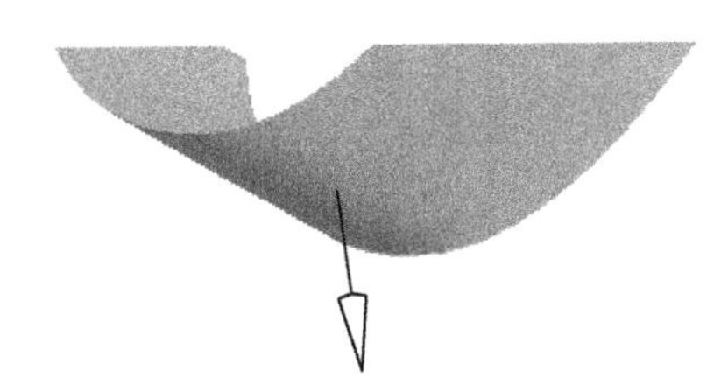

图 5-69　偏移方向

2．实际操作

单击工具条中的“ ”偏置按钮，先选择曲面，然后将距离值设置为 2，单击“确定”按钮即可生成图 5-70 所示的同一距离偏移曲面。

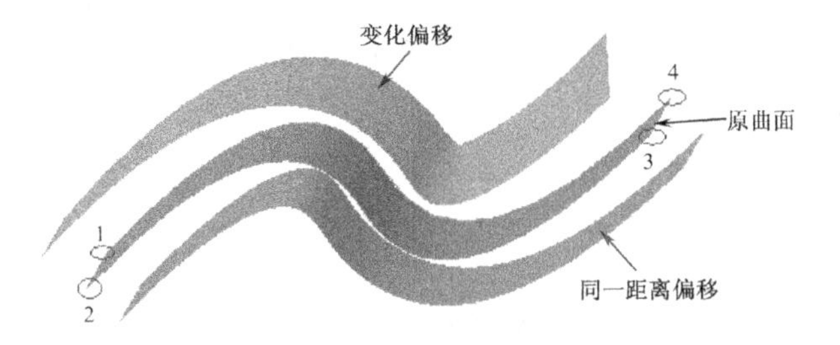

图 5-70　生成偏移薄体

5.2.11 变量偏置曲面

1. 命令介绍

选择菜单命令“插入”→“偏置/比例”→“变量偏置”，这时弹出如图 5-71 所示的“变偏置曲面”对话框，选择曲面后，弹出“点构造器”对话框，依次选择片体上的 4 个特征点，并分别给定偏移量，系统根据这些点和偏移量生成新的曲面。

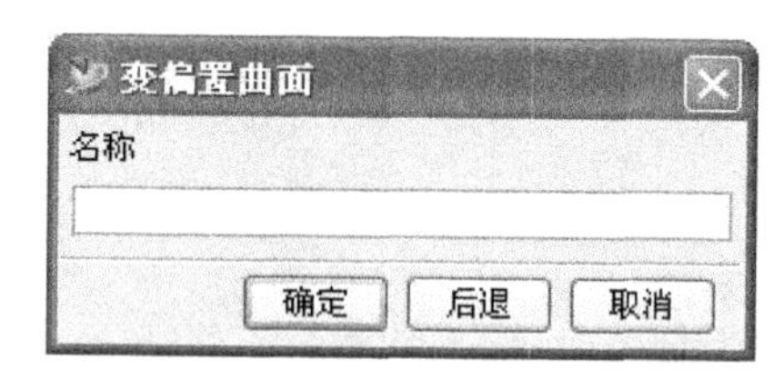

图 5-71 “变偏置曲面”对话框

2. 实际操作

选择菜单命令“插入”→“偏置/比例”→“变量偏置”，先选择曲面，然后利用“点构造器”选定原曲面的“1”号端点，如图 5-70 所示，在弹出的对话框中将“距离”值设置为“2”，具体过程如图 5-72 所示。

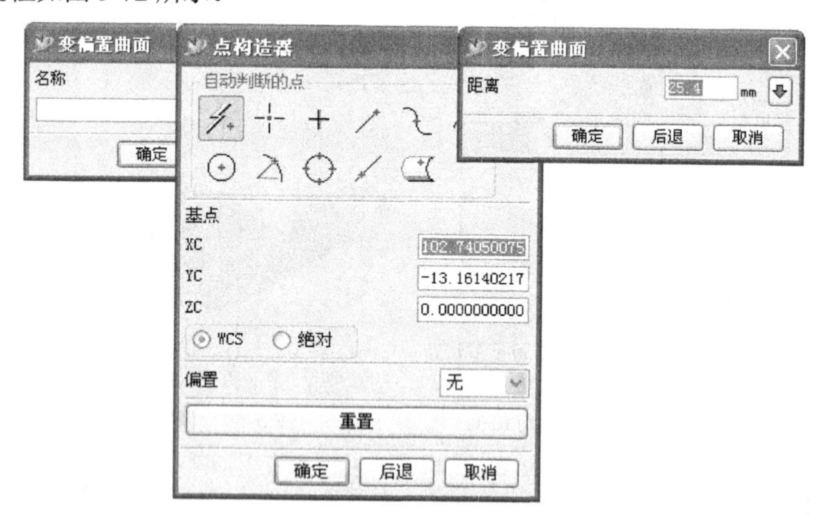

图 5-72 创建变化偏置薄体过程

接着选择“2”号端点，将“距离”值设置为“2”，然后选择“3”、“4”号端点，将“距离”值设置为“5”。这时系统将自动生成图 5-70 所示的“变化偏移”薄体。

5.2.12 大致偏置曲面

1. 命令介绍

单击“曲面”工具条中的“ ”大致偏置按钮，系统弹出如图 5-73 所示的“大致偏置”对话框。这种偏置方式有别于 5.2.10 节中的偏置命令，它可以将多个不平滑过渡的片体同时平移一定的距离，并生成单一的平滑过渡片体。

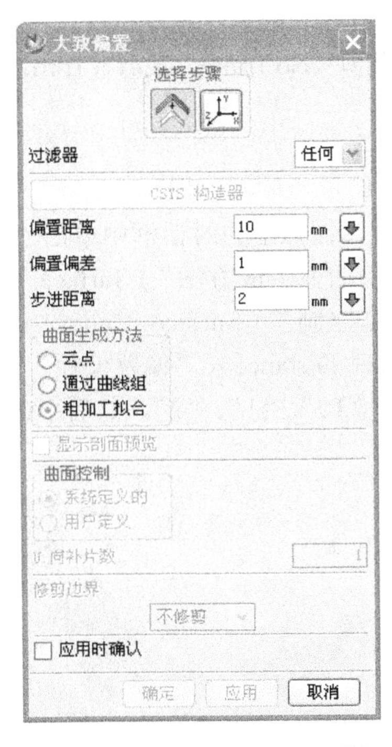

图 5-73 “大致偏置”对话框

（1）选择步骤（Selection Steps）

选择步骤项有两个步骤：①“”偏置面/片体（Offset Face/Sheet），用来选择要平移的面或片体；②““偏置坐标系（Offset CSYS），用来设置坐标系。

（2）构造坐标系（CSYS Constructor）

单击该按钮将弹出“坐标系构造器”对话框，用来设置一个用户坐标系，根据坐标系的不同可以产生不同的偏置方式。

（3）偏置距离（Offset Distance）

偏置距离项用来设置偏移的距离值，值为正表示在 ZC 方向上偏移，值为负表示在 ZC 的反方向上偏移。

（4）偏置偏差（Offset Deviation）

偏置偏差项用来设置“偏置距离”（Offset Distance）值的变动范围，例如，当“偏置距离”（Offset Distance）设置为 10，“偏置偏差”（Offset Deviation）设置为 1 时，系统将认为偏移距离的范围是 9～11。

（5）步进距离（Stepover Distance）

步进距离项用来设置生成偏移曲面时进行运算的步长，其值越大表示越精细，值越小表示越粗略。当其值小于一定值时，系统可能无法产生曲面。

（6）曲面生成方法（Surface Generation Method）

共有三种可供选择的曲面生成方法：“云点”、“通过曲线组”和“粗加工拟合”。

（7）曲面控制（Surface Control）

共有两种曲面控制方式，只有当“曲面生成方法”（Surface Generation Method）选择了“云点”（Cloud Points）方式后，这个选项才是可选的。两个选项分别是“系统定义”

（System Defined）和“用户定义”（User Defined）。

（8）修剪边界（Boundary Trimming）

修剪边界共有三个选项：不裁剪（No Trim）、裁剪（Trim）和边缘曲线（Boundary Curve）。

2. 实际操作

下面通过实例说明创建大致偏置片体的过程。

单击工具栏中的“ ”按钮，在弹出的对话框中单击“ ”按钮，选择如图 5-74 所示的“曲面一”和“曲面二”，将“曲面生成方法”（Surface Generation Method）设置为“云点”（Cloud Points），将“曲面控制”（Surface Control）设置为“系统定义”（System Defined）。将“偏置距离”（Offset Distance）、“偏置偏差”（Offset Deviation）、“步进距离”（Stepover Distance）分别设置为“10”、“1”、“2”。然后单击“确定”按钮，生成图 5-74 所示的“生成曲面”。

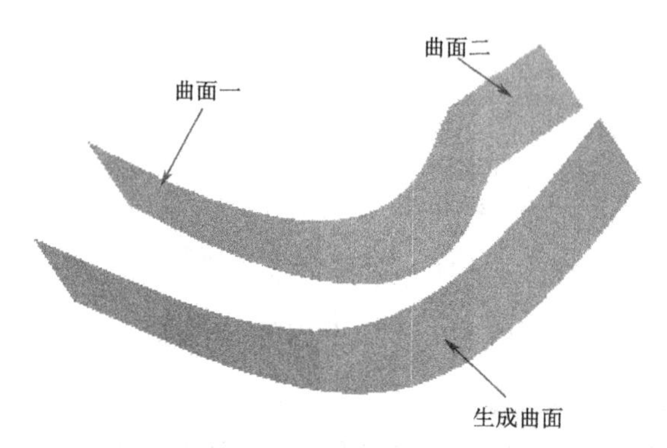

图 5-74 生成大致偏置曲面

5.2.13 桥接曲面

1. 命令介绍

单击“曲面”工具条中的“ ”桥接按钮，弹出如图 5-75 所示的“桥接”对话框。该命令可以使用一个薄体，将两个修剪过或未修剪过的表面之间的空隙补足、连接。依照对话框中的选择步骤，依次选择将要作桥接的两个薄体，并定义导引侧面及导引弧（可以不定义），再通过连续形式或拖动等功能，产生不同外形的薄体。

图 5-75 “桥接”对话框

（1）选择步骤（Selection steps）

选择步骤选项组内包括“主面”（Primary faces）、“侧面”（Side faces）、“第一侧面线串”（First side string）和“第二侧面线串”（Second side string）4 个按钮，可以选择两个需要连接的薄体，并使用侧面和侧面线串，决定连接后产生的薄体外形。

① 主面（Primary faces）：单击该按钮，选择两个需要连接的表面，在选择薄体后，系统将显示表示向量方向的箭头。选择表面上不同的边缘和拐角，所显示的箭头方向也不同，这些箭头表示薄体产生的方向。

② 侧面（Side faces）：单击该按钮，选择一个或两个侧面，作为产生薄体时的导引

侧面，依据导引侧面的限制而产生薄体的外形。

③ 第一侧面线串（First side string）：单击该按钮，选择曲线或边缘，作为产生薄体时的导引线，以决定连接薄体的外形。

④ 第二侧面线串（Second side string）：单击该按钮，选择另一个曲线或边缘，与上一个按钮配合，作为薄体产生的导引线，以决定连接薄体的外形。

（2）连续类型（Continuity type）

① 相切（Tangent）：选择该单选按钮，沿原来表面的切线方向和另一个表面连接。

② 曲率（Curvature）：单击该按钮，沿原来表面的圆弧曲率半径与另一个表面连接，同时也保证相切的特性。

（3）拖动（Drag）

该按钮为可选择的。在产生连接薄体后，可使用此命令改变连接薄体的外形。单击该按钮后，只需按鼠标左键不放即可进行拖动，若想要恢复原来外形，单击“重置”（Reset）按钮即可。

2. 实际操作

下面运用该命令对图5-76中左边的两个薄体进行桥接。单击工具条中的“ ”按钮，弹出对话框后选择两个薄体。注意在选择时一定要在图中椭圆区域内点选，这样可以保证沿着相对的两个边缘生成薄体，并可以保证桥接方向。

选择完毕后，跳过其他步骤直接生成薄体，如图5-76右侧薄体所示。

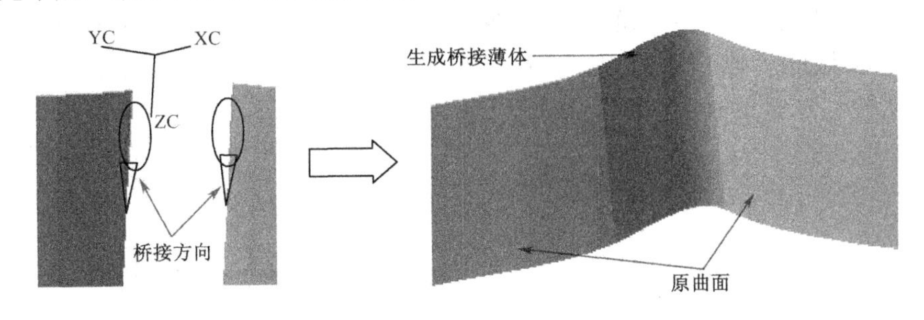

图5-76 生成桥接薄体

5.2.14 N边曲面

1. 命令介绍

单击“曲面”工具条中的“ ”N边曲面按钮，系统弹出如图5-77所示的“N边曲面”对话框。

（1）类型（Type）

共有两个类型：①“ ”整齐的单一片体（Trimmed Single Sheet），通过所选择的封闭的边缘或封闭的曲线生成一个单一的曲面；②“ “多个三角形片体（Multiple Triangular Patches），通过每个选择的边和中心点生成一个三角形的片体。

（2）选择步骤（Selection Steps）

共有四个选择步骤：①“ ”边缘曲线（Boundary Curves），选择一个封闭的曲线或边缘；②“ ”边缘曲面（Boundary Faces），选择一个曲面，用来限制生成的曲面在边缘上相切或具有相同的曲率；③“ ”UV 方向—脊线（UV Orientation–Spine），选择一条曲线，用以定义 V 的方向；④“ ”UV 方向—矢量（UV Orientation–Vector），选择一个矢量，用以定义 V 的方向。

（3）过滤器（Filter）

用来设置选择对象时的类型。

（4）UV 方向（UV Orientation）

共有三个选项：①脊线（Spine），当选中该选项后，选择步骤中的“ ”UV 方向—脊线（UV Orientation – Spine）项变为可选；②矢量（Vector），选中该选项后，选择步骤中的“ ”UV 方向—矢量（UV Orientation–Vector）项变为可选；③面积。

（5）修剪到边界（Trim to Boundary）

用来设置生成的曲面在边缘上是否与曲线或曲面对齐。

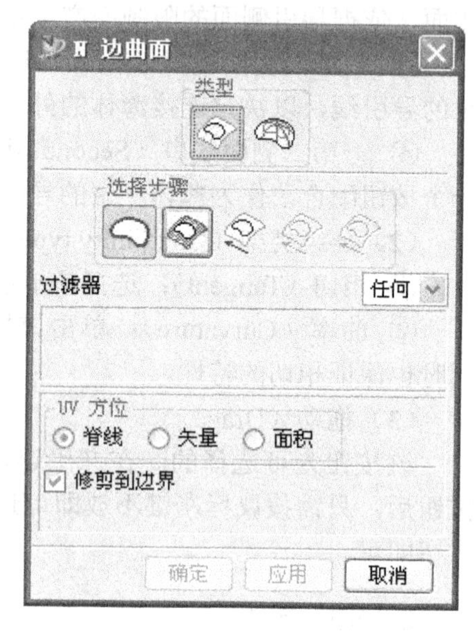

图 5-77 “N 边曲面”对话框

2. 实际操作

下面举例说明这种曲面的生成过程。

单击工具条中的“ ”按钮，选择“类型”中的按钮“ ”，单击“选择步骤”中的“ ”按钮，选择图 5-78 中所示的“封闭曲线”。然后单击鼠标中键进入下一步骤，选择图 5-78 中的“边缘曲面”，单击“应用”按钮后，生成的曲面效果如图 5-78 的右下部分所示，并弹出“形状控制”对话框，如图 5-79 中所示。

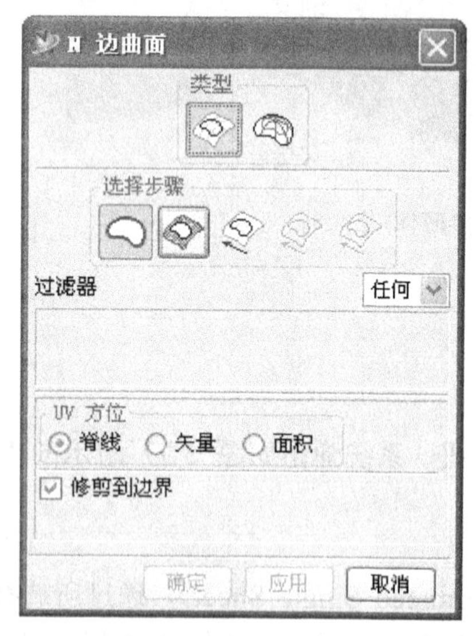

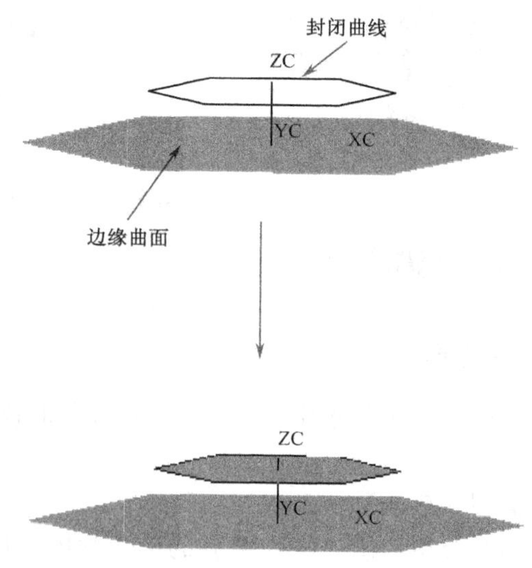

图 5-78 生成曲面

“形状控制”对话框中的各项参数设置如图 5-79 所示，最后效果如该图中右下方所示。

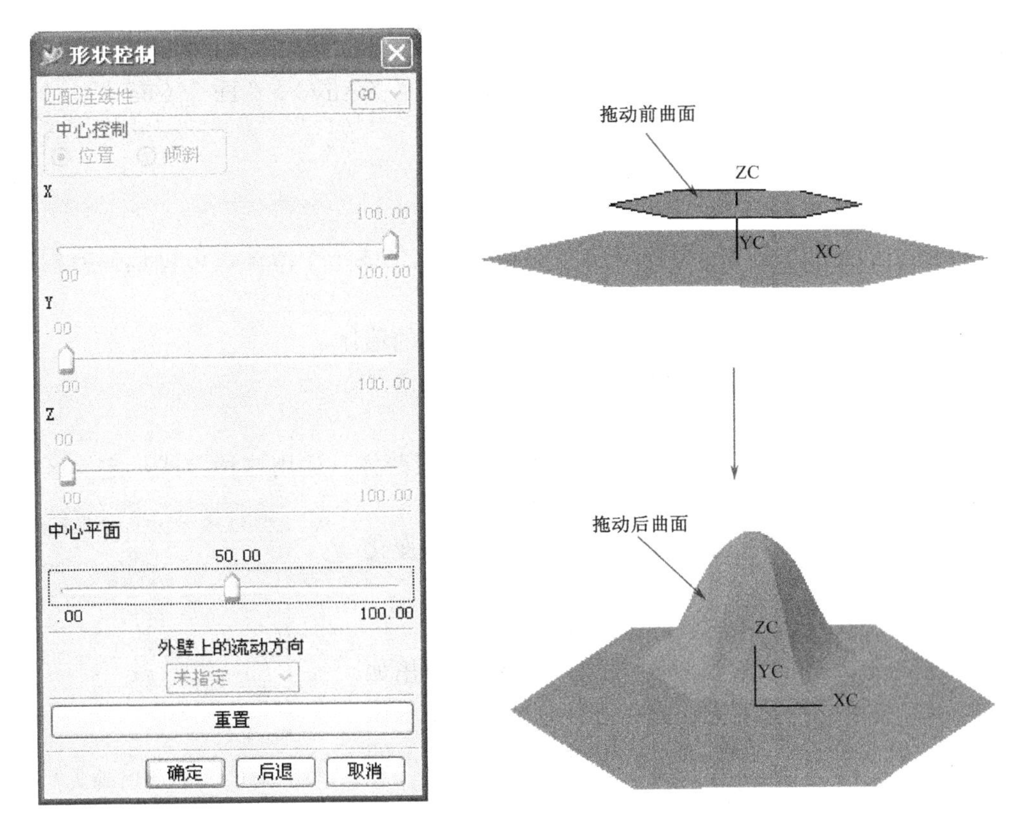

图 5-79　拖动后的效果

5.2.15　整体变形

1．命令介绍

单击“曲面”工具条中的“ “整体变形按钮，弹出如图 5-80 所示的“整体变形”对话框。

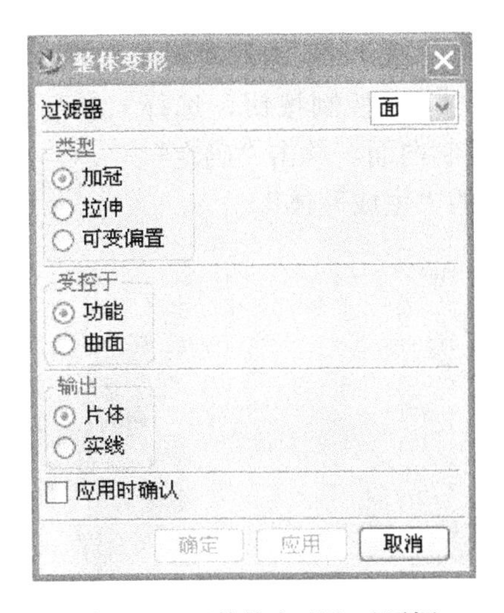

图 5-80　“整体变形”对话框

（1）过滤器（Filter）

过滤器用来设置选择类型，有“任一种类型”（Any）、“面”（Face）、“实体”（Body）三种选择。

选择“面”（Face）选项，则选择了曲面。

（2）类型（Type）

① 加冠：通过给已选择的薄体或曲面加冠的方式生成一个薄体，可以选择方程控制或曲面控制两种方式。

② 拉伸：沿着指定的方向拉伸一个与基准面相背的薄体。

③ 可变偏置：利用函数进行可变偏置来生成新的曲面。

（3）受控于（Control by）

① 功能（Function）：在一个已定义的区域内生成薄体。运用这种方式，定义区域内任意一点的位移都通过给定的或定义的转换方程确定。

② 曲面（Surface）：通过对参考面的处理使薄体变化生成片体。

（4）应用时确认（Confirm Upon Apply）

选择该复选框，当完成薄体的生成后，系统将弹出如图 5-81 所示的对话框，对生成的薄体进行分析。其中提供了干涉检查、几何检查、曲线分析、断面分析和偏差，即应用后先确认是否正确或可行。

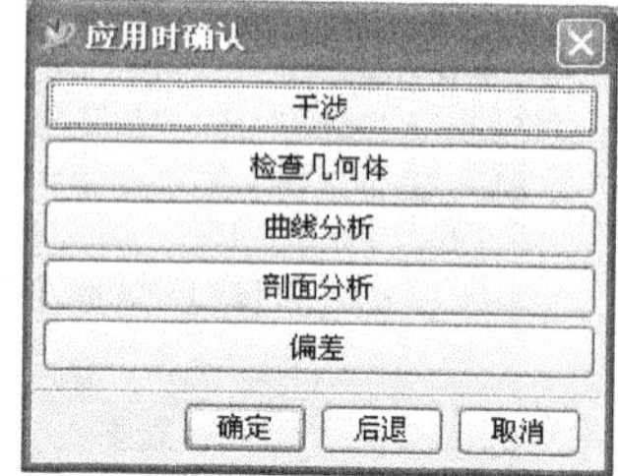

图 5-81 “应用时确认”对话框

2. 实际操作

下面通过在曲面控制方式下拉伸生成曲面，对整体成形创建薄体的过程进行讲解。

单击工具条中的“ ”整体变形按钮，在弹出的对话框中将“类型”项设置为“拉伸”，“受控于”设置为“曲面”，选择图 5-83 中的“曲面一”，单击“确定”按钮弹出如图 5-82 所示的“利用曲面进行拉伸”对话框。

首先单击“ ”基面按钮，选择图 5-83 中的“曲面二”为基面，然后单击“ ”控制按钮，选择图 5-83 中的“曲面一”作为控制曲面。单击“确定”按钮即可生成如图 5-83 中所示的“生成薄体”。

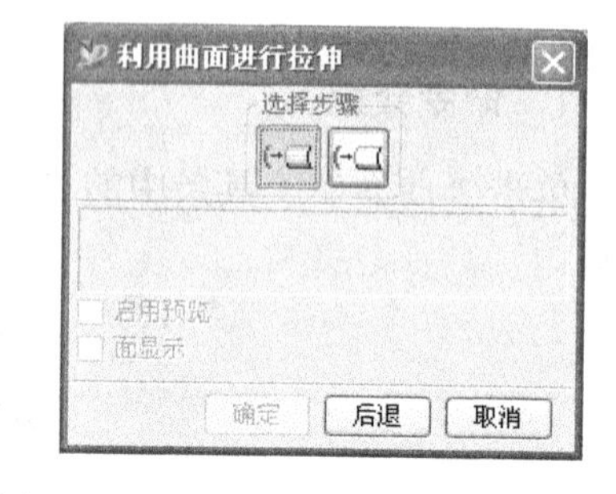

图 5-82 “利用曲面进行拉伸”对话框

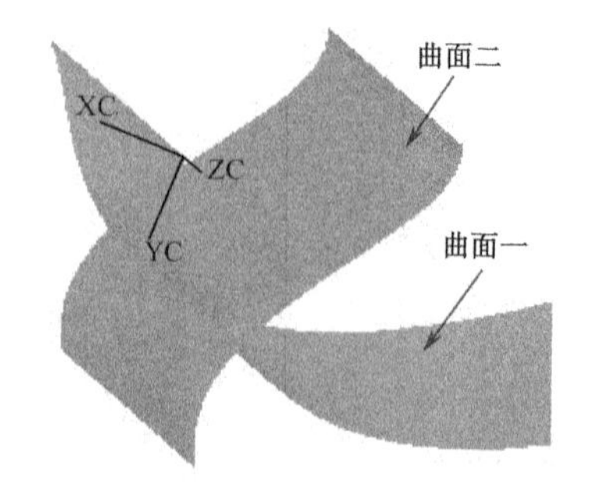

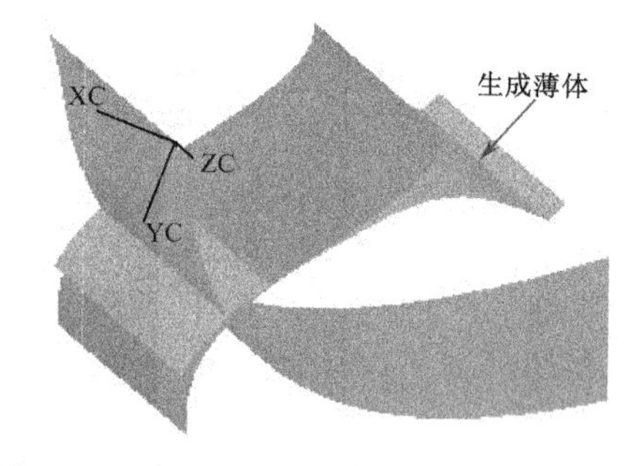

图 5-83 生成薄体过程

5.2.16 修剪薄体

1. 命令介绍

单击“曲面”工具条中的“ ”修剪的片体按钮，弹出如图 5-84 所示的“修剪的片体”对话框。其中包括“选择步骤”、“过滤器”、“维持修剪边界”、“允许选择目标边缘”、“投影沿着”、“区域将被”、“公差”和“应用时确认”8 个选项，利用这 8 个选项可修剪薄体。

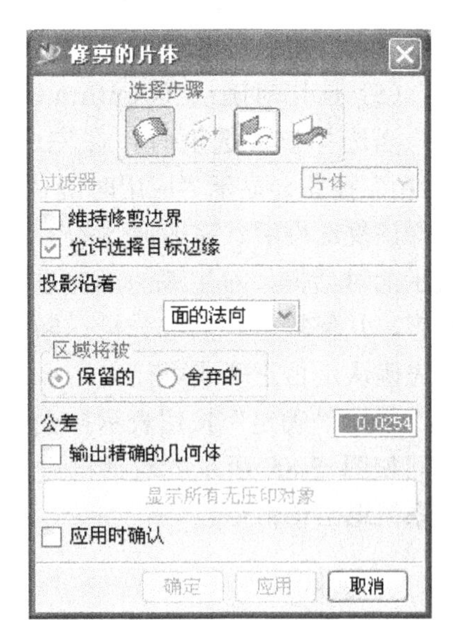

图 5-84 “修剪的片体”对话框

下面介绍一些主要选项。

（1）选择步骤（Selection Steps）

选择步骤选项用于选择要修剪的薄体和作为剪切的对象，其中包括“目标形体”（Target Body）、“投影矢量”（Projection Vector）、“修剪边界”（Trim boundary）和“区域”（Region）4 个选项，依次选择将要修剪的薄体和用以剪切的对象，并决定要保留或不保留的区域，系统将依照设置修剪薄体。

① 目标形体（Target Body）：该选项用于选择将要修剪的薄体，此时 Filter 下拉列表中将自动选择 Sheet（薄体）选项，用户无法选择薄体以外的对象。

② 投影矢量（Projection Vector）：该选项用于选择在实体特征中所建立的基准轴。当在“投影沿着”（Projection Along）下拉列表中选择“基准轴”（Datum Axis）以外的其他选项时，该选项将灰显，即不可用。

③ 修剪边界（Trim boundary）：该选项用于选择作为修剪用的对象，此边界为表面、基准平面、曲线或边缘的其中之一。系统以此边界作为修剪物体的边界。

④ 区域（Region）：该选项用于选择要保留或不保留的区域。

（2）“允许选择目标边界”（Allow Target Edge Selection）

选中该复选框后，在选择实体边缘时，系统将分析出与选择的边缘相切的所有边缘一并选定。

（3）投影沿着（Projection Along）

① 面的法向（Face Normals）：该选项用于将投影轴向定义在沿表面的正交方向，即选择步骤中的修剪边界将沿目标形体的正交方向投影。

② ZC-轴（ZC-Axis）：该选项用于将投影轴向定义在表面的 Z 轴方向，即选择步骤中的修剪边界将沿目标形体的 Z 轴方向投影。

③ YC-轴（YC-Axis）：该选项用于将投影轴向定义在表面的 Y 轴方向，即选择步骤中的修剪边界将沿目标形体的 Y 轴方向投影。

④ XC-轴（XC-Axis）：该选项用于将投影轴向定义在表面的 X 轴方向，即选择步骤中的修剪边界将沿目标形体的 X 轴向投影。

⑤ 矢量构成（Vector Constructor）：该选项通过“矢量构造器”对话框定义投影轴向，

选择后系统显示“矢量构造器”对话框，用户可根据需求进行选择。

（4）区域将被（Regions will be）

区域将被选项组用于决定保留或不保留选择的区域。

① 保留的（Kept）：将选择的区域设置为保留。

② 舍弃的（Discarded）：将选择的区域设置为舍弃。

（5）应用时确认（Confirm Upon Apply）

当选择该复选框时，在完成全部选择步骤后，单击“应用”按钮会显示“应用时确认”对话框，以供使用。即选择该复选框后，完成薄体的生成，系统会弹出如图 5-85 所示的对话框，对生成的薄体进行分析，其中提供了干涉检查、几何检查、曲线分析、断面分析和偏差，保证应用后先确认是否正确或可行。

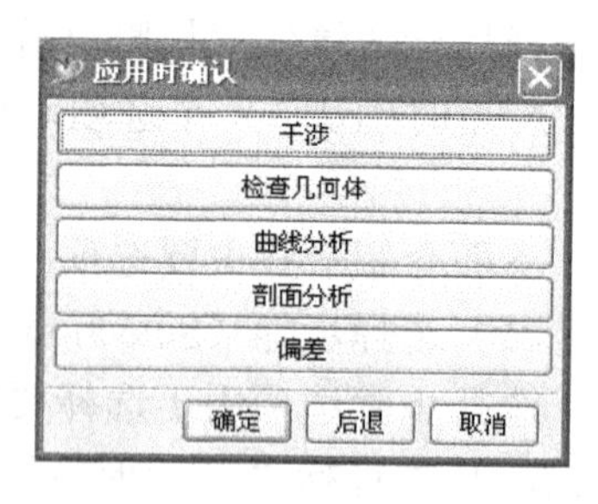

图 5-85 “应用时确认”对话框

单击“确定”按钮表示接受操作，单击“后退”按钮返回如图 5-85 所示的对话框进行修正，单击“取消”按钮系统退出该命令。

2. 实际操作

下面简要说明一下修剪薄体的过程。

单击工具条中的“ ”修剪薄体按钮，按图 5-84 所示选择一个目标薄体，然后单击“ ”按钮，选择图中的修剪边界薄体，单击“ ”按钮，在需要修剪的部位单击鼠标左键，这时对话框中的“应用”按钮将亮显，单击“应用”按钮弹出确认对话框，如没有问题，单击“确定”按钮完成修剪。

5.2.17 熔合

1. 命令介绍

单击工具条中的“ ”熔合按钮，弹出如图 5-86 所示的对话框。其中包括“驱动类型”、“投影类型”、“投影限制”、“公差”、“显示检查点”和“检查重叠”6 项内容，通过设置，即可产生所需的融合面。融合面命令可以使多个薄体融合在同一个表面上，系统通过沿固定向量或曲面正交方向两种投影方式，投影到导向曲面上，以达到融合目的。

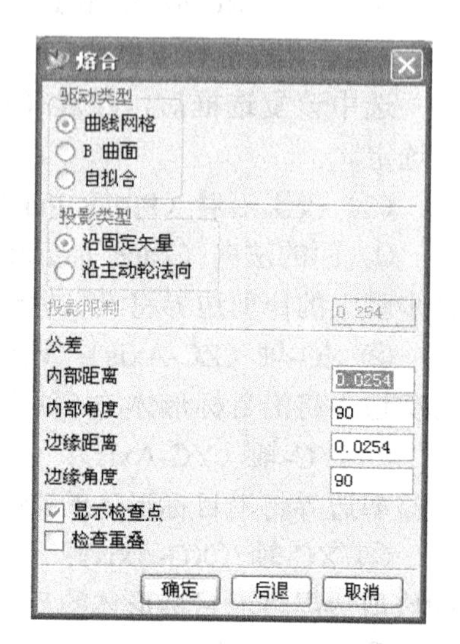

图 5-86 “熔合”对话框

（1）驱动类型（Driver Type）

驱动类型选项组包括三个选项：①“曲线网格”（Mesh of Curves），该选项可使选择范围定义于曲线网格。在使用时必须先选择主要的曲线及交叉的曲线，且主要曲线必须相交于交叉曲线，同时还必须在目标表面的界限范围之内。在选择时，最少必须选择两条以上，但是最多不得超过 50 条曲线；②“B-曲面”（B-Surface），该选项用于只对 B-曲面（贝氏曲面）进行融合。在选择该选项后，将使选择曲面的范围限定在 B-曲面；③“自拟合”（Self-Refit），该选项可使选择的曲面范围定义在近似 B-曲面，用于对近似 B-曲面进行融合。

利用以上三个选项，可以选择不同的曲面类型，以不同的方式融合。

（2）投影类型（Projection Type）

投影类型选项用于指定由导向表面投影到目标表面的投影方式，其中包括沿固定向量和沿驱动面正交方向 2 个选项。“沿固定矢量”（Along Fixed Vector），该选项用于将导向表面投影到目标表面的投影形式定义为沿固定矢量。“沿主动轮法向”（Along Driver Normals），该选项用于定义将导向表面沿着法线向量投影到目标表面上，当使用该选项时，可以指定投影的范围，系统的默认值为公差值的 10 倍。当投影形式定义在沿固定向量时，投影范围呈现灰白色，不能输入任何值。

（3）公差（Tolerance）

公差选项用于决定内侧和边缘的距离公差及角度公差，公差值将影响融合和完成时的准确度，其中所有的公差值都不能小于或等于 0，而角度公差值不能大于 90°，否则系统将无法进行融合。

① 内部距离（Inside Distance）：该选项用于设置内侧表面的距离公差。

② 内部角度（Inside Angle）：该选项用于设置内侧表面的角度公差。

③ 边界距离（Edge Distance）：该选项用于设置表面上 4 个边缘的距离公差。

④ 边界角度（Edge Angle）：该选项用于设置表面上 4 个边缘的角度公差。

（4）显示检查点（Show Check Points）

显示检查点选项用于指定系统在投影薄体上显示投影点。选择该复选框，在产生融合面的过程中，将显示投影点，这些投影点表示融合面的范围。

（5）检查重叠（Check for Overlaps）

检查重叠选项用于指定系统检查融合面与目标表面是否重叠。如不选择该复选框，则系统将略过中间的目标表面，只投影在最下层的目标表面；选择该复选框，系统将检查、确定是否重叠，但会延长运算时间。

2. 实际操作

下面以实例说明融合面的生成过程。

在绘图区内构建 5 个 B-曲面，再依次选择工具图标，设置驱动面类型、投影形式和公差，最后选择驱动面与目标表面。最上层的表面，将以类似覆盖的方式，覆盖在其他 4 个薄体上，产生一个融合面。

首先在绘图区内构建 5 个薄体，最上层薄体的范围必须足以覆盖中间的 3 个薄体，但必须小于最下层的薄体，如图 5-87 所示。

单击工具条中的“ ”熔合面按钮，系统弹出如图 5-86 所示的“熔合”对话框。

设置“熔合”对话框，如下所示。

将“内部距离”和“边界距离”公差设置为 5，“内部角度”和“边界角度”公差设置为 90，并选择“显示检查点”和“检查重叠”复选框。

设置完公差值后，接着在“投影类型”选项组中选择“沿固定矢量”单选按钮，在以后的步骤中，系统将显示“矢量构造器”对话框，指定投影方向。

在确定投影形式以后，接着设置驱动类型。由于以前所构建的曲面都是 B-曲面，因此将驱动面类型设置为“B-曲面”。

完成“熔合”对话框的各项设置后，单击“确定”按钮，此时系统要求选择驱动面。在此选择之前，所构建的薄体的最上层曲面，如图 5-88 所示。

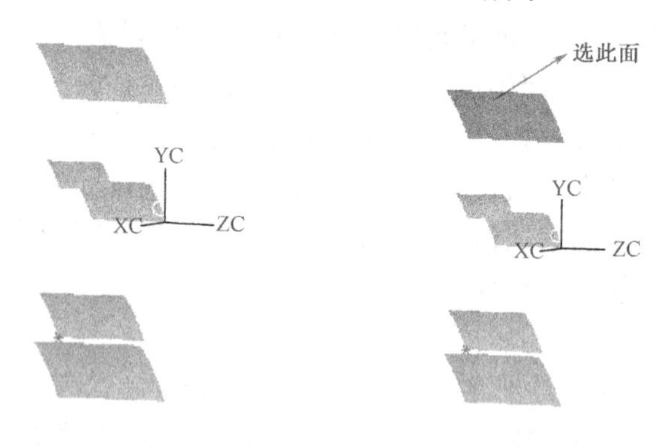

图 5-87　创建基本薄体　　　　图 5-88　选择驱动面

选择驱动面后，系统显示“向量副功能”对话框，本实例中选择 YC 轴作为投影轴向。

在确定投影轴向后，系统要求选择目标表面，在此选择驱动面以外的 4 个薄体，如图 5-89 所示。

完成目标表面选择后，单击“确定”按钮，此时系统依照设置值产生融合面。最上层的薄体以类似覆盖的方式，覆盖在其他 4 个薄体上，产生另一个薄体，所产生的薄体为单一曲面。其效果如图 5-90 所示。

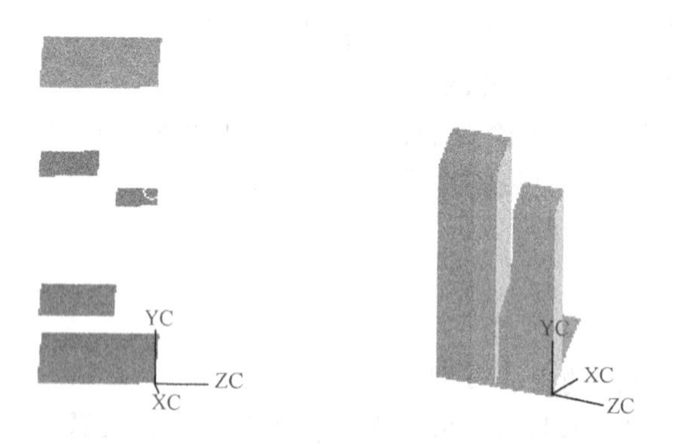

图 5-89　选择目标表面　　　　图 5-90　完成熔合面

此外，还有一种曲面的高级功能，这里就不介绍了。值得注意的是，在自由曲面特征中还有两个命令是比较常用的，下面简单介绍一下这两个命令的用法。

5.2.18　等参的裁剪/分割

1. 命令介绍

单击“编辑曲面”工具条中的“ ”等参数修剪/分割按钮，系统弹出如图 5-91 所示的“修剪/分割”对话框。该对话框中有两个按钮：等参数修剪，单击该按钮将进行等参的剪切；等参数分割，单击该按钮将进行等参的划分。

无论选择“等参数修剪”按钮还是“等参数分割”按钮，系统均弹出如图 5-92 所示的“裁剪/分割”对话框。其功能与 5.2.11 节“大致偏置曲面”中边缘修整功能相似，在此不再赘述。

图 5-91　“修剪/分割”对话框

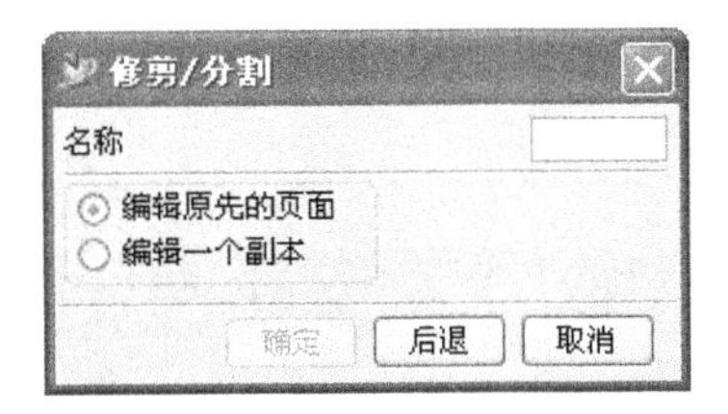

图 5-92　“修剪/分割”对话框

选择“等参数裁剪”按钮，系统弹出如图 5-92 所示的对话框，选择曲面后，系统弹出如图 5-93 所示的“等参数裁剪”对话框。

该对话框中共有 4 个文本框，分别用来输入修剪后曲面 U 向和 V 向占原薄体的百分比，其数值范围为 0.0000～100.0000。

另外，该对话框中还有一个“使用对角点”按钮。单击该按钮，系统要求指定两个曲面上的点，通过两点的连线对曲面进行修剪。

同样地，选择“等参数分割”按钮，系统弹出如图 5-92 所示的对话框，选择曲面后，系统弹出如图 5-94 所示的“等参数分割”对话框。

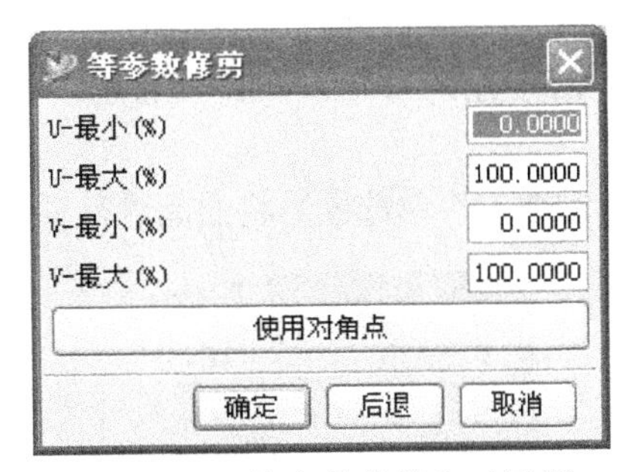

图 5-93　“等参数裁剪”对话框

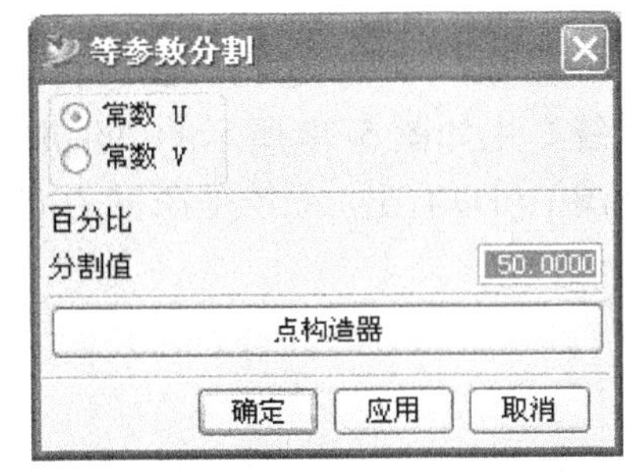

图 5-94　“等参数分割”对话框

该对话框中有两个选项：常数 U（即 U 为常数），选择该单选框，系统将在 U 向上按照百分比进行划分；常数 V（即 V 为常数），选择该单选框，系统将在 V 向上按照百分比进行划分。

这两个选项下面是“百分比分割值”，该文本框用来输入划分时的百分比值。

对话框中有一个“点构造器”按钮，单击该按钮，系统将弹出点构造器，要求输入一个点的位置或在视图中选择合适的点，系统将点的位置在 U 向或 V 向的投影作为划分的边界。

2．实际操作

下面通过实例对等参剪切和等参划分进行说明。

（1）等参剪切

单击工具条中的“ ”按钮，在弹出的对话框中选择“等参数修剪”按钮，系统弹出如图 5-92 所示的对话框。在对话框中选择“编辑一个副本”（Edit A Copy）单选框，然后在视图中选择如图 5-96 所示的“原曲面”。系统弹出如图 5-95 所示的“等参数修剪”对话框，在对话框中设置 U-最小（%），U-最大，V-最小，V-最大分别为 50，100，50，100，单击“确定”按钮确定，系统产生如图 5-96 所示的“生成曲面”。

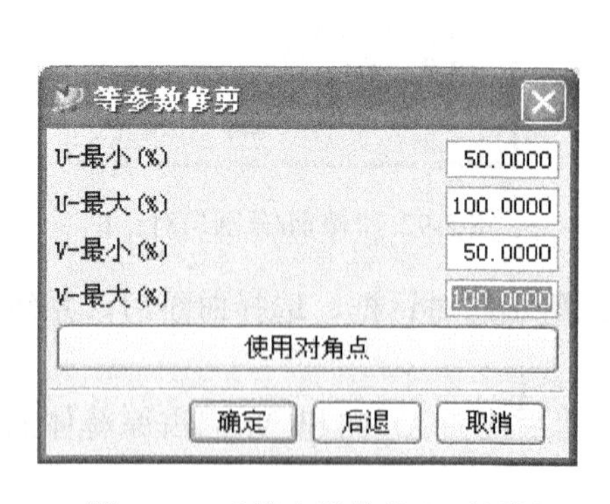

图 5-95 “等参数修剪”对话框

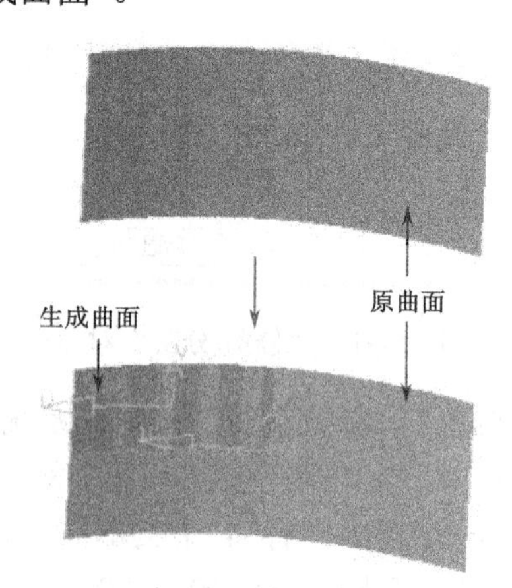

图 5-96 剪切薄体过程

（2）等参划分

单击工具条中的“ ”按钮，在弹出的对话框中选择“等参数分割”按钮，系统弹出如图 5-92 所示的对话框。在对话框中选择“编辑原先的页面”单选框，然后在视图中选择如图 5-98 所示的“原曲面”。系统弹出如图 5-97 所示的“等参数分割”对话框，在对话框中选择“常数 V”单选框，在“百分比分割值”文本框中输入 50，单击“确定”按钮确定，系统产生如图 5-98 所示的“生成曲面”。

从图中可以看出，系统是在 V 方向上（因为选择了“常数 V”单选框）将曲面进行了划分。

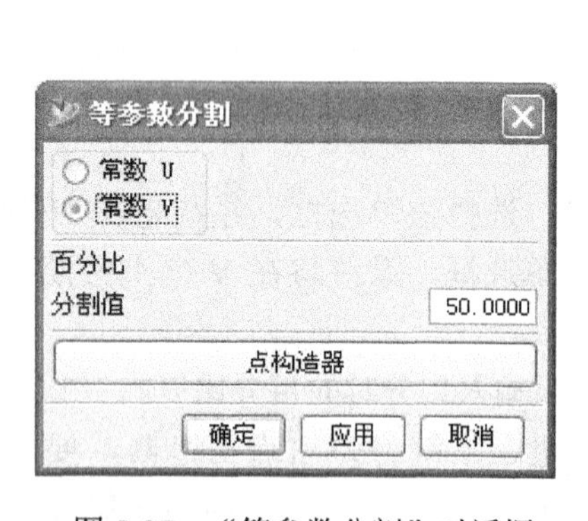

图 5-97 “等参数分割”对话框

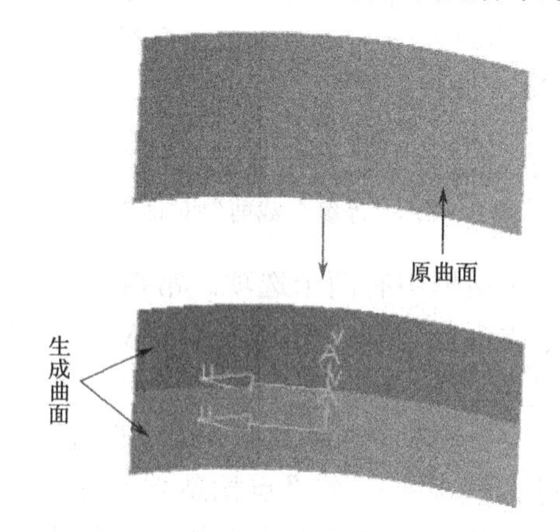

图 5-98 等参划分过程

5.2.19 编辑片体边界

1. 命令介绍

单击“编辑曲面”工具条中的“ ”片体边界按钮，系统弹出如图 5-99 所示的“编辑片体边界”对话框。

弹出该对话框时，系统要求选择片体。可以通过鼠标点选片体，也可以在“片体名”文本框中输入片体名称。

该对话框还可以设置编辑片体的方式：“编辑原先的页面”，选择该单选框后，系统在原片体上进行编辑；“编辑一个拷贝”，选择该单选框后，系统根据后面的操作产生一个新的片体，保留原有片体。

选择一个曲面后，系统弹出如图 5-100 所示的“编辑片体边界”对话框。

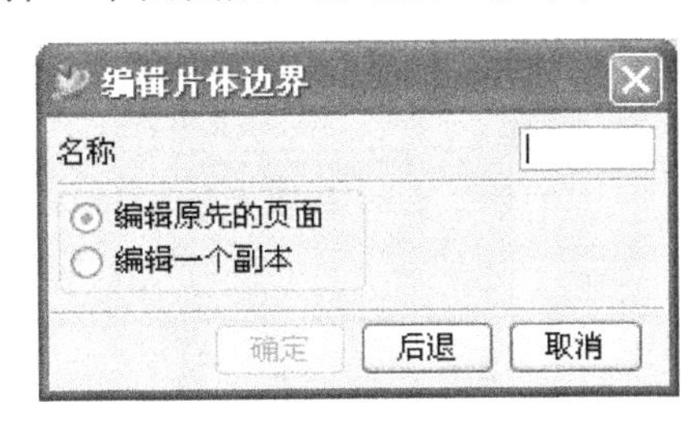

图 5-99　“编辑片体边界”对话框

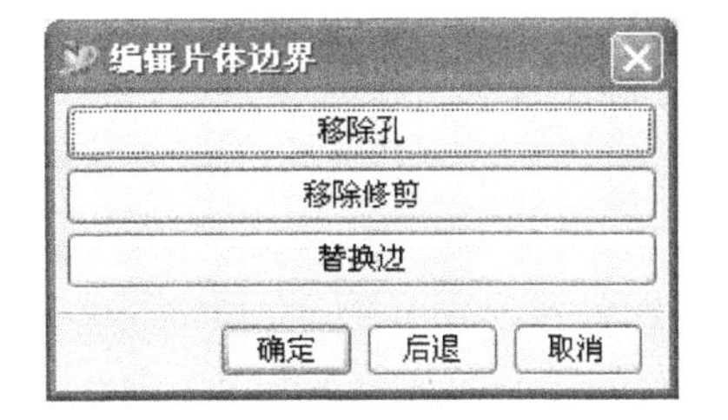

图 5-100　“编辑片体边界”对话框

下面对各个选项进行说明。

（1）移除孔（Remove Hole）

单击“移除孔”按钮，系统弹出如图 5-101 所示的“确认”对话框，警告用户此操作将移除该自由特征的参数，请求用户选择是否继续进行这项操作。单击对话框中的“取消”按钮可取消该操作；若想继续操作，单击“确定”按钮。

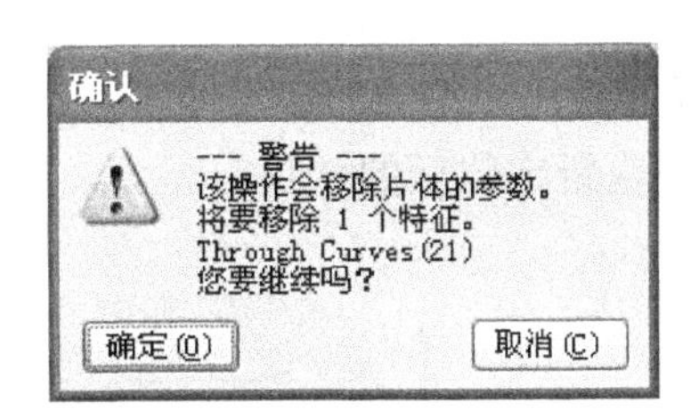

图 5-101　“确认”对话框

单击“确定”按钮后，曲面变成一个 UNPARAMETERIZED_FEATURE（0）类型薄体，这种类型的薄体失去了一些建模过程的特征。

（2）移除修剪（Remove Trim）

单击“移除修剪”按钮，系统弹出“确认”对话框，具体操作同上所述。

单击“替换边”按钮，系统弹出“确认”对话框，单击“确定”按钮后，可选择需要重新定位的边缘，生成新的片体。

2. 实际操作

下面对重新定位边缘的过程进行介绍。

首先单击工具条中的“ ”按钮，在弹出的如图 5-102（a）所示菜单中选择“编辑原先的页面”项，然后选择图 5-96 所示的“原曲面”。

系统弹出如图 5-102（b）所示的“编辑片体边界”对话框，在对话框中单击“替换边”按钮。选择需要重新定位的边缘，单击鼠标中键确定，这时系统弹出如图 5-102（c）所示的对话框。

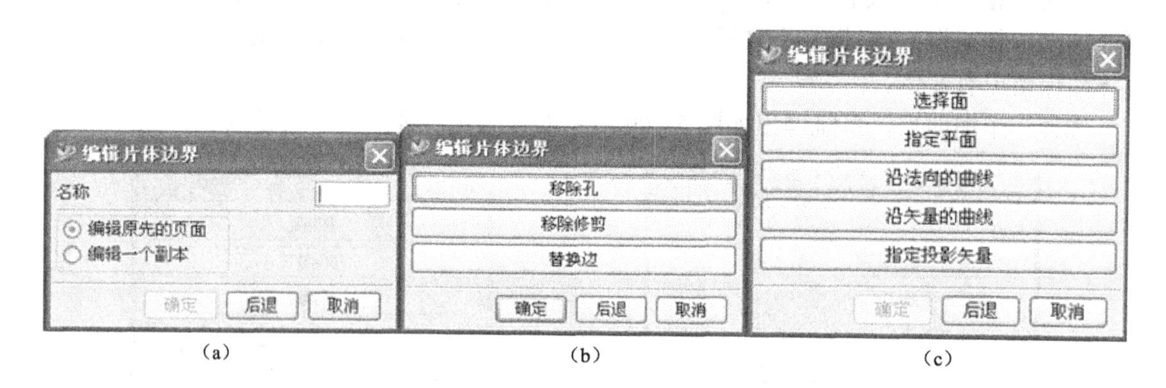

图 5-102　重新定位边缘过程

该对话框用来选择重新定位边缘的参考体素。选择“沿法向的曲线”作为重新定位边缘的参考，这时系统再次弹出“类选择器”，提示选择曲线或边缘，在视图中选择一条曲线作为参考，单击“确定”按钮确定。

此时，系统将需要重新定位边缘的曲面划分为若干部分，其效果如图 5-104 中中间的曲面被划分为“1”、“2”两个部分。同时，系统弹出如图 5-103 所示的要求指定保留区域的对话框，在视图中单击图 5-104 的“1”区，单击“确定”按钮确定。

这样就完成了重新定位边缘的操作，不同的参考体素会产生不同的重定位效果。图 5-104 中的“重定位边缘后曲面”就是重新定位后的效果。

确定　后退　取消

图 5-103　指定保留部分

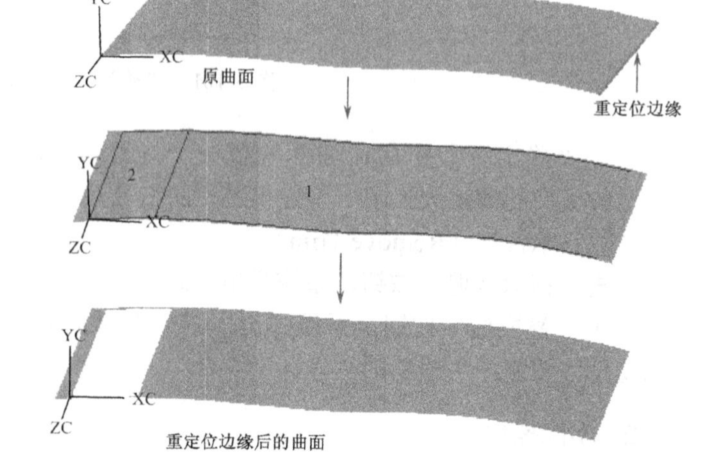

图 5-104　重新定位边缘

习题 5

绘出如图 5-105 所示按钮。

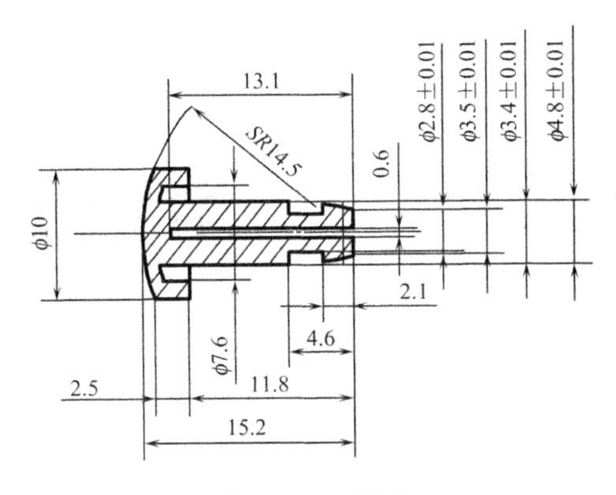

图 5-105　题图

第6章

综合实例——箱体的建模

分析上箱体的二维图纸，如图 6-1 所示。

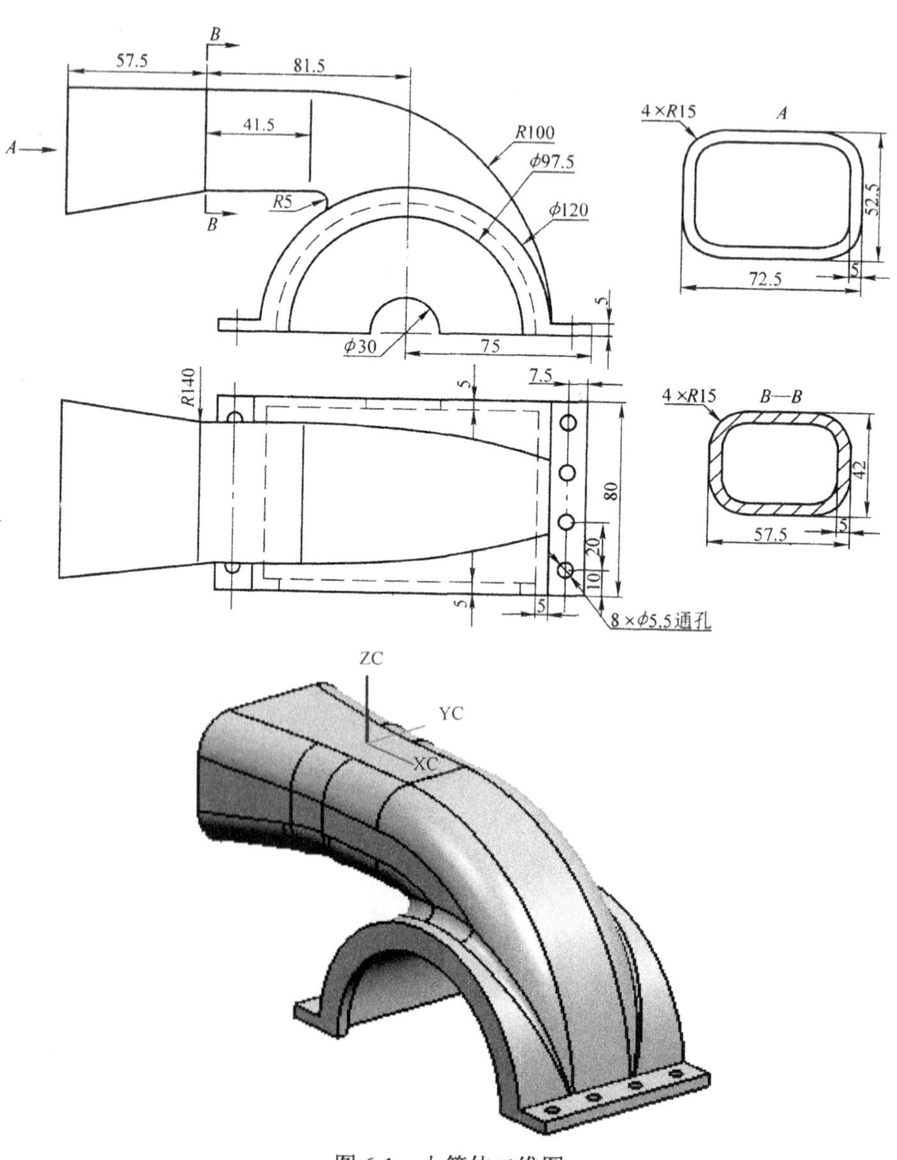

图 6-1　上箱体二维图

打开 UG，新建文件，进入建模模块。

1．草绘上箱体截面

在 XC-Z 平面上绘制如图 6-2 所示的截面线串。

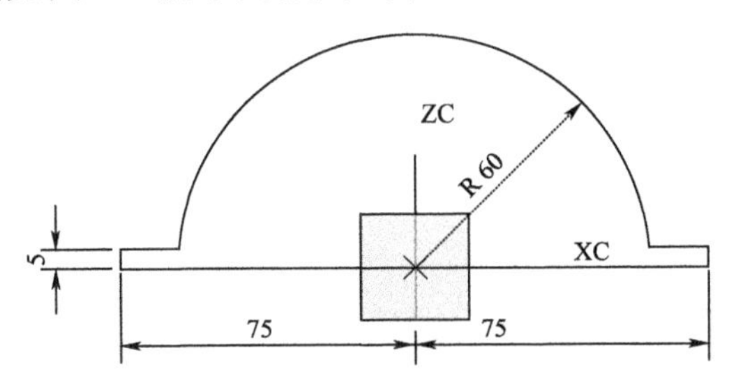

图 6-2　草绘上箱体截面线串

2．拉伸实体

使用拉伸命令将构建的曲线拉伸成如图 6-3 所示的实体。

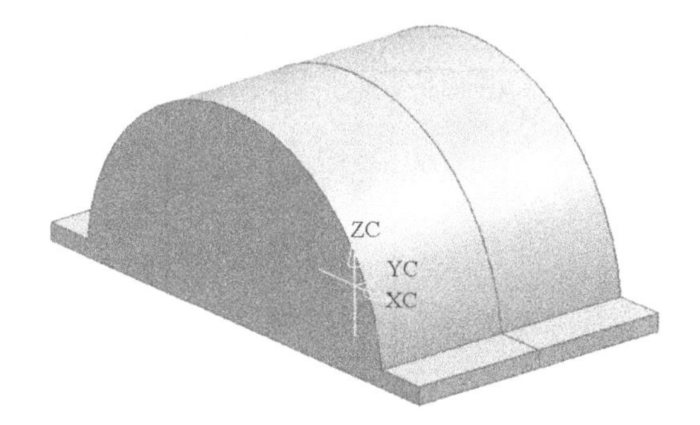

图 6-3　拉伸实体

3．绘制引导线

使用“曲线”功能绘制出风口引导线，如图 6-4，6-5 所示。

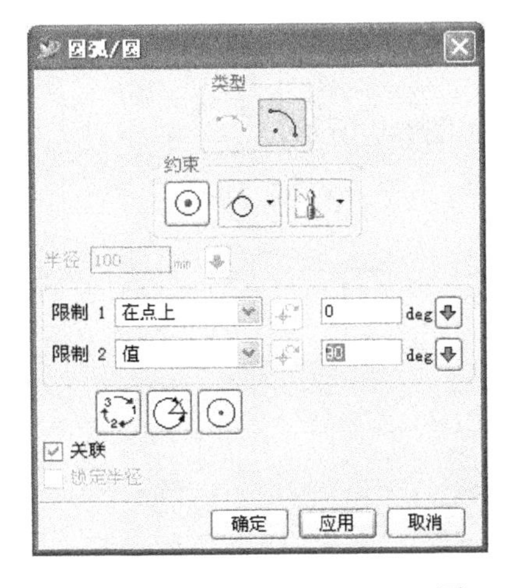

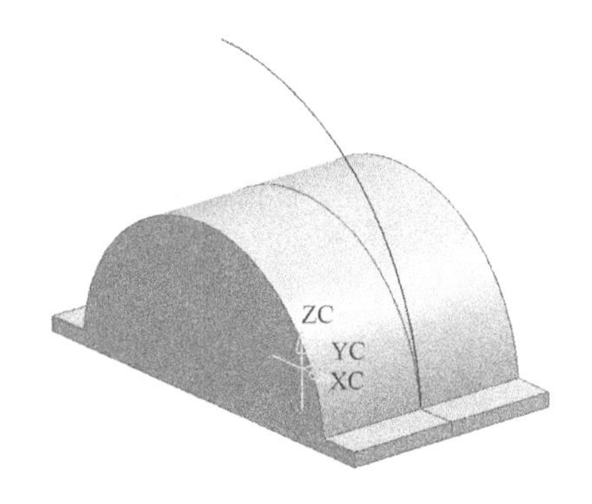

图 6-4　绘制引导线（1）

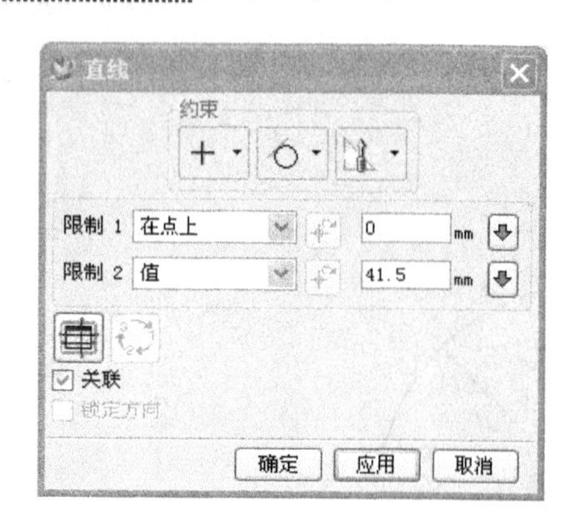

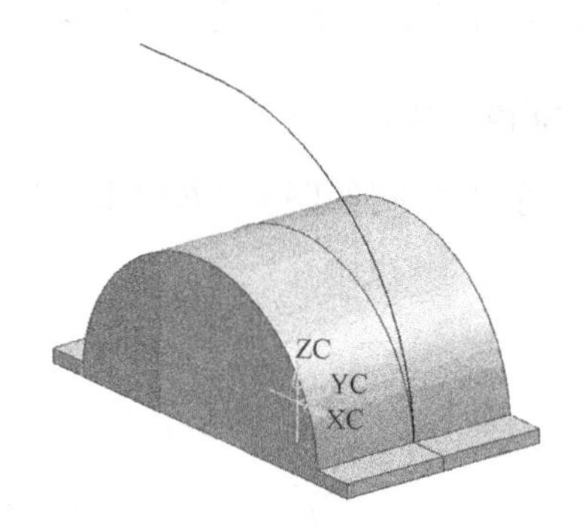

图 6-5　绘制引导线（2）

4．绘制出风口截面

创建草图，绘制如图 6-6 所示的截面线串。

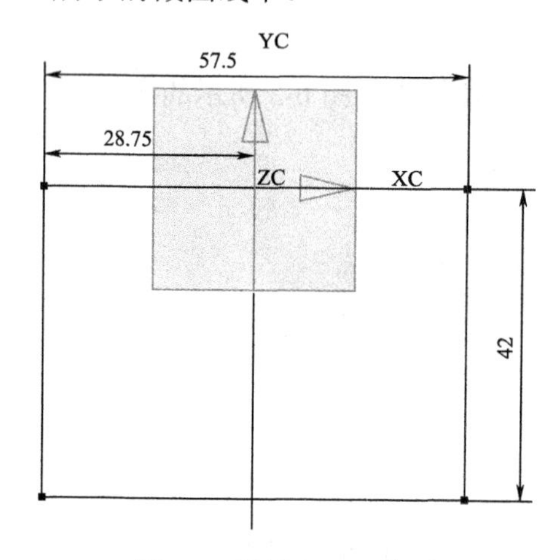

图 6-6　绘制出风口截面

NOTICE　注意

绘制草图之前应将工作坐标系原点移动到直线的端点。

5．沿导引线扫掠特征

使用“沿导引线扫掠”操作完成出风口的绘制，如图 6-7 所示。

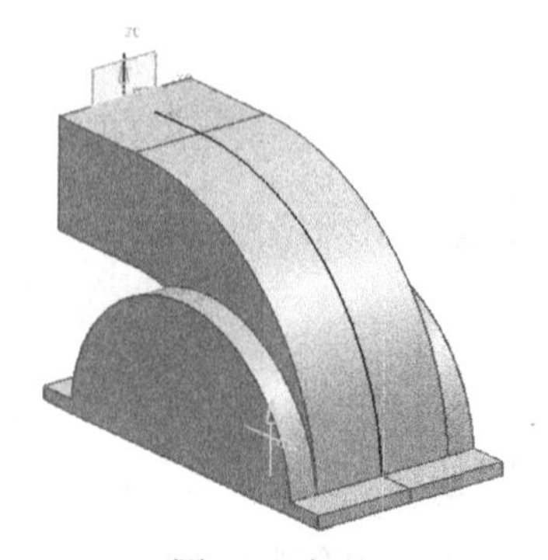

图 6-7　扫掠

6．草绘出风口截面

单击绘制草图图标，通过基准平面将上一步绘制草图的基准面偏置-57.5 生成新的草图平面，如图 6-8 所示。在此草图平面上，绘制如图 6-9 所示的出风口截面线串。

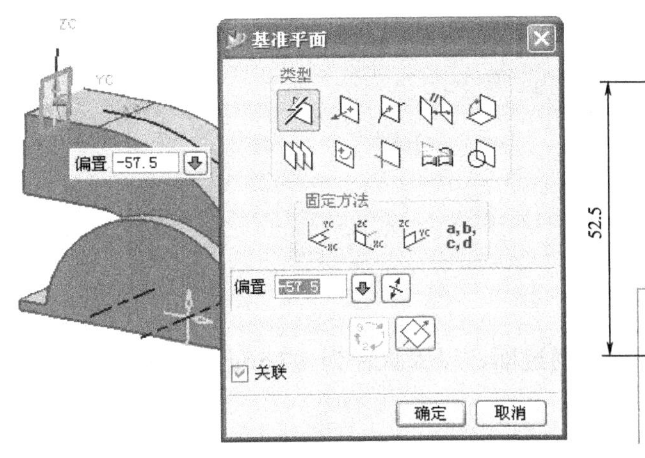

图 6-8　创建草图平面

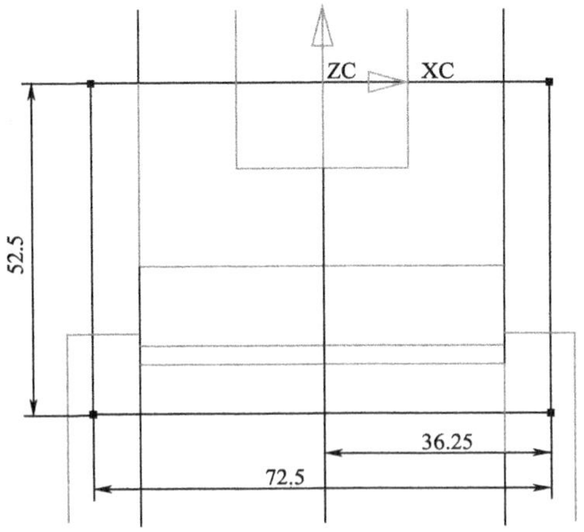

图 6-9　出风口截面线串

7．创建直纹特征

通过“直纹”命令，依次选择两条出风口截面线串（“曲线选择意图”下拉菜单中选择已连接的曲线），注意起始位置须一致，生成实体之后，做布尔并运算，结果如图 6-10 所示。

8．创建边倒圆特征

使用边倒圆命令，完成所有边倒圆操作（注意“曲线选择意图”的选择），结果如图 6-11 所示。

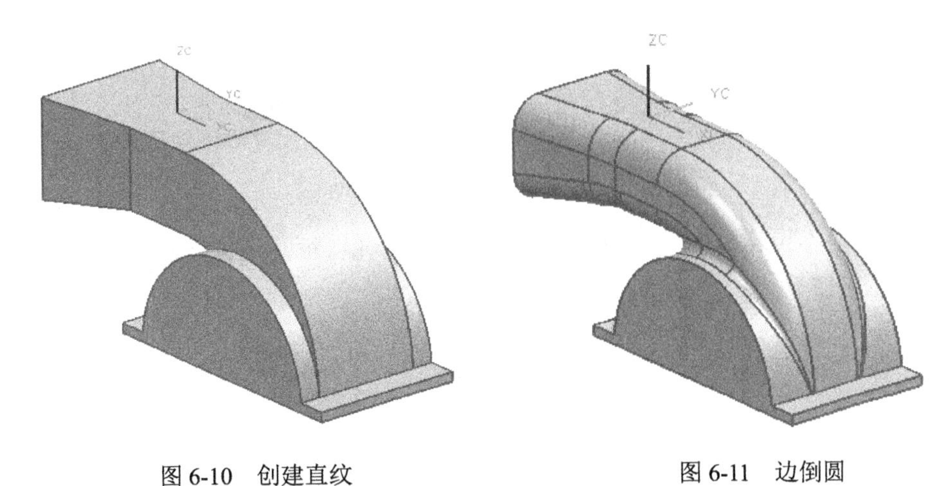

图 6-10　创建直纹

图 6-11　边倒圆

9．创建抽壳特征

通过抽壳操作，完成整个实体的抽壳处理，壁厚为 5mm。结果如图 6-12 所示。

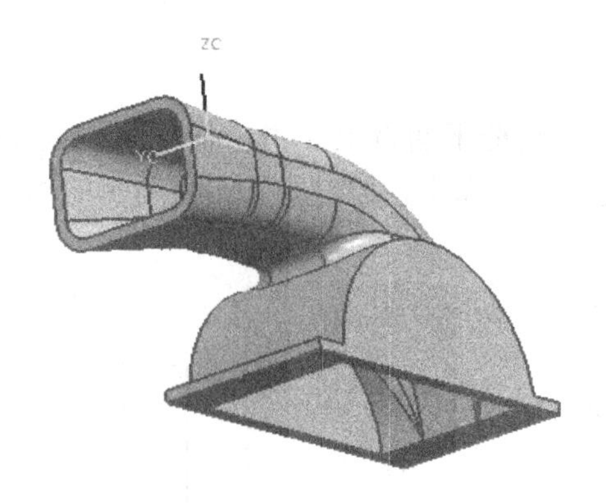

图 6-12　抽壳

10．创建大孔特征

单击“孔”命令，分别选择放置面和通过面，设置直径为 97.5mm，通过“点到点”定位方式指定空的位置，结果如图 6-13 所示。

11．创建小孔

按照上一步骤在箱体另一侧创建直径为 30mm 的孔特征，结果如图 6-14 所示。

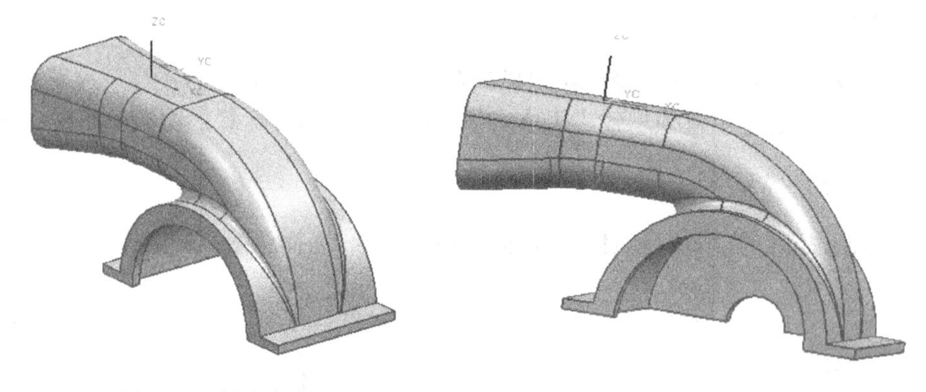

图 6-13　创建大孔　　　　图 6-14　创建小孔

12．在翼板上打孔

使用“孔”命令，在翼板上创建直径为 5.5mm 的孔特征（定位方式可采用“垂直”方式），结果如图 6-15 所示。

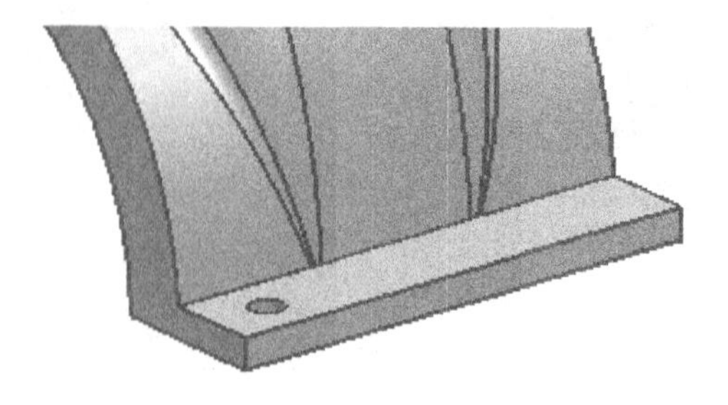

图 6-15　翼板打孔

13．创建孔的引用特征（矩形阵列）

使用“引用（实例）特征”命令，通过矩形阵列完成翼板一侧孔的生成，如图 6-16 所示。

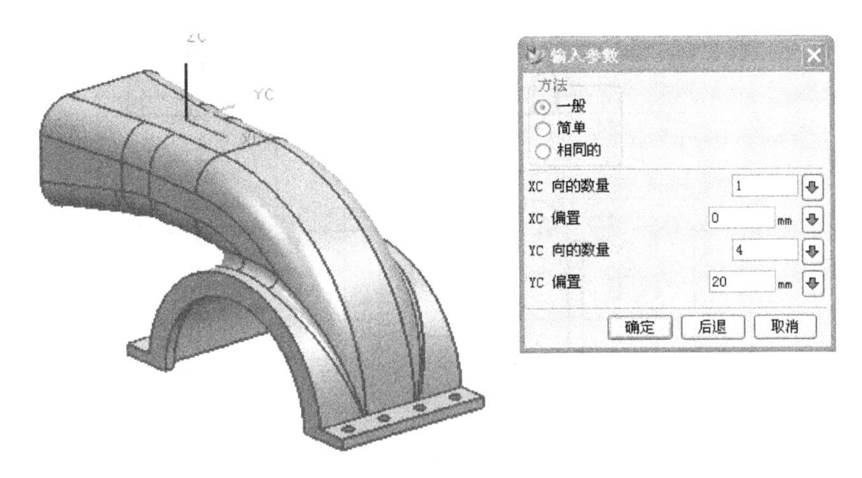

图 6-16　矩形阵列

14．创建孔的引用特征（镜像特征）

使用“引用（实例）特征”命令，通过镜像特征完成翼板另一侧孔的生成，如图 6-17 所示。

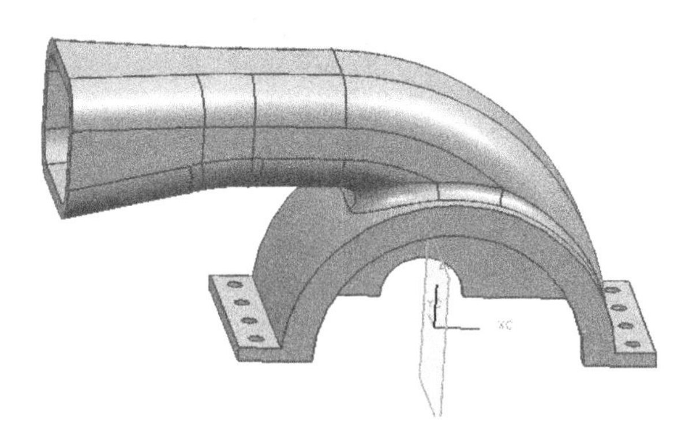

图 6-17　镜像特征

NOTICE　注意

使用“引用特征”命令之前应将工作坐标系恢复至绝对坐标，然后创建镜像特征时使用基准平面。

习题 6

绘制如图 6-18 所示的三维图。

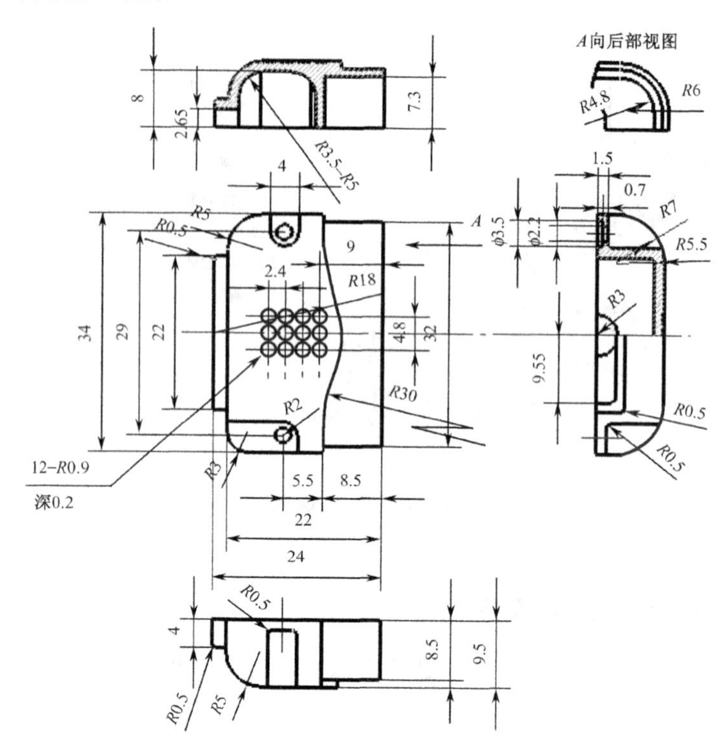

图 6-18 题图

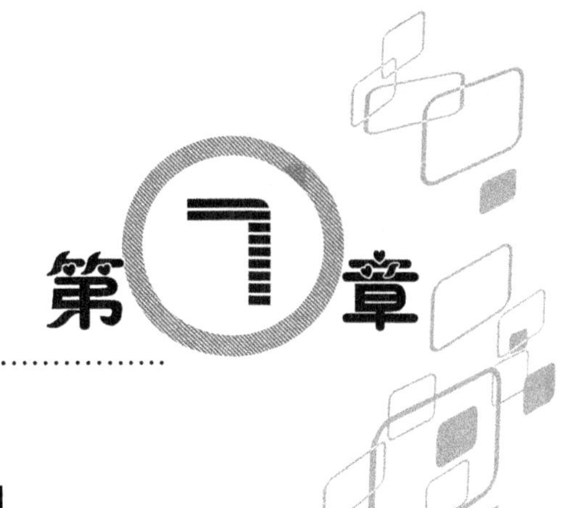

第7章 工程图

工程制图是UG系统的应用之一，它按照各国不同的标准，在同一个模型下建立一套完整的工程图。其功能是，基于创建三维实体模型的二维投影得到二维工程图。本章将主要介绍UG平面工程图的建立方法。

7.1 UG平面工程图建立的一般过程

用UG建立平面工程图，是在零件或装配中已经存在的实体模型的基础上进行的，并不需要使用CURVE曲线重新绘制。建立UG平面工程图的一般流程如图7-1所示。

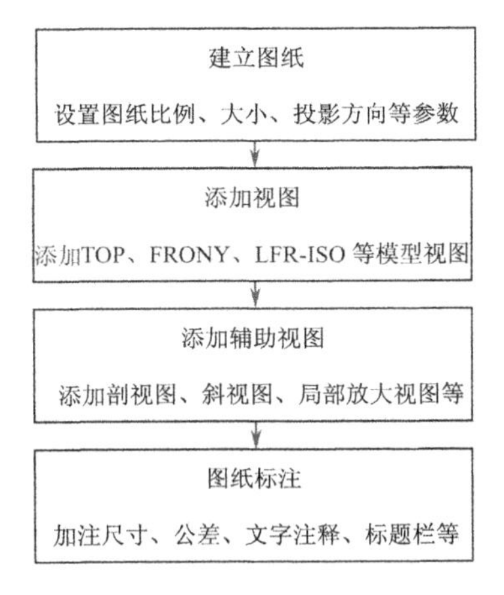

图7-1　建立UG平面工程图的一般流程

7.2 UG制图模块用户界面和预设置

打开第3章所建的模型（图3-4 固定片），在UG主菜单中选择“起始”→“制图”命令，即可进入制图模块。制图模块的用户界面与建模界面非常类似，如图7-2所示。

在接下来的章节中，将详细介绍UG制图模块中各个图标的功能。

一般情况下，UG使用英制标准，在建立工程平面图前，需对UG制图模块进行预设置。

在UG主菜单中选择“首选项”→“注释”命令，即可进入注释预设置对话框，如图7-3所示。在注释预设置中，必须将UNIT（单位）选项中的线性尺寸单位由“英寸”改为“毫米”。其他诸如公差、字符高度、尺寸精度、箭头大小和形状、剖面填充方式等项，用户可根据需要适当进行修改。

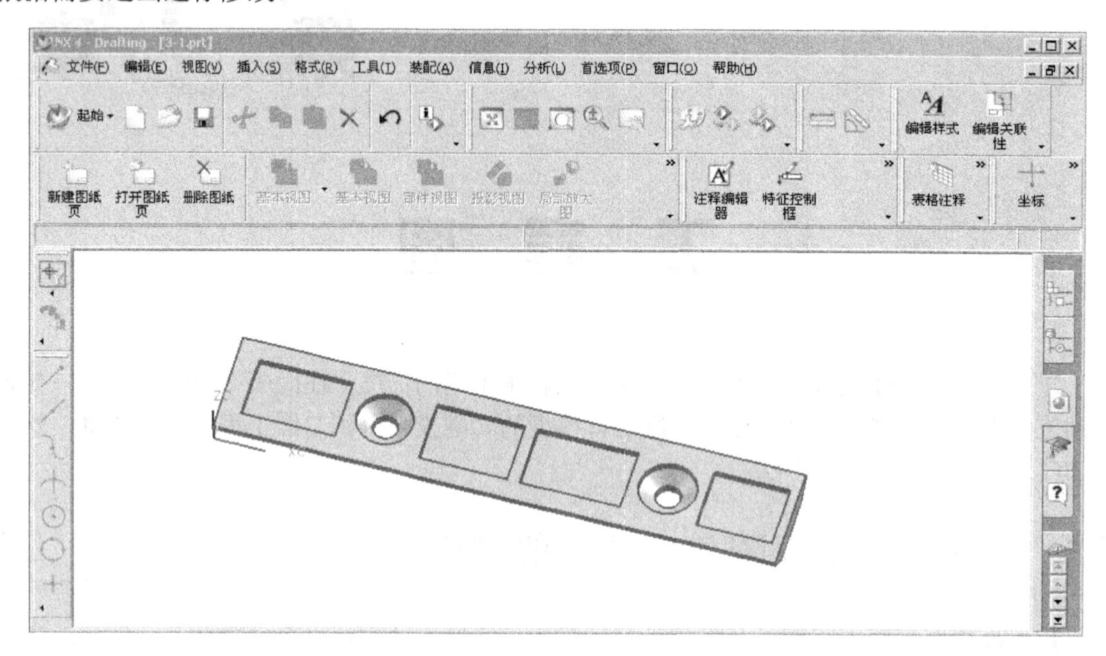

图 7-2　制图模块用户界面

在 UG 主菜单中选择“首选项”→“视图”命令，即可进入视图预设置窗口。在视图预设置中，将隐藏线由“不可见的”改为“虚线”，如图 7-4 所示。

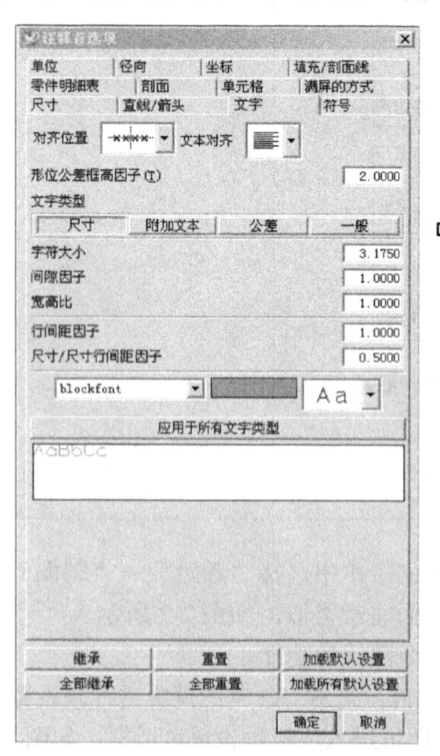

图 7-3　“注释首选项”对话框

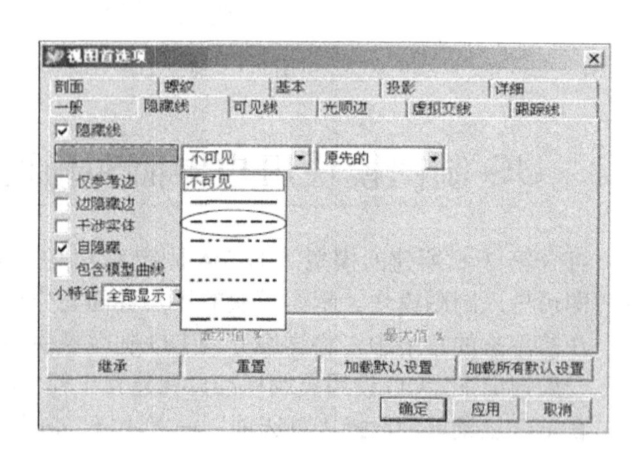

图 7-4　“视图首选项”对话框

7.3 建立图纸与添加视图

本节主要用到“图纸布局”中的各个按钮，其功能如图 7-5 所示，用户可以根据自己的需要对工具条上的按钮进行增减。

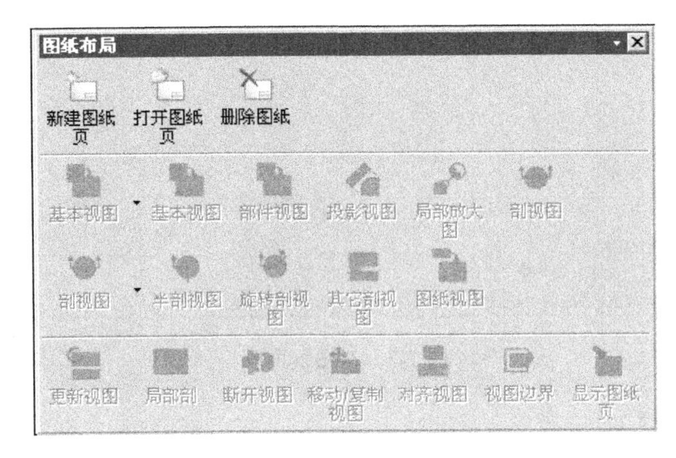

图 7-5 “图纸布局”按钮功能

单击新建图纸按钮“ ”，打开新图纸页面参数设置对话框，如图 7-6 所示。完成参数设置后单击“确定”按钮，建立新图纸，如图 7-7 所示。

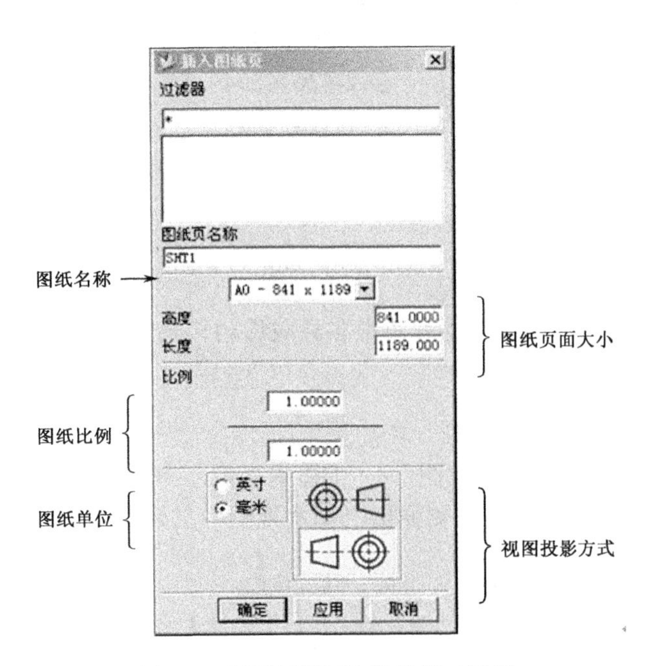

图 7-6 新图纸页面参数设置对话框

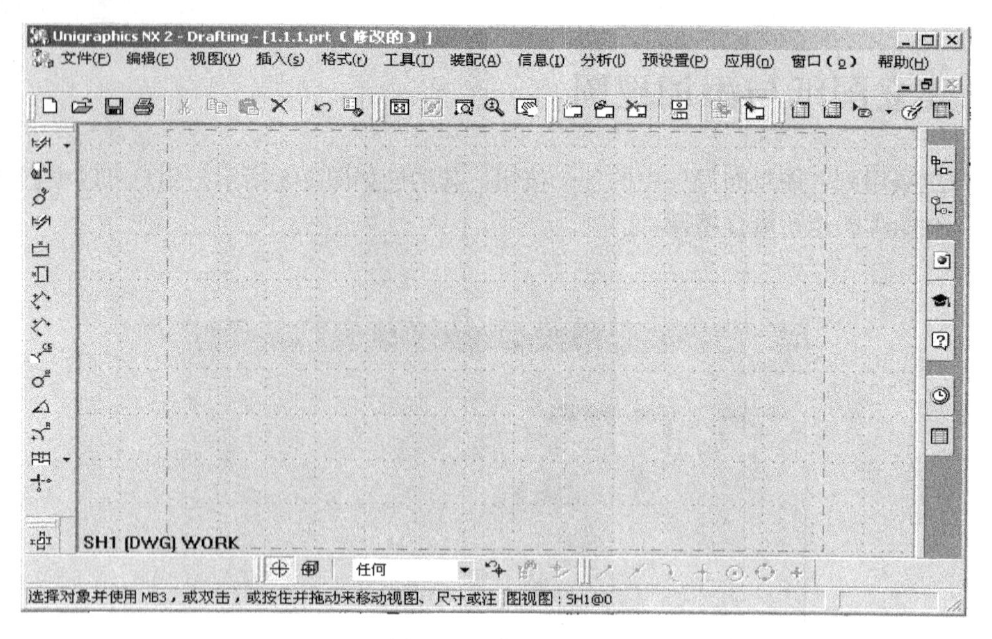

图 7-7　新图纸页面

NOTICE　注意

确定图纸的规格时，可以直接从图纸规格下拉列表框中选择需要的图纸规格，也可以在图纸高度和图纸长度文本框中输入数据，自定义图纸的尺寸。选择不同的工程图单位，在该选项中的图纸类型也各不相同，如：

A-8.5×11　　A4-210×297
B-11×17　　A3-297×420
C-17×22　　A2-420×594
D-22×34　　A1-594×841
E-34×44　　A0-841×1189
F-28×40
H-28×44
J-34×55

比例：选择该选项，可以设置工程图中各类视图的比例大小，系统的默认值为 1:1。比例增大，视图随之增大。

创建基本视图

单击菜单命令“插入”→“视图”→“基本视图”或单击“图纸布局”工具条中的“基本视图”图标，系统将在屏幕左侧弹出“基本视图”工具条，如图 7-8 所示。

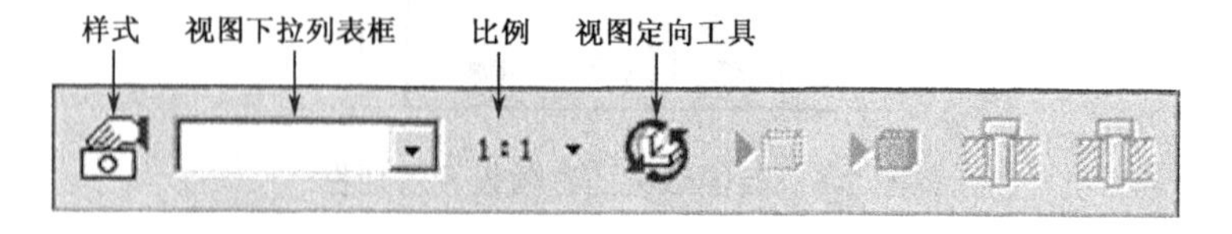

图 7-8　“基本视图”工具条

创建投影视图

单击菜单命令“插入”→“视图”→“投影视图”或单击“图纸布局”工具条中的“添加投影视图”图标，系统将在屏幕左侧弹出“添加向视图”工具条，如图 7-9 所示。

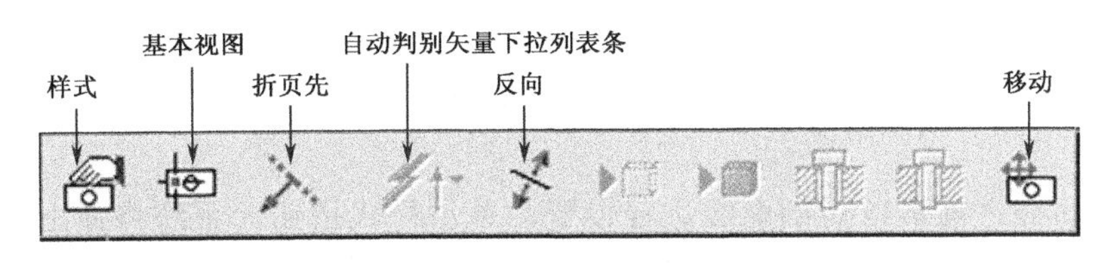

图 7-9　“添加向视图”工具条

创建局部放大视图

单击菜单命令“插入”→“视图”→“局部放大视图”或单击“图纸布局”工具条中的“添加局部放大视图”图标，系统将在屏幕左侧弹出“添加局部放大视图”工具条，如图 7-10 所示。

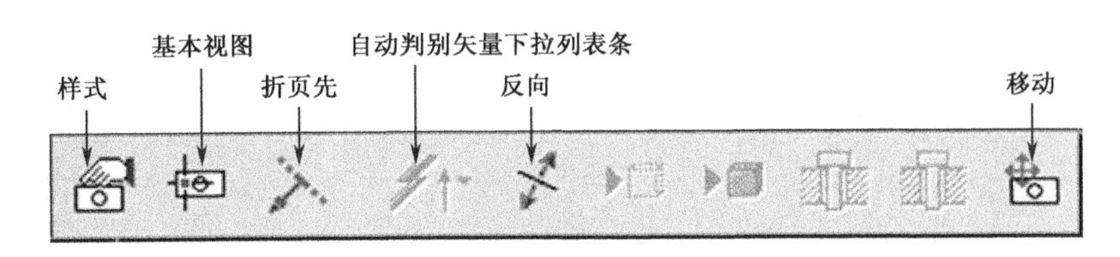

图 7-10　“添加局部放大视图”工具条

常见视图的创建

创建常见视图时，首先创建基本视图。创建基本视图后可根据需要创建某一视角的投影视图，尤其当局部需要说明时，还可创建局部放大视图。

打开图 3-4 固定片模型，单击“图纸布局”工具条中的“添加基本视图”图标，系统弹出“添加视图”对话框。设置“俯视图”为第一视图，并且设置比例为 1:1，输入投影视图，如图 7-11 所示。再分别向下和向右，拉出俯视图和左视图，如图 7-12 所示。

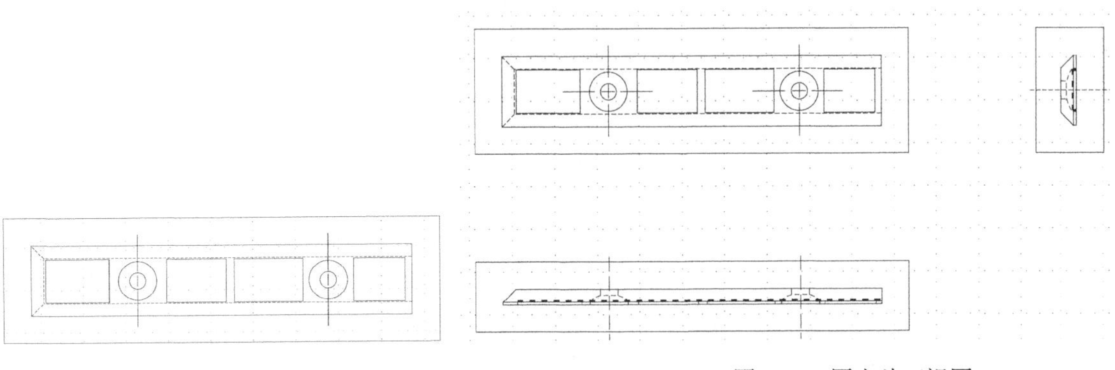

图 7-11　固定片主视图　　　　图 7-12　固定片三视图

单击菜单命令“插入”→“视图”→“剖视图”或单击“图纸布局”工具条中的“添加剖视图”图标，根据提示选择俯视图，系统将弹出如图 7-13 所示工具条。

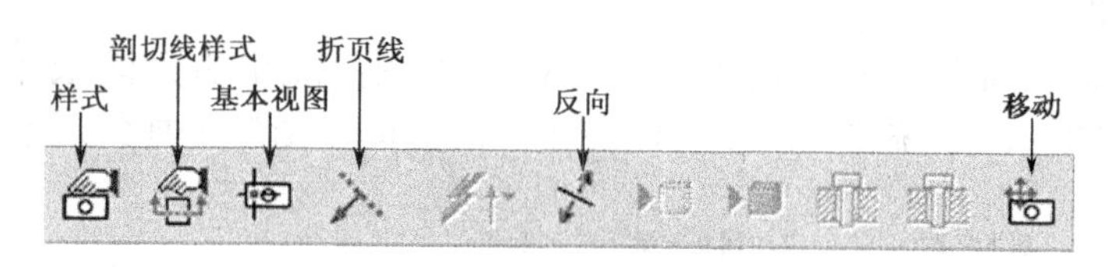

图 7-13 “添加剖视图”工具条

在生成剖面线之前可以对剖面线进行设置。单击样式按钮，系统将弹出“视图样式”对话框，用于设置视图显示，如图 7-14 所示。单击剖切线样式按钮，系统将弹出“剖切线样式”对话框，用于设置剖面线样式，如图 7-15 所示。

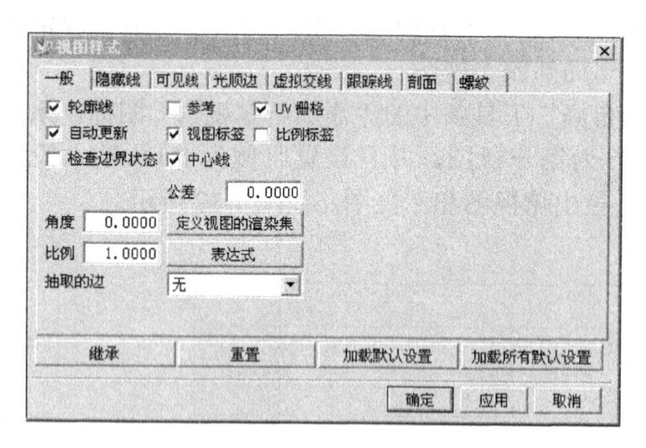

图 7-14 “视图样式”对话框

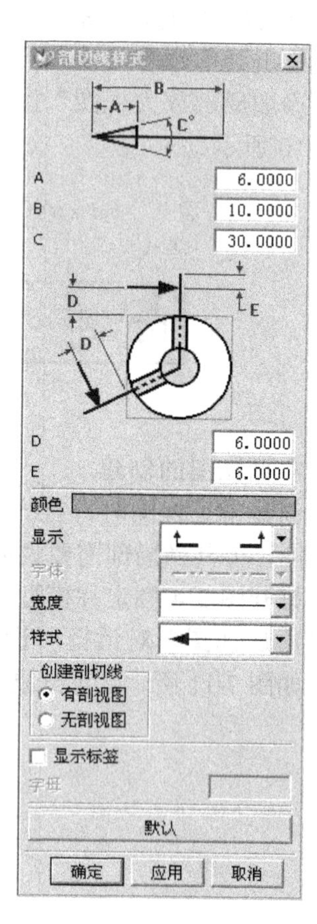

图 7-15 “剖切线样式”对话框

定义方向和剖切位置，单击一点作为剖面视图的中心，拉出剖视图，如图 7-16 所示。

单击菜单命令“插入”→“视图”→“局部放大视图”或单击“图纸布局”工具条中的“添加局部放大视图”图标，单击“圆形边界”图标，然后单击，选择视图标注方式为圆标注，然后在图纸上合适位置单击确定放大区域圆心，移动鼠标至大约位置单击确定视图边界，设置比例为 5:1，在制图区单击放置视图，如图 7-17 所示。

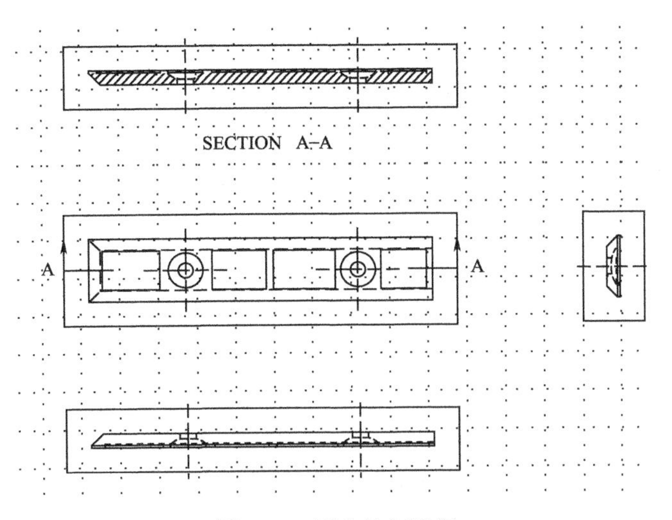

图 7-16 固定片剖视图

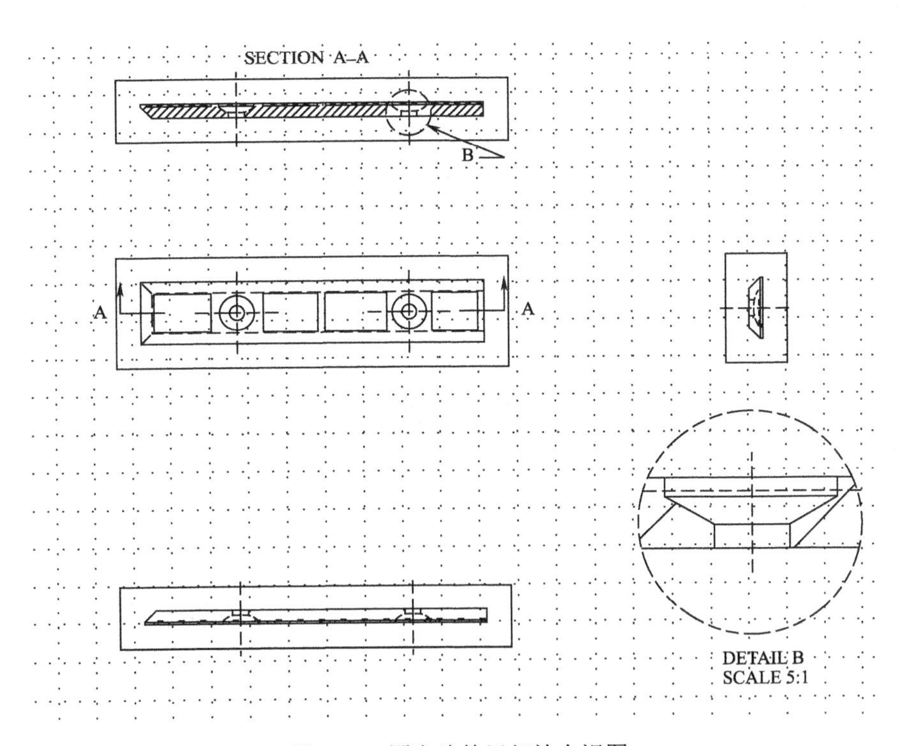

图 7-17 固定片的局部放大视图

7.4 标注尺寸

本节介绍如何在视图中标注尺寸。尺寸标注功能如图 7-18 所示。

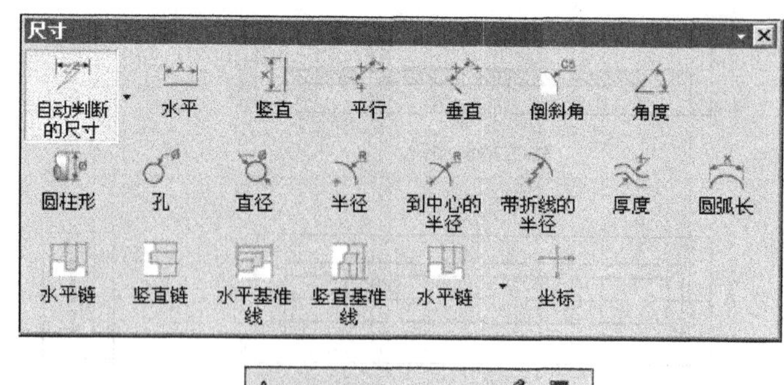

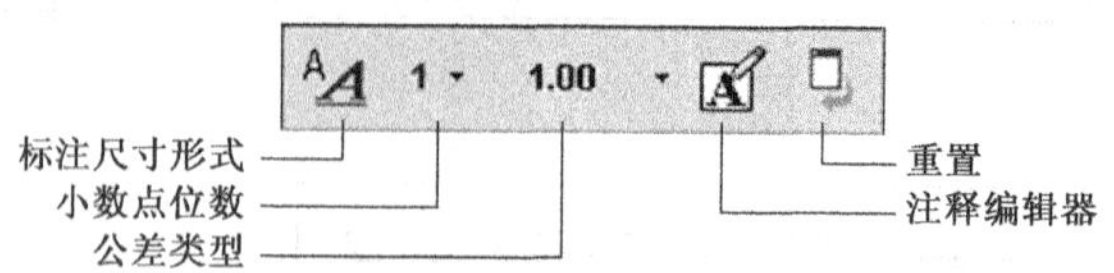

图 7-18　尺寸标注功能

在尺寸标注方式中选择自动判断的尺寸标注按钮“ ”，标注一般尺寸，如图 7-19 所示。

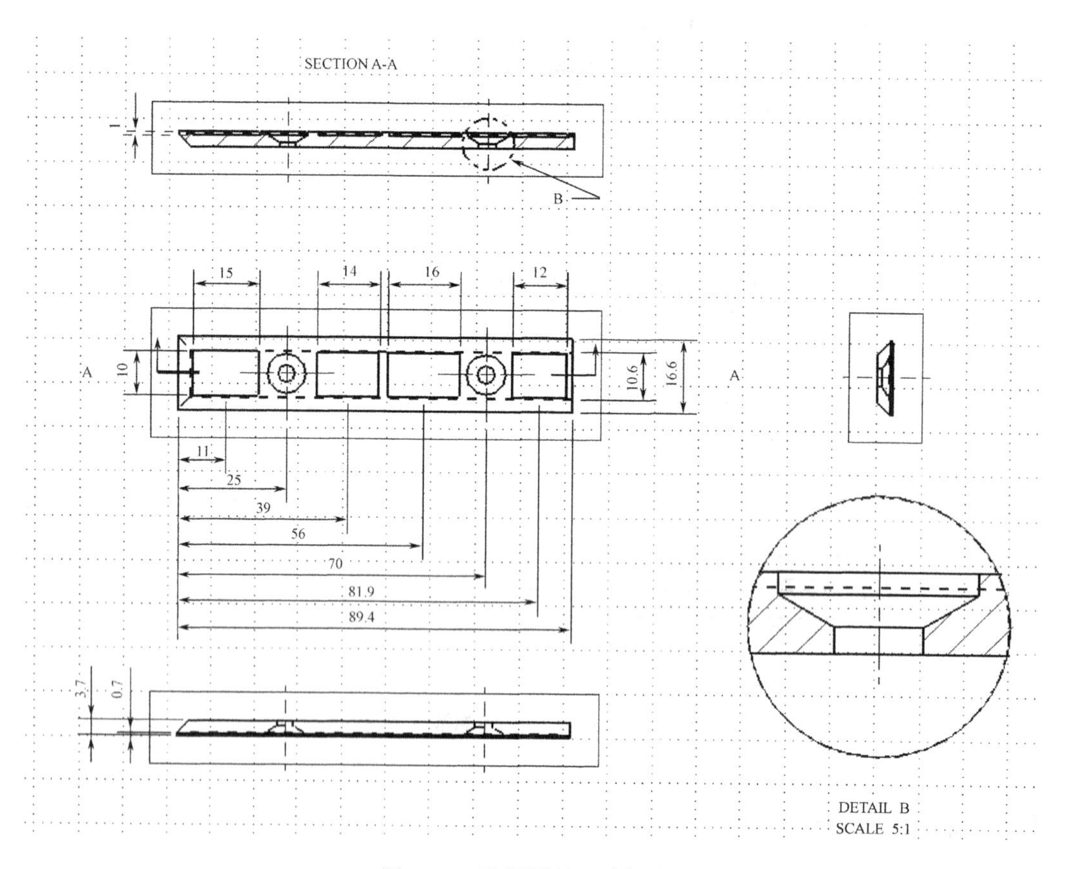

图 7-19　零件图的尺寸标注

在尺寸标注方式中选择圆柱尺寸标注按钮“ ”，单击注释编辑器按钮，添加注释并标注圆柱尺寸，分别如图 7-20 和图 7-21 所示。

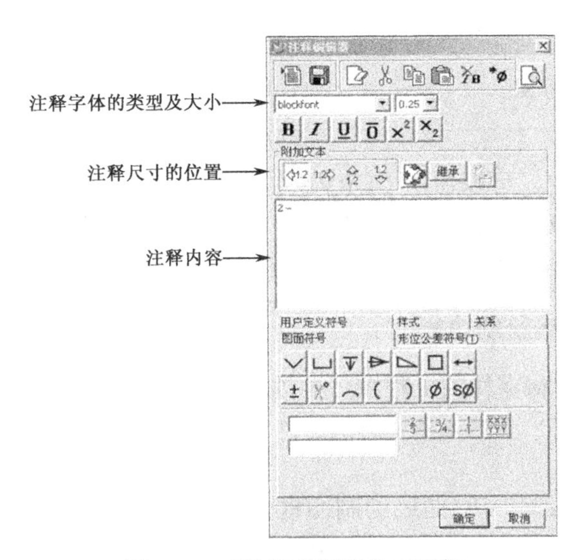

图 7-20 “注释编辑器”对话框

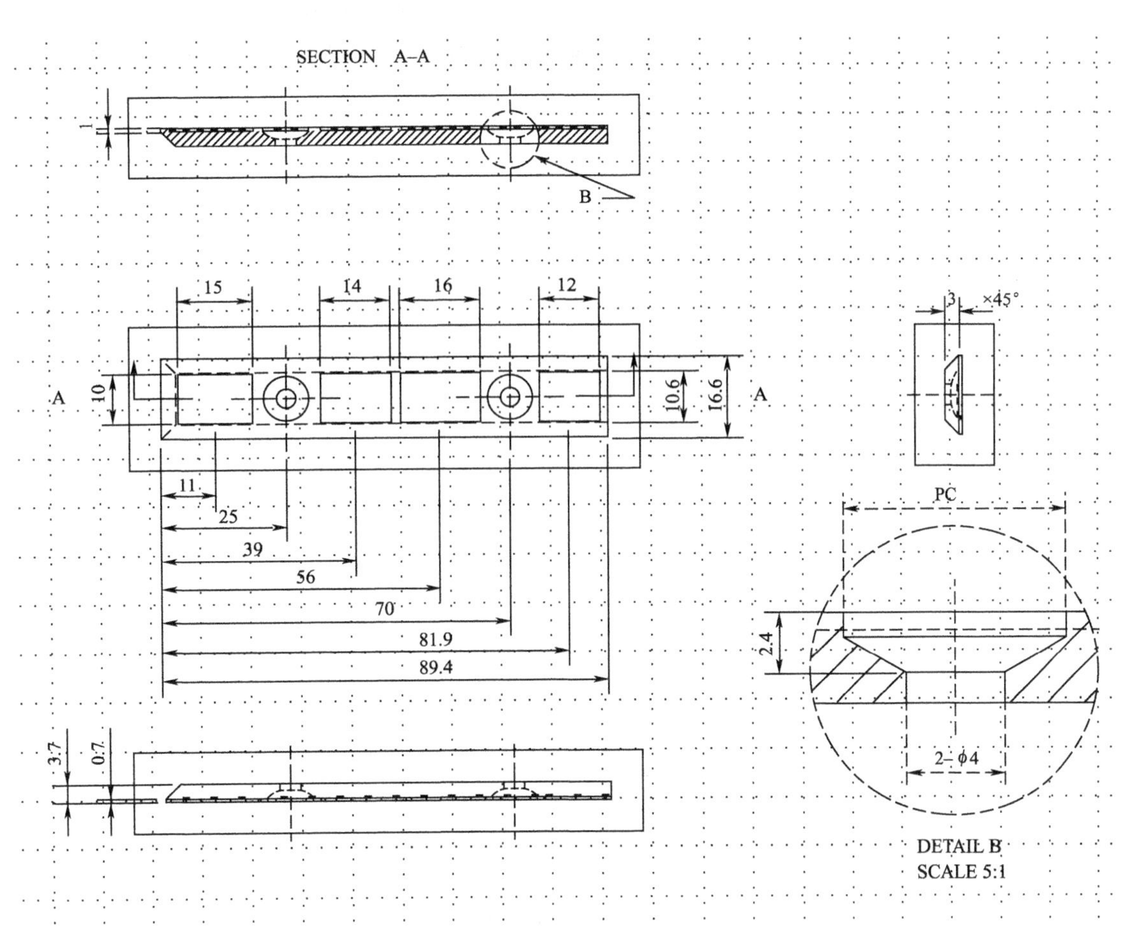

图 7-21 尺寸标注

7.5 图框与标题栏

在 UG 工程图模块中，可以使用 CURVE 曲线直接绘制图框和标题栏，并使用注释按钮"☒"添加文本注释。但如果每一张图纸都要绘制图框，不但操作繁琐，而且会产生数据冗余。为了方便快捷地建立图框和标题栏，可以使用 UG 提供的图样功能。

1．使用 CURVE 曲线绘制功能

使用 CURVE 曲线绘制零件的工程图，并添加注释，如图 7-22 所示。

2．使用图样功能

新建一个文件，用 CURVE 曲线绘制图框，并添加注释。完成后，在"文件"→"选项"中选择"储存选项"，在显示的对话框中选择"仅图样数据"，单击"确定"按钮，然后保存文件。

如要使用图样文件，选择"格式"→"图样"命令，在图样对话框中选择调用图样，单击"确定"按钮，选择图样文件，单击"确定"按钮，指定输入点，再次单击"确定"按钮，完成图样输入。

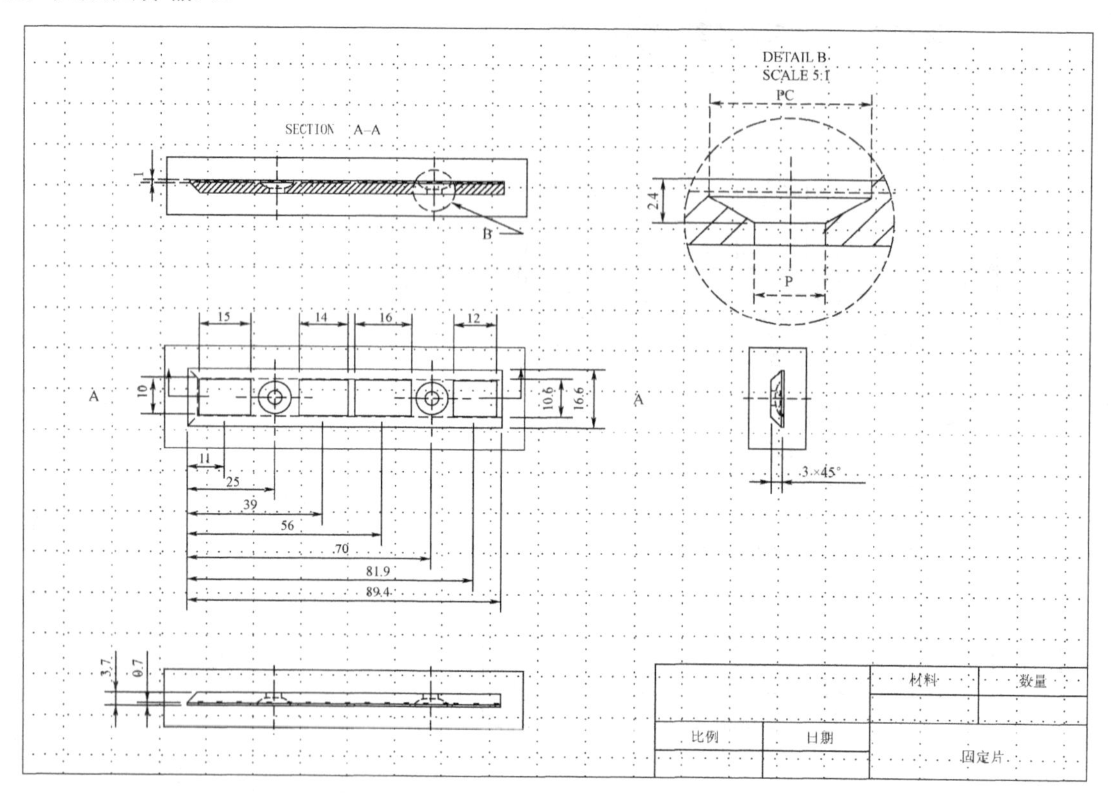

图 7-22　固定片的工程图纸

使用图样功能时，要求制定各种大小图纸（A0、A1、A2、A3、A4）的标准图样文件。调用图样时，根据不同图纸的大小调用相应的图样，将大大提高工作效率。至于其他型号图纸的图样文件，制作方法完全与此相同。

CAM 简介

本章主要介绍 UG 中的 CAM 部分，包括其基本菜单的常用指令及使用方法。读者通过对本章的学习，基本上可以掌握各加工参数的设置方法，包括加工环境的设置、加工坐标系的设定和加工参数的设置（进/退刀点、进/退刀方式、切削参数、刀路避让参数、进给速度和机床参数等）。

8.1 基本概念

1. 加工环境

打开 UG 文件，选择“标准”工具条中的“起始”→“加工”选项，进入 UG 加工模块。每个文件第一次进入加工模块时，系统都要设定加工环境。进行铣加工时，一般按照图 8-1 所示进行设置。加工方式选择完成后，单击“初始化”按钮，完成设置。

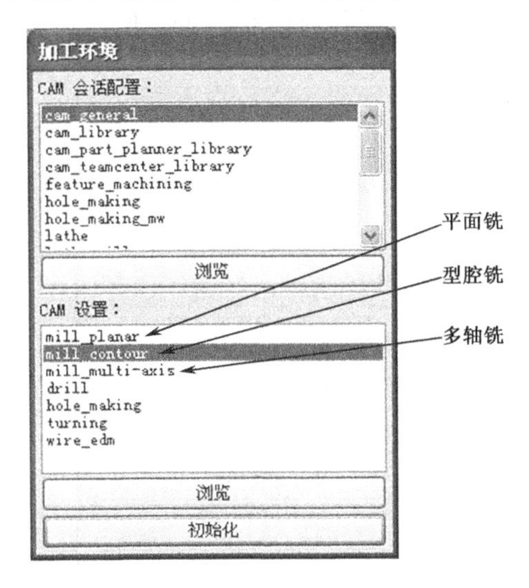

图 8-1　加工环境设置

2. 加工坐标系

在加工模块中使用的坐标系叫做加工坐标系，用 XM、YM、ZM 表示。每个模型第一次进入加工模块中时，其加工坐标系都在绝对坐标系的位置上。加工坐标系的 ZM 轴始终为刀轴方向，所以在编程前应适当调整模型位置，使 Z 轴为加工时的进刀方向。如果在建模中使用的是相对坐标系，则编程前应对加工坐标系进行调整。方法为：单击创建几何体按钮“创建几何体”，弹出“创建几何体”对话框，如图 8-2 所示；选择坐标系“MCS”，单击“确定”按钮，弹出“MCS”（机床坐标系）对话框，如图 8-3 所示；选择原点，弹出点构造器，输入相对坐标系原点，单击“确定”按钮，完成加工坐标系的移动。也可以使用坐标系中的绝对坐标，使建模坐标系按绝对坐标系显示。

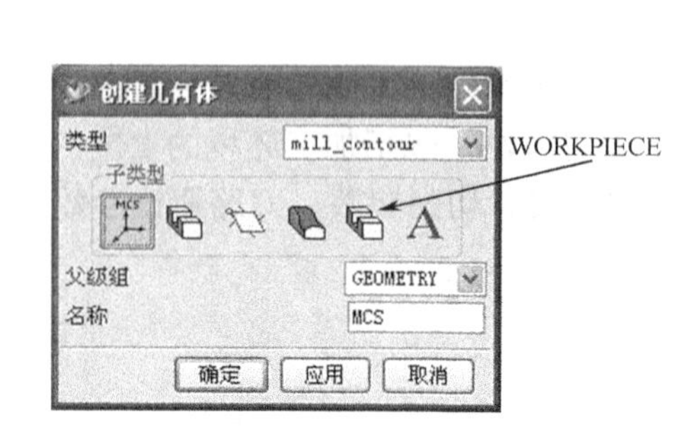

图 8-2 “创建几何体”对话框

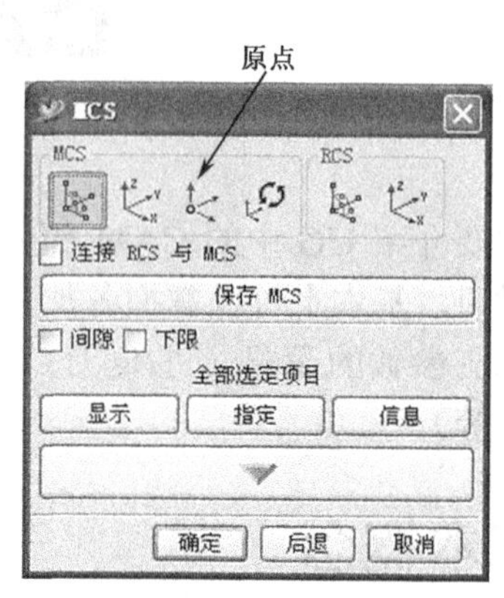

图 8-3 “MCS”（机床坐标系）对话框

3. 几何体

选择图 8-2 所示“创建几何体”对话框中子类型中的“WORKPIECE”（右数第二个）图标，单击“确定”按钮，弹出如图 8-4 所示“工件”对话框，可以看到，几何体类型有三种，从左往右依次是部件几何体、毛坯几何体和检查几何体。

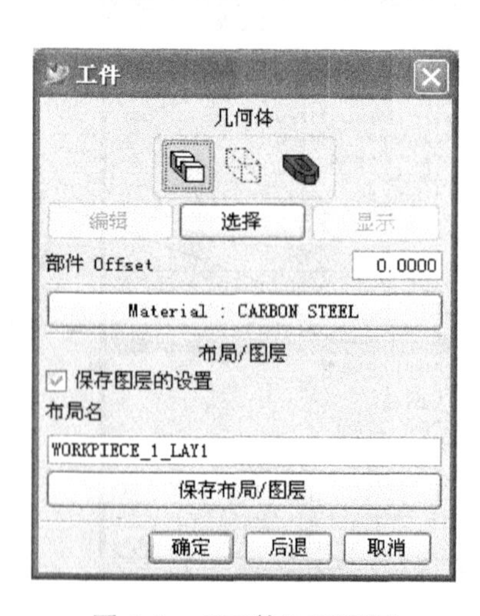

图 8-4 “工件”对话框

部件几何体是加工后所保留的材料，即零件的三维实体模型，部件几何体和边界共同定义切削区域。毛坯几何体是加工前还没有被切削的材料，可以选择“自动块”和“部件的偏置”进行设置。检查几何体用于定义在加工过程中刀具要避开的几何对象，可以是零件侧壁、凸台、夹具等。

几何体的设置可以在创建操作之前，即在如图 8-4 所示“工件”对话框中依次设置，此几何体可以为之后创建的多个操作所用；也可以在创建操作的过程中指定加工几何体，即在每一步加工操作时单独在其“组”卡中对“几何体”选项进行设置，此时的几何体只能为该步加工操作所用。

8.2 常用命令

1. 加工创建

在加工创建中可以创建加工轨迹、刀具、程序、几何体等父节点（参数可以继承的节点）。在父节点下的程序将自动继承父节点中的所有特征，包括创建刀具轨迹、创建程序、创建刀具、创建几何体和创建方法，如图 8-5 所示。

图 8-5 “加工创建”对话框

2. 创建操作

单击“ ”（创建操作）按钮进入“创建操作”对话框，创建操作前须指定程序、使用几何体、使用刀具、使用方法（粗、精加工的选择）和名称，如图 8-6 所示。

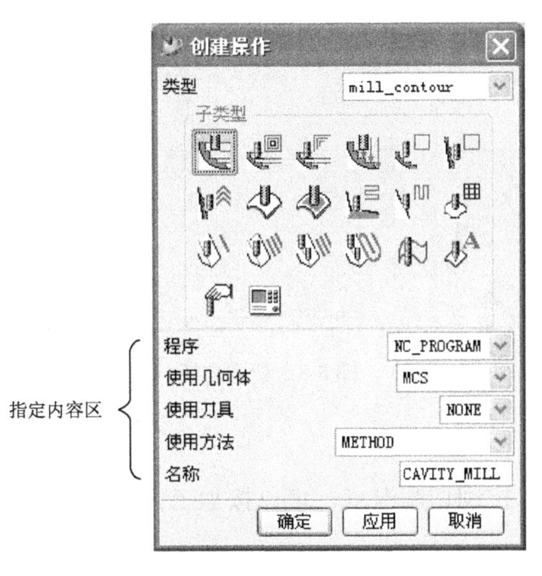

图 8-6 “创建操作”对话框

3. 指定操作参数

在图8-6中，单击“确定”按钮进入操作参数设置菜单，如图8-7所示。

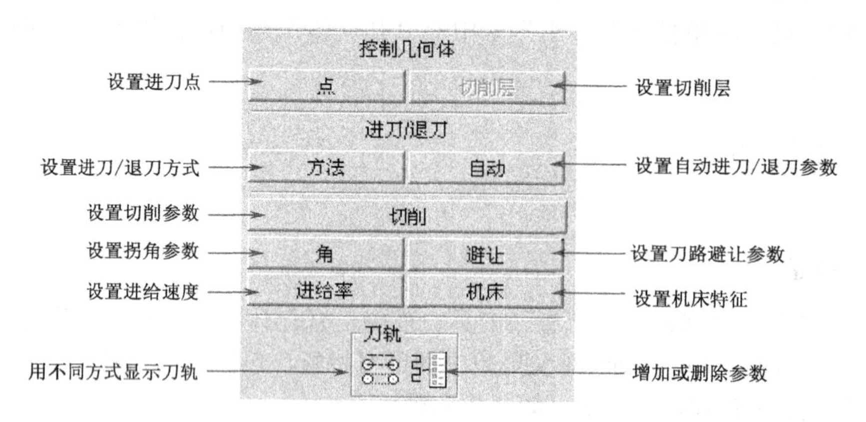

图8-7　操作参数设置菜单

（1）进刀点

进刀点分为预钻孔和切削起始点，一般情况下很少用到预钻孔。设置进刀点可以优化刀路，一个程序中可以设置多个进刀点，系统会在多个进刀点中自动选择距离刀具轨迹最近的进刀点开始切削。切削功能如图8-8所示。

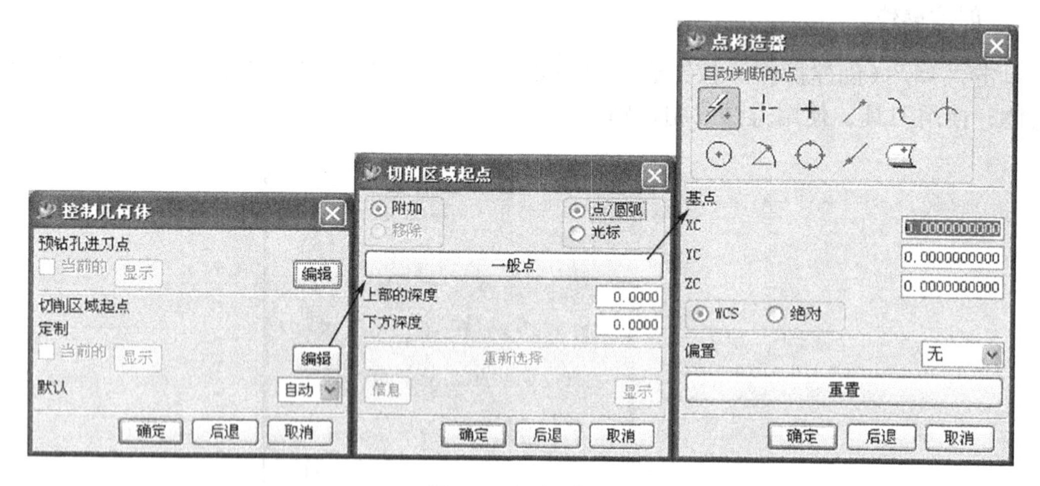

图8-8　切削功能

（2）切削层

通过设置切削层可以控制切削深度，可以按加工需要设置多个切削层。切削层功能如图8-9所示。

（3）进刀点或进刀距离

在设置进、退刀之前，必须了解刀具在加工中的移动路径，如图8-10所示。

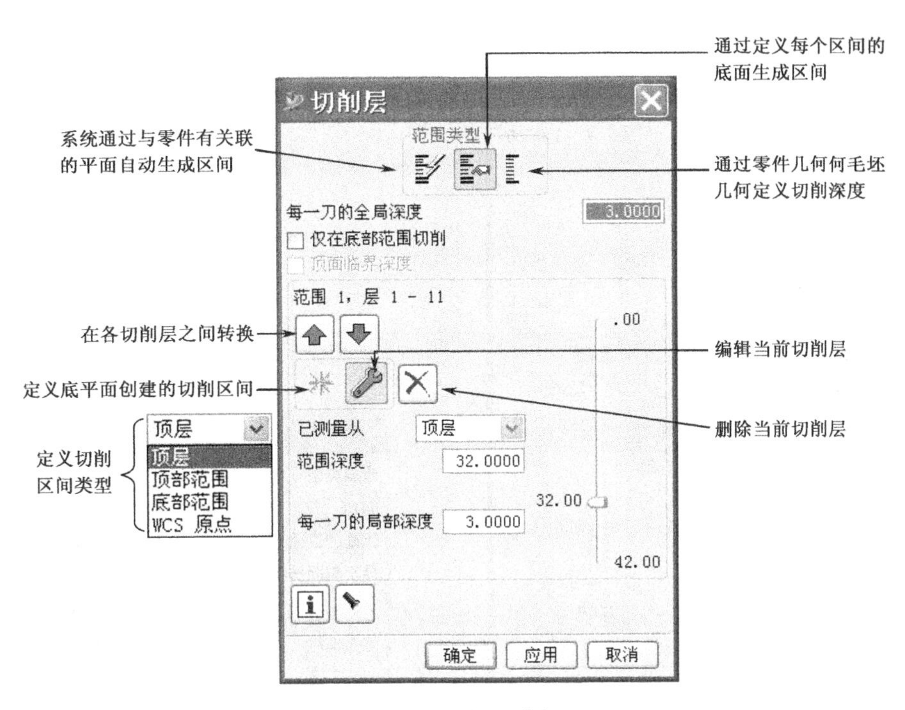

图 8-9　切削层功能

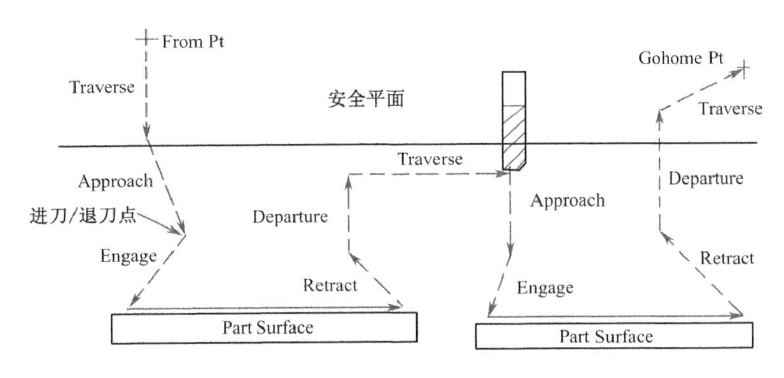

图 8-10　刀具在加工中的移动路径

（4）自动进刀/退刀方式

进刀/退刀方式的设置对话框如图 8-11 所示，设置完毕后单击“自动进刀/退刀”按钮，进入自动进刀/退刀方式的设置对话框，如图 8-12 所示。

（5）切削参数设置

单击图 8-7 所示的操作参数设置菜单中的“切削”按钮，进入“切削参数”设置对话框，共有策略、毛坯、连接、包容和更多五个选项卡，如图 8-13 所示，进行必要的设置之后，单击“确定”按钮。

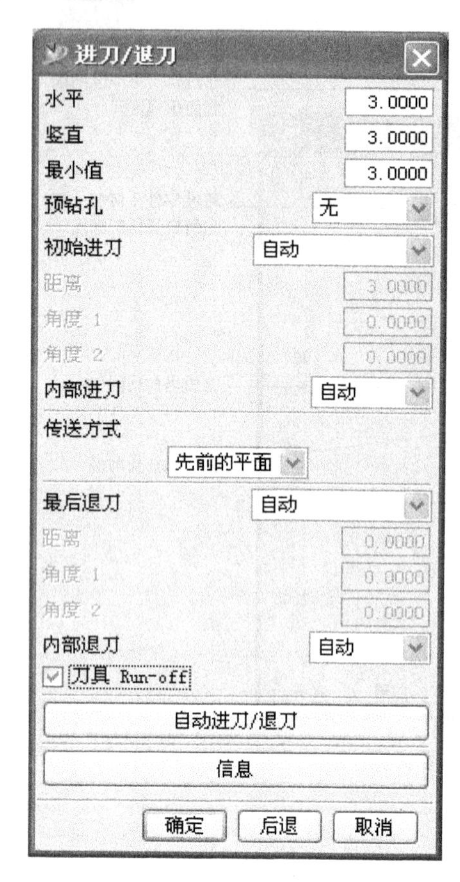

图 8-11 “进刀/退刀”方式设置对话框

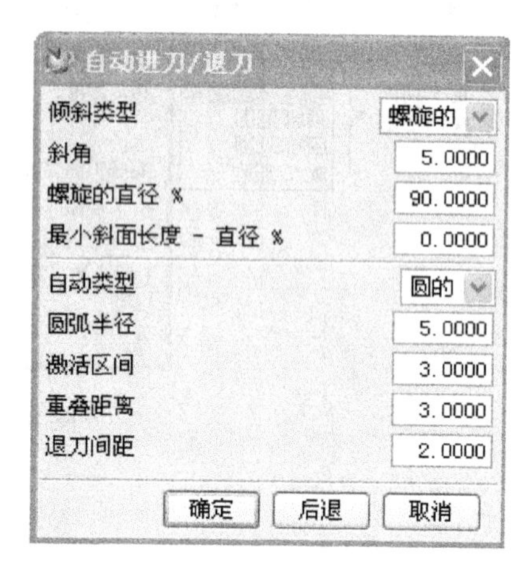

图 8-12 “自动进刀/退刀”方式设置对话框

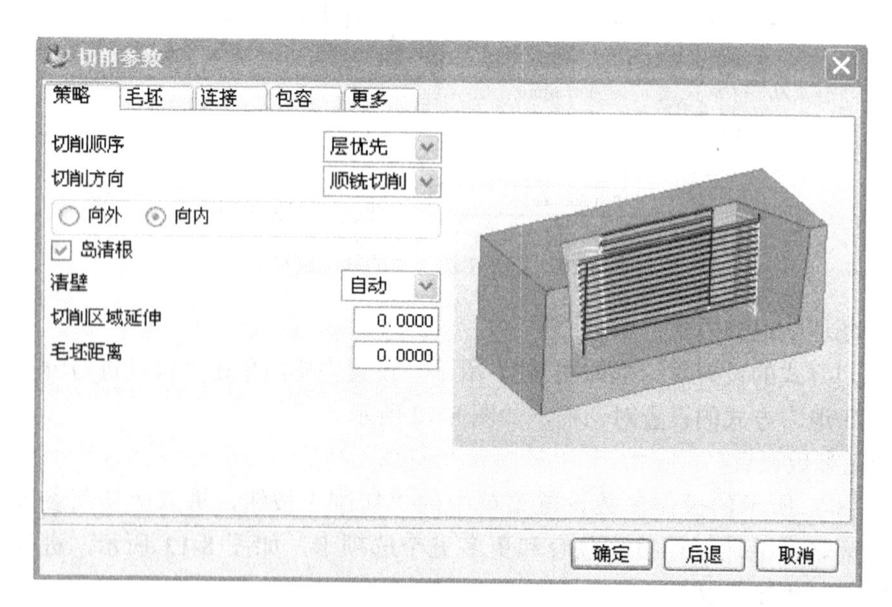

图 8-13 “切削参数”设置

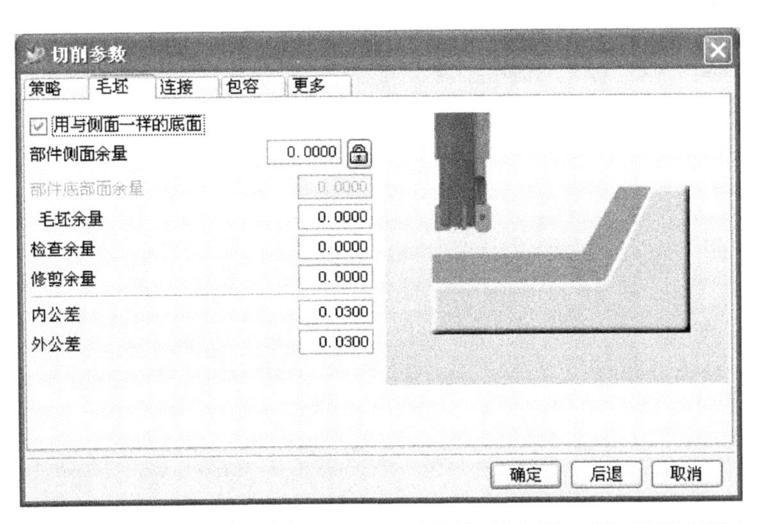

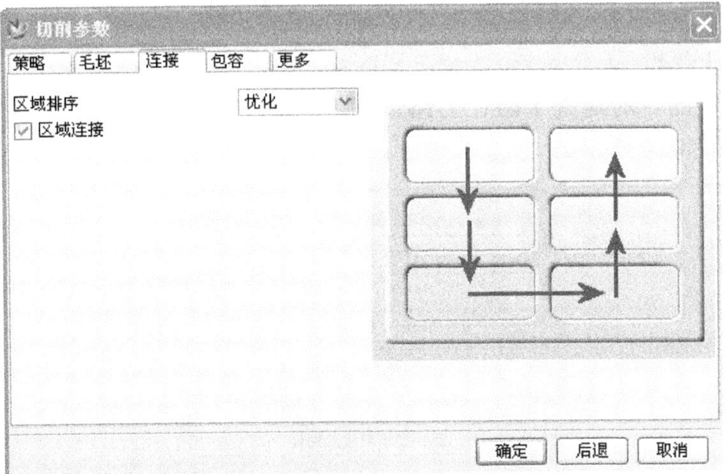

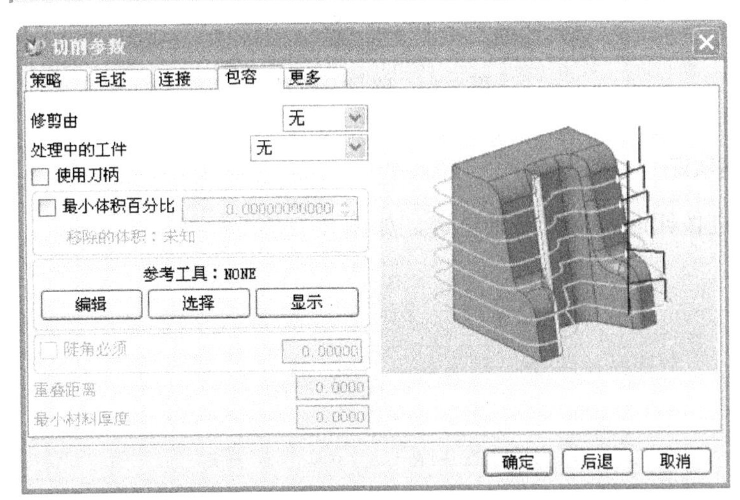

图 8-13　“切削参数”设置（续）

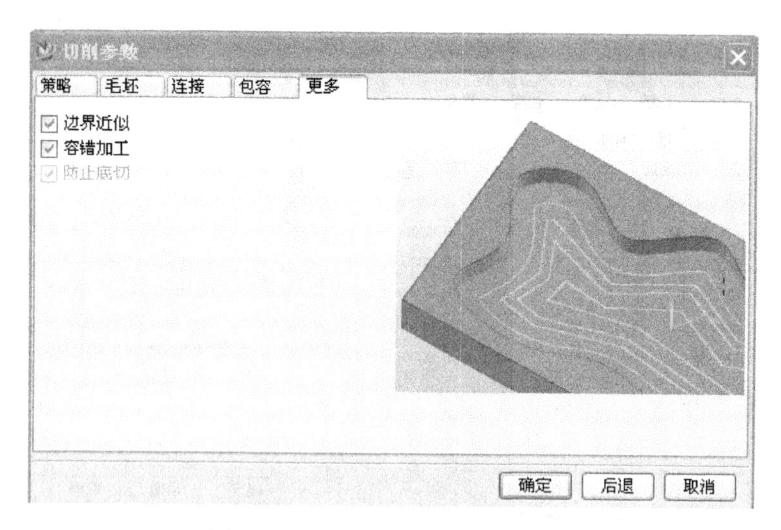

图 8-13　“切削参数”设置（续）

（6）刀路避让参数

设置刀路避让的目的是为了防止刀路过切，设置刀路避让即设置在上面刀路路径中提到的各个点，如图 8-14 所示。

图 8-14　路径参数设置

4．生成刀具轨迹

单击生成轨迹按钮即可生成刀具轨迹，如图 8-15 所示。

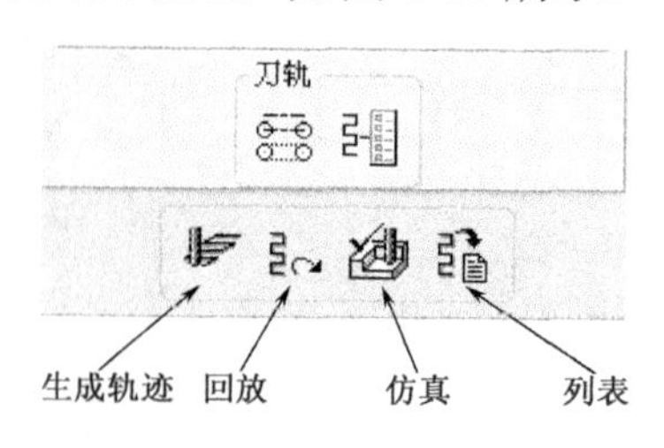

图 8-15　刀具轨迹

单击仿真按钮可以打开“可视化导轨轨迹”对话框，仿真加工的方式有重播、3D 动态和 2D 动态三种方式。其中，“重播”方式只能显示二维路径，而不能看到实际的切削；使用“3D 动态”方式进行动态仿真，可以对模型进行放大、缩小或旋转操作；使用“2D 动态”方式进行动态仿真，不能对模型进行放大、缩小或旋转操作，只能观察仿真效果，并在仿真加工结束后单击“比较”按钮，观察零件的加工效果，绿色部分为加工好，白色部分为欠切，红色部分为过切。

平面铣加工

平面铣是各种铣削方式中最简单的，其加工效率也是最高的。一般情况下，平面铣用于铣削底面为平面的工件，也可用于直壁（即没有脱模斜度的侧面）的加工。平面铣可用于零件的粗加工和精加工。

9.1 创建刀具

打开需加工的模型，进入加工模块，设定加工环境为平面铣，单击创建刀具组按钮“ ”，弹出“创建刀具”对话框，如图 9-1 所示，输入刀具名称 D20，弹出刀具参数对话框（5-参数），输入刀具直径为 20，单击“确定”按钮，建立直径为 20 mm 的平刀。如果要使用带 R 的平刀，则输入相应的下半径，当下半径等于刀具直径的一半时，则为球头刀。注意，刀具的下半径不能大于刀具直径的一半，否则系统会报错。

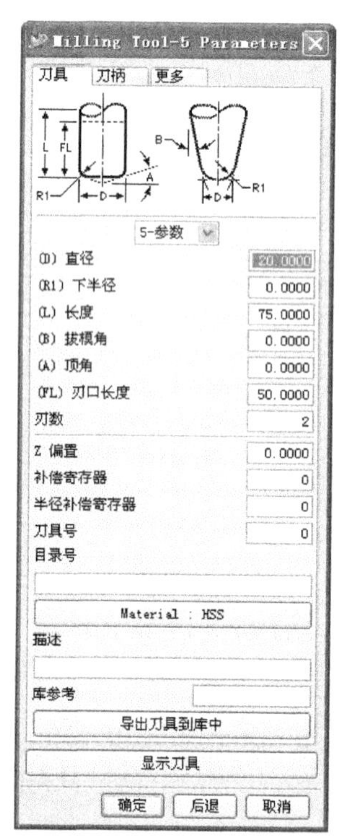

图 9-1 “创建刀具”对话框

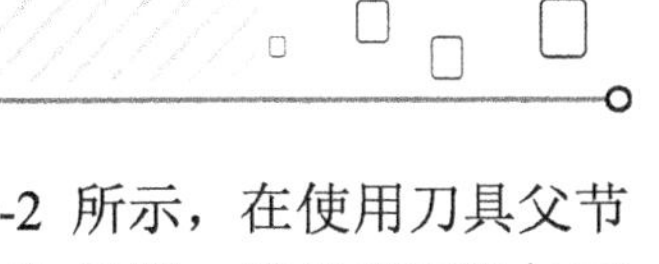

9.2　建立刀路轨迹

单击创建操作按钮“ ”，弹出“创建操作”对话框，如图 9-2 所示，在使用刀具父节点的下拉菜单中选择刀具 D20，修改刀轨名称为 N1，单击“确定”按钮，弹出平面铣加工对话框，设置切削参数，如图 9-3 所示。

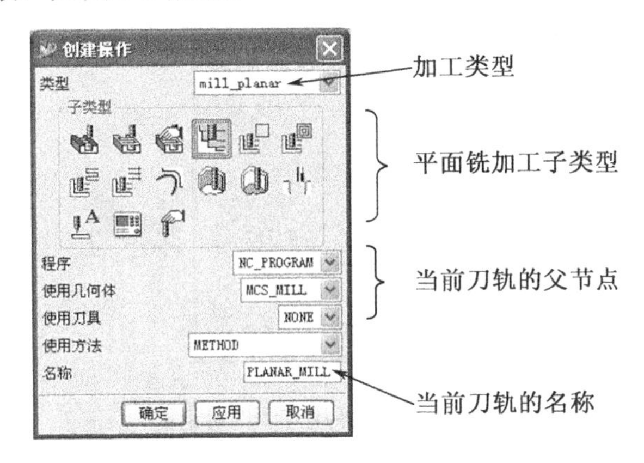

图 9-2　“创建操作”对话框

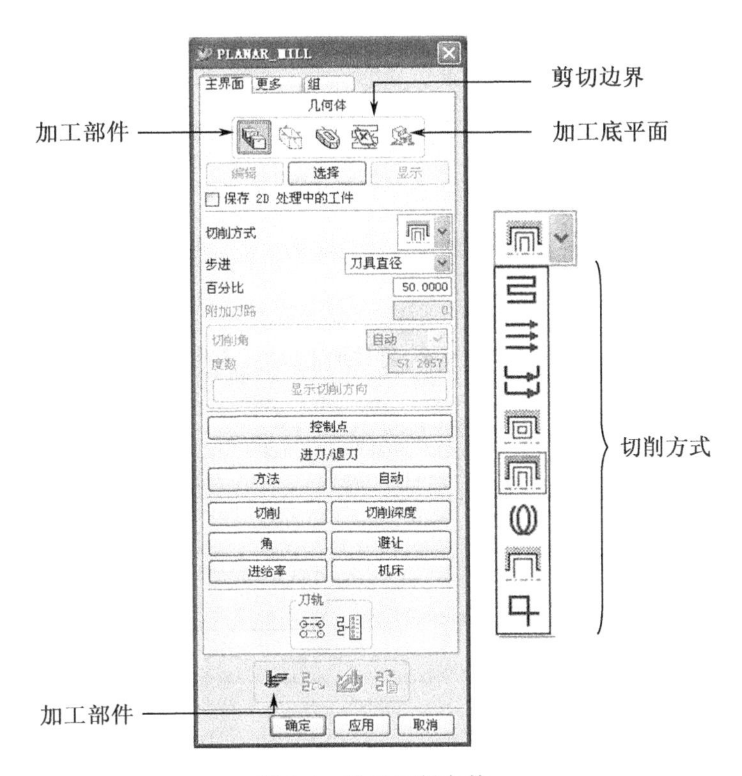

图 9-3　设置切削参数

选中加工部件，单击“选择”按钮，弹出“边界几何体”对话框，如图 9-4 所示。设置“材料侧”为“外部”，“凹边”为“相切于”，“凸边”为“上”，然后在模型中选择要加工的面。选择完成后，系统自动定义加工边界，如图 9-5 所示。其边界符号的含义如图 9-6 所示。

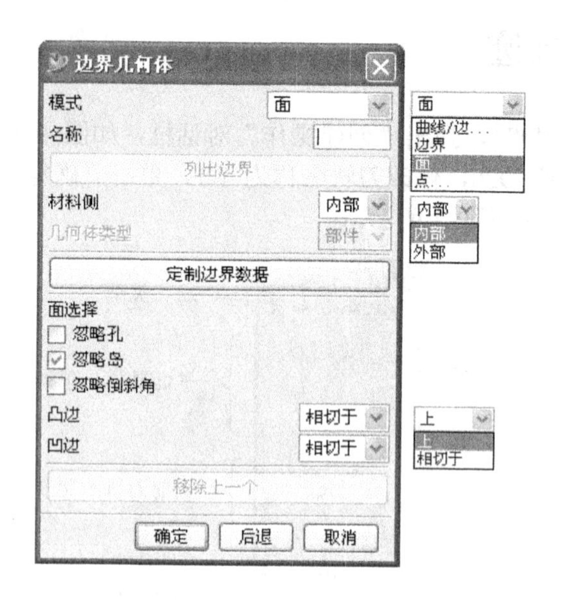

图 9-4 “边界几何体”对话框

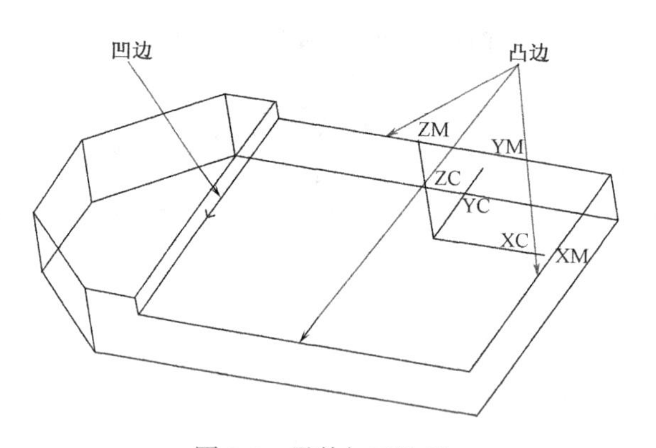

图 9-5 零件加工边界

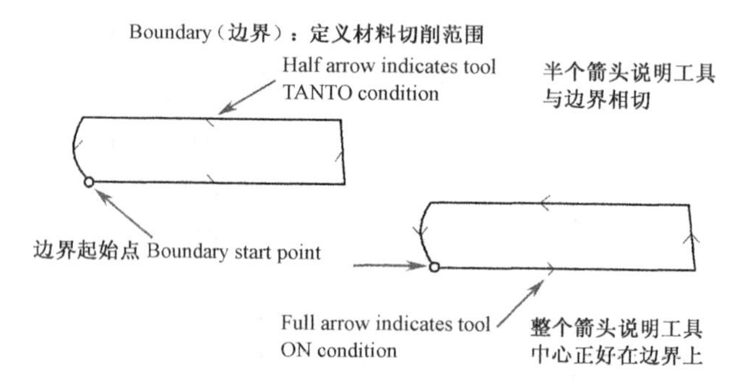

图 9-6 材料边界符号含义

单击“确定”按钮回到平面铣对话框（图 9-3 所示），在“几何体”中选中底平面定义按钮，单击“选择”按钮，弹出“平面构造器”对话框，直接选取要加工的平面作为底平面。也可以利用基准平面或平面构造器来定义底平面，如图 9-7 所示。

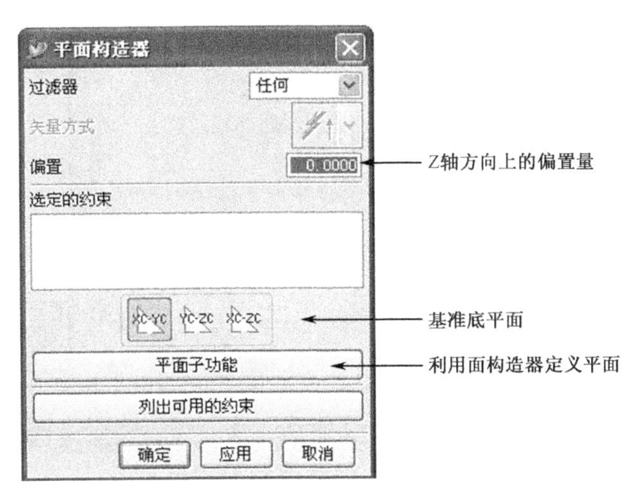

图 9-7　“平面构造器”对话框

完成底平面的选取后，单击“切削”按钮，进入切削参数设置对话框，在此对话框中，用户主要设置程序的加工精度和部件的余量。加工精度包括内公差和外公差。粗加工时精度一般为部件余量的 1/10，精加工精度一般设置为 0.003，粗加工余量一般为 0.2～0.5，如图 9-8 所示。

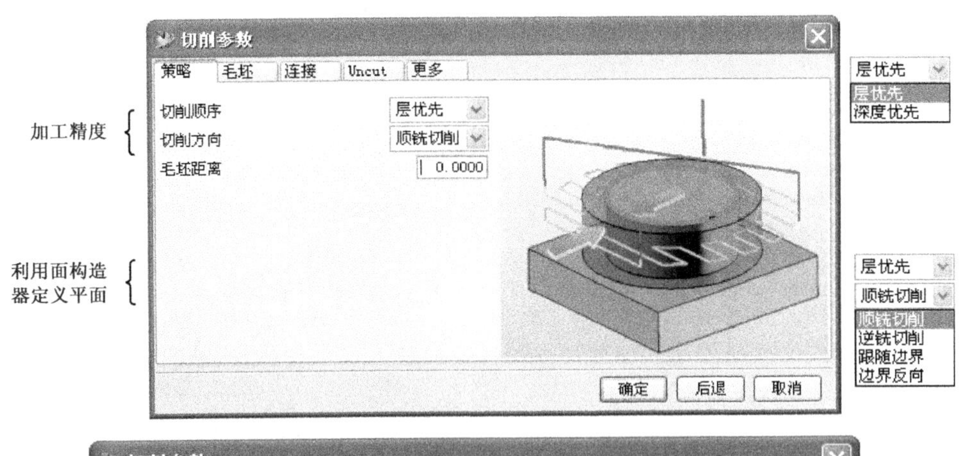

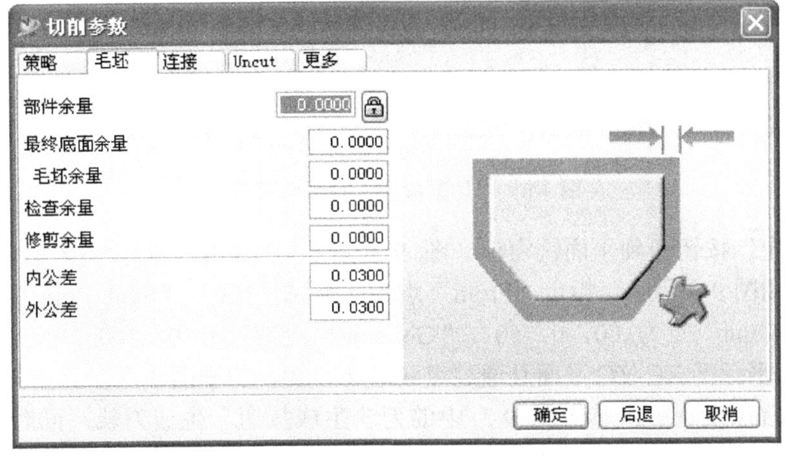

图 9-8　“切削参数”对话框

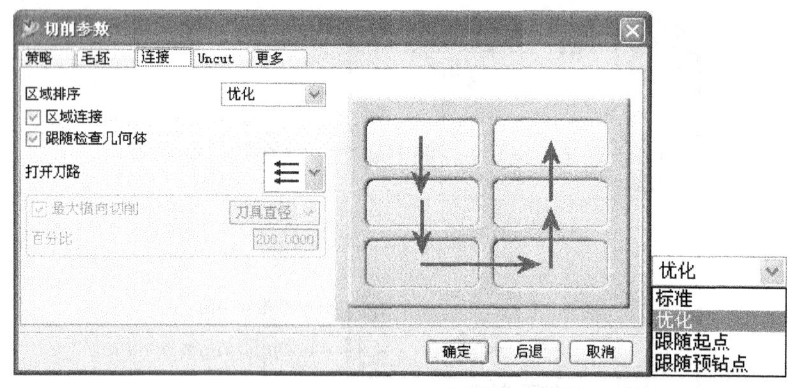

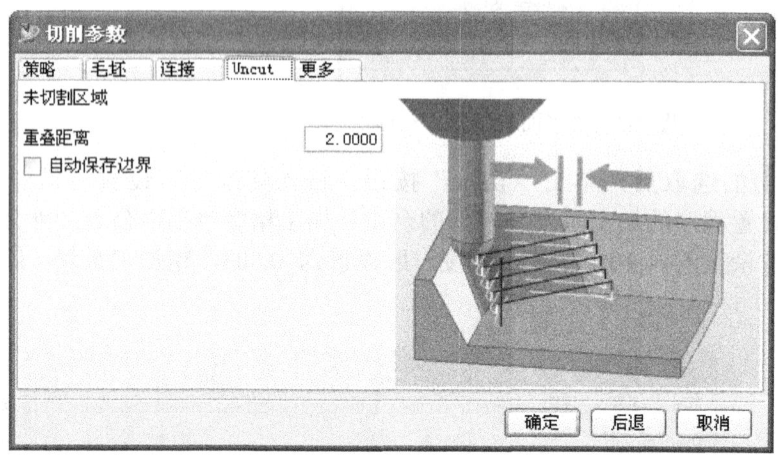

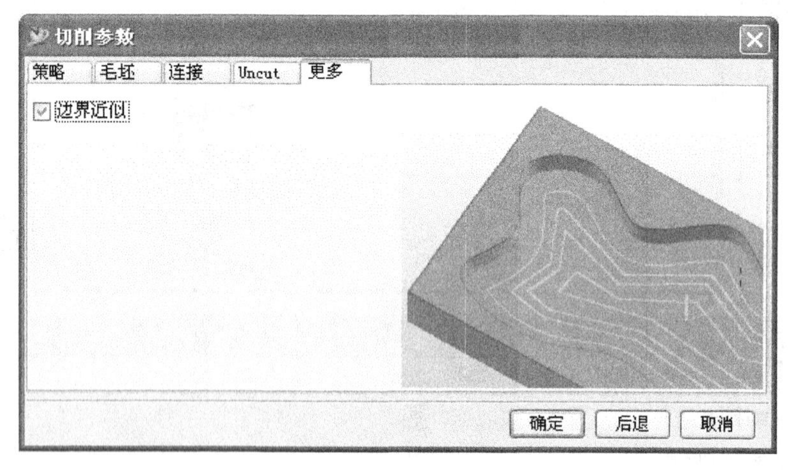

图 9-8 “切削参数”对话框（续）

单击“确定”按钮回到平面铣窗口（图 9-3 所示），单击“避让”按钮，进入刀具避让设置对话框，如图 9-9 所示。指定“From”点为（0，0，100），“Start Point”点为（0，0，50），“Return Point”点为（0，0，50），“Gohome”点为（0，0，100），“Clearance Plane”（安全平面）为平行于 XC-YC 平面且通过点（0，0，20）的平面。

完成刀具避让设置后，单击图 9-3 中的刀轨生成按钮，生成刀轨，同时弹出“显示参数”对话框，如图 9-10 所示，单击“确定”按钮，生成刀具轨迹如图 9-11 所示。

图 9-9　刀具避让设置对话框

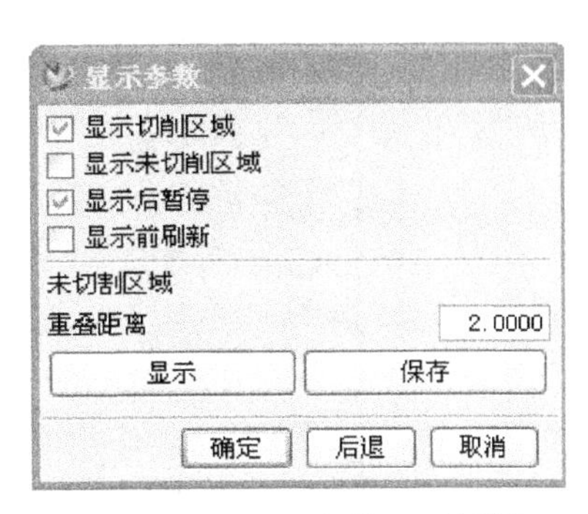

图 9-10　“显示参数”对话框

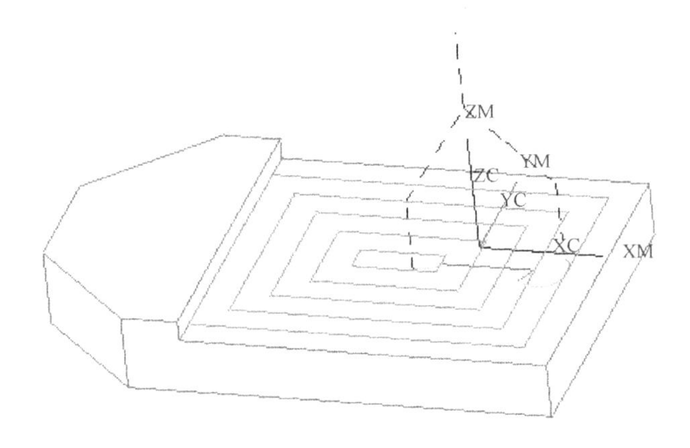

图 9-11　零件底面刀具加工轨迹

如果需要使用平面铣进行多层切削，则在图 9-3 中选中“部件”按钮，单击“编辑”按钮进入“编辑边界”对话框，如图 9-12 所示。在“平面”选项对应的下拉菜单中选择“用户定义”，使用平面构造器定义切削的起始层，单击“确定”按钮回到平面铣对话框。

在平面铣对话框，单击“ 切削深度 ”按钮进入“切削深度参数”对话框，如图 9-13 所示，设置最大深度为 2.00，单击“确定”按钮，重新生成刀轨，如图 9-14 所示。

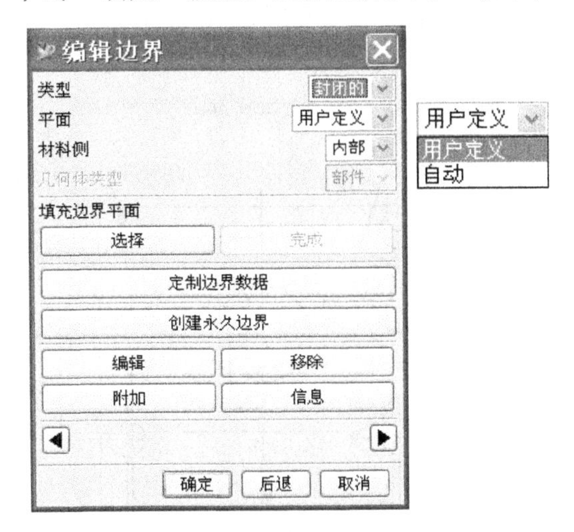

图 9-12　“编辑边界”对话框

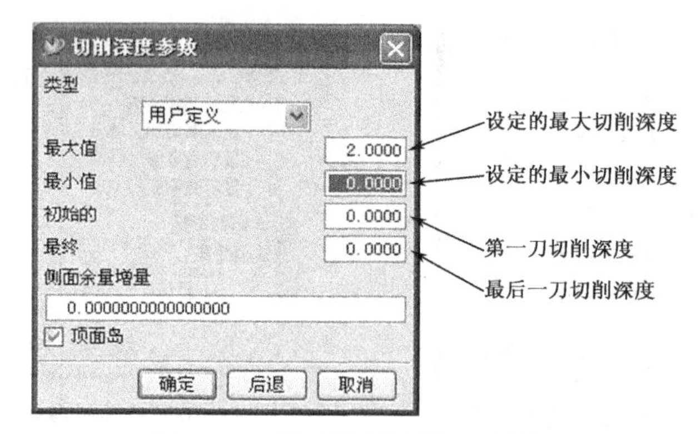

图 9-13　“切削深度参数”对话框

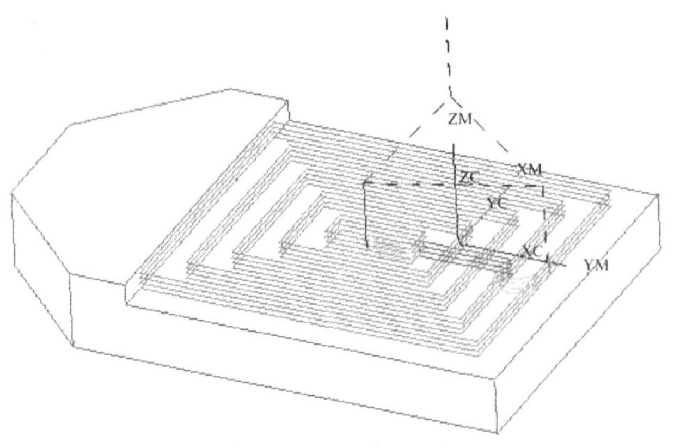

图 9-14　生成刀具轨迹

9.3　平面铣加工实例

下面以图 9-15 所示模座为例，介绍 UG 平面铣加工的方法。

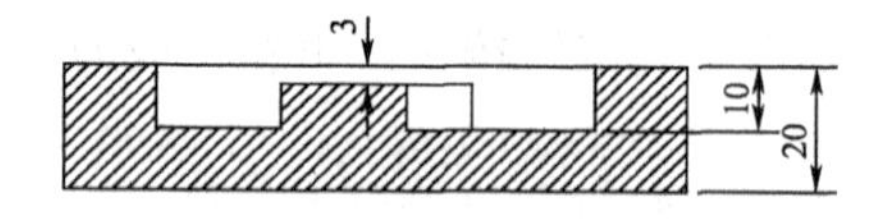

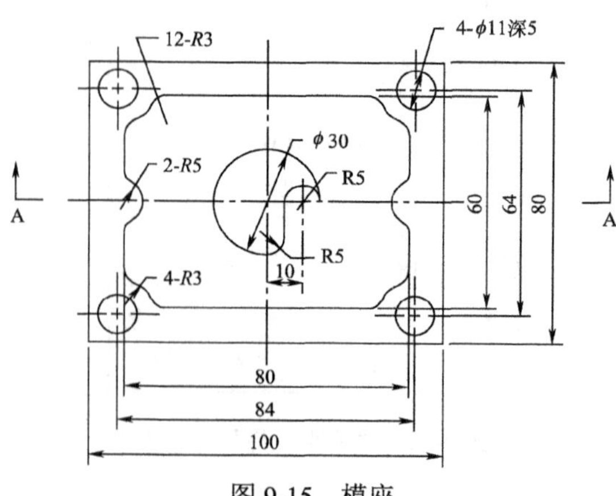

图 9-15　模座

1．零件实体建模

进入 UG 建模模块，在 XC-YC 平面上绘制如零件主视图所示的截面线串。拉伸时注意将坐标原点设在工件顶面的中心上，得到零件的实体模型如图 9-16 所示。

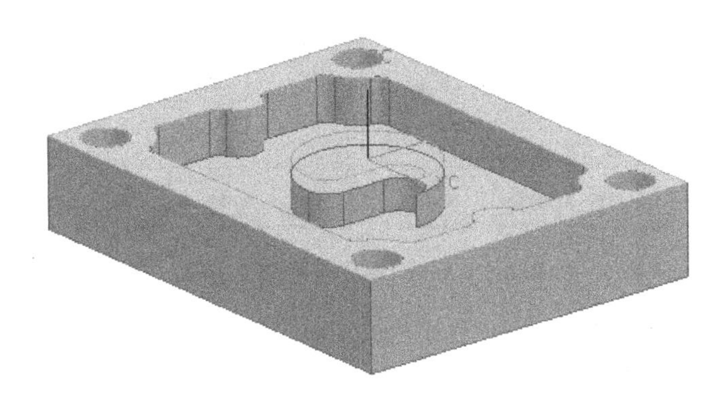

图 9-16　模座实体模型

2．设置加工环境

单击“起始”→“加工”选项，进入 UG 加工模块。选中“CAM 会话配置”栏中的“cam-general”项和“CAM 设置”栏中的“mill_planar”项，单击“初始化”命令按钮，结束加工环境设置，进入数控加工操作界面。

3．创建几何体

单击“操作导航器”工具条右侧的下拉箭头，将其切换成几何视图“”，然后在屏幕右侧的导航器中，单击操作导航器按钮“”，出现如图 9-17 所示对话框，右键单击“MCS_MILL”，将其删除。

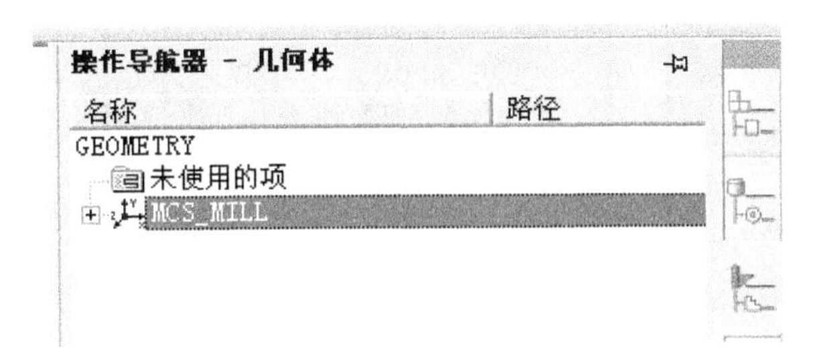

图 9-17　“操作导航器-几何体”对话框

单击“加工创建”工具条上的“创建几何体”按钮，在出现的“创建几何体”对话框中，再次检查最上面一栏“类型”中是否为“mill-planar”（平面铣），如图 9-18 所示，如果不是，可以单击右边的下拉箭头修改。单击“子类型”中的“”按钮，输入坐标系名称，然后单击“应用”按钮，弹出“MCS”机床坐标系对话框，此时观察绘图区中系统生成的加工坐标系是不是之前设定的，如果是直接单击“确定”按钮，如果不是，参照第 8 章相关内容进行重新设置。

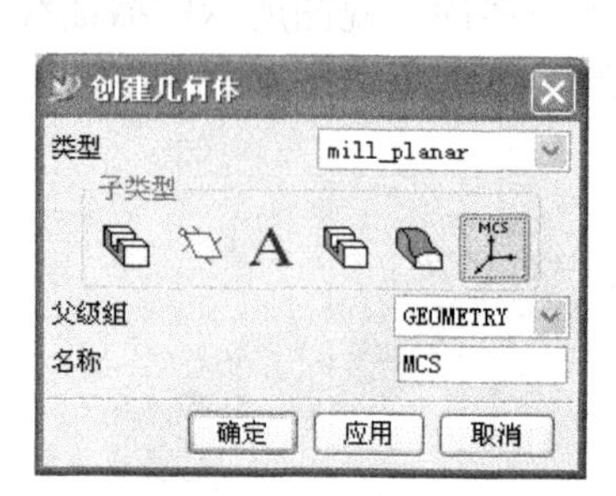

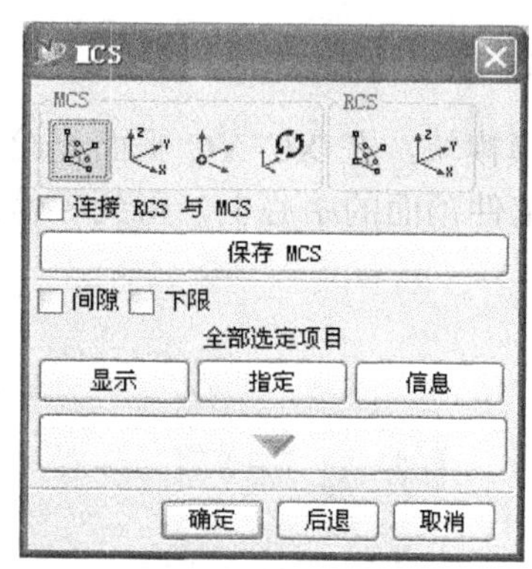

图 9-18 “创建几何体”对话框

单击“子类型”中左边第一个“ ”（WORKPIECE）按钮，把“父本组”变成刚建立的坐标系，输入几何体的名称，确定后弹出“工件”对话框，如图 9-19 所示，选择左边第一项“工件”，单击“选择”按钮，弹出新的“工件几何体”对话框，如图 9-20 所示，选择“几何体”、过滤方式“体”，单击“全选”，整个工件变为红色，单击“确定”返回上一层。

选择第二项“隐藏”，单击“选择”，弹出“毛坯几何体”对话框，如图 9-21 所示，选择“自动块”假定工件顶面留有 2mm 的加工余量，四周和地面已加工完毕，则需在“ZM+”栏输入“2”，单击“确定”返回上一层，还可以单击“Material”对工件材料进行相应的设置。

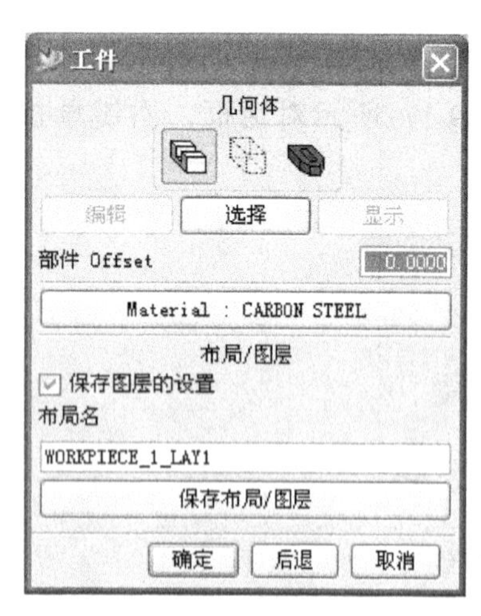

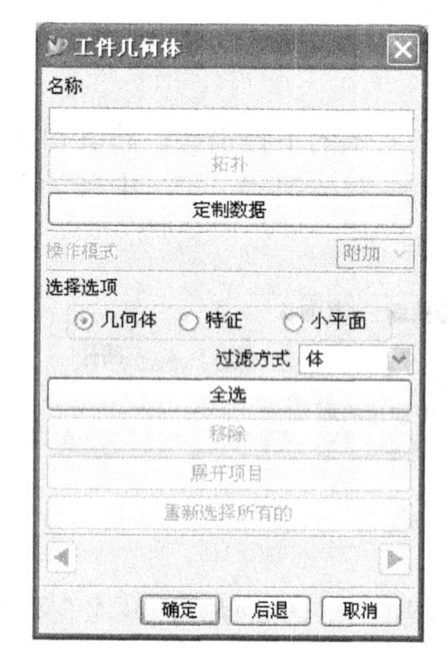

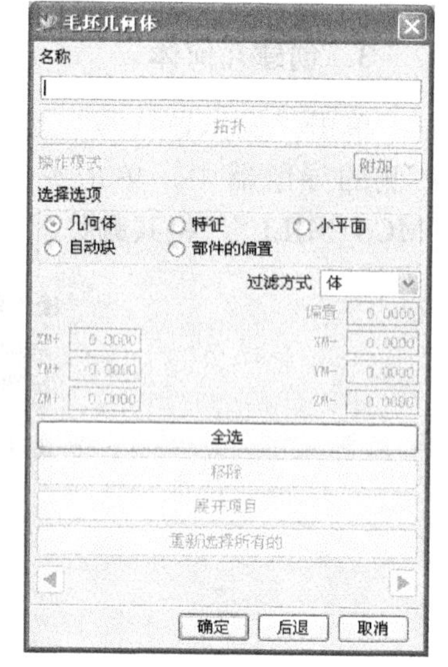

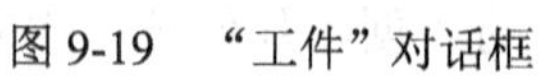

图 9-19 “工件”对话框　　图 9-20 “工件几何体”对话框　　图 9-21 “毛坯几何体”对话框

4．铣削上表面

单击“加工创建”工具条上的“创建刀具”按钮，弹出“创建刀具”对话框，依照本章 9.1 节所述创建一把 D30 的刀具。

单击“创建操作”命令，在出现的“创建操作”对话框上，“类型”选择为“mill-planar”（平面铣）；“子类型”选择为第一行第二个图标“面铣”；其他选项如图 9-22 所示。

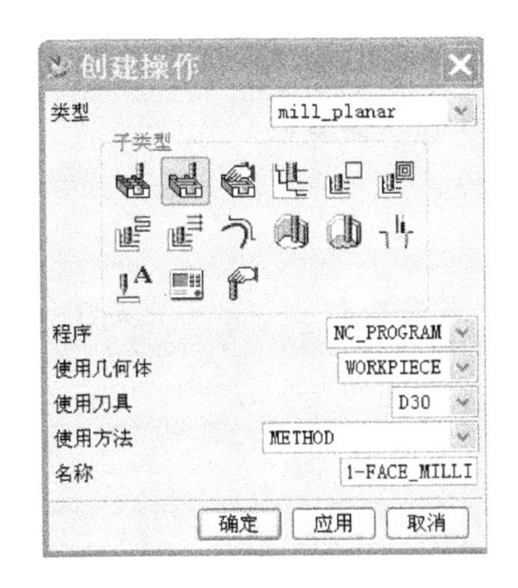

图 9-22　“创建操作”对话框

单击“确定”按钮，弹出“FACE_MILLING”（面铣）对话框，如图 9-22 所示，选择“几何体”中第二个图标“面”，单击“选择”按钮，进入“面几何体”对话框，“过滤器类型”为“面边界”，然后用鼠标左键选中工件上表面，单击“确定”返回上一层。“FACE_MILLING”、“面几何体”对话框中其他参数的设置如图 9-23 所示。

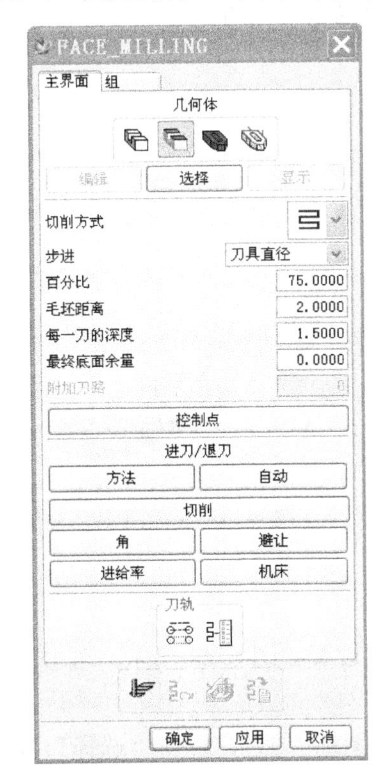

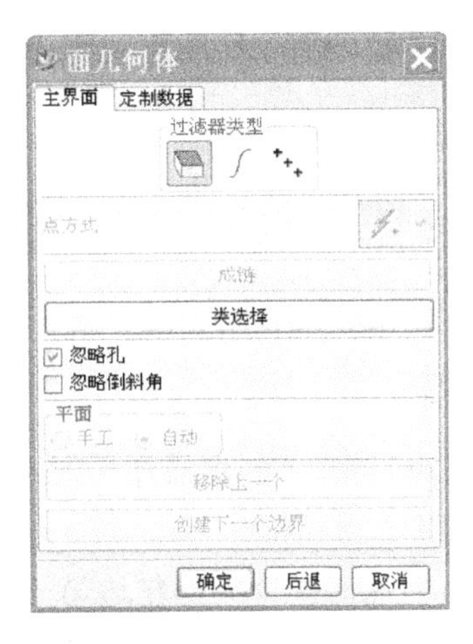

图 9-23　“FACE_MILLING”（面铣）、“面几何体”对话框

“进刀/退刀”、“角”和“切削”选项可取默认状态，无须设置。单击“进给率”按钮，设定“主轴转速”、“剪切”等参数。单击“避让”按钮，设定“安全距离”参数，在弹出的对话框中选中第五个“Clearance-Plane-无”，单击“确定”按钮后出现“安全平面”对话框，选择“指定”，单击“确定”按钮后弹出“平面构造器”对话框，选择“XC-YC”，在“偏置”栏内输入偏置距离。设置完毕后，连续单击“确定”按钮返回到“主界面”对话

框。用同样的方法设置“从点”和“返回点”。

用户可根据实际情况自行设置机床参数。

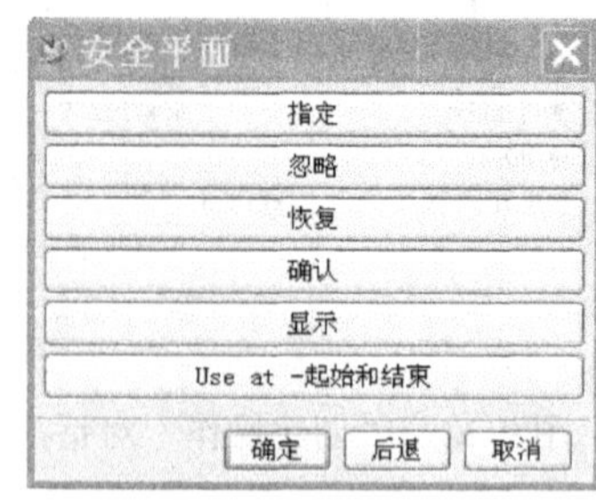

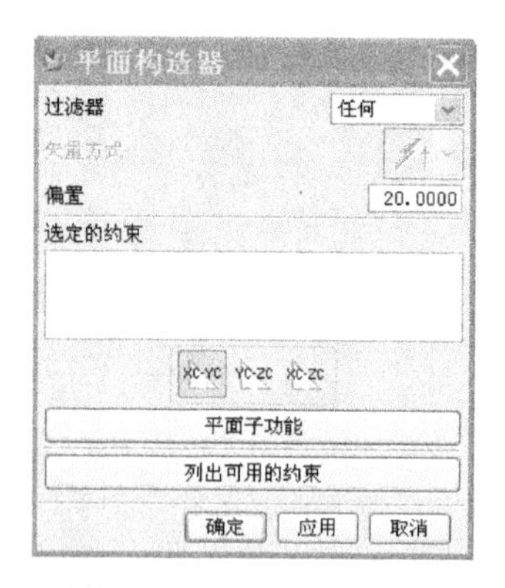

图 9-24 “安全平面”、“平面构造器”对话框

单击“FACE_MILLING”对话框下方左边的“ ”按钮，生成刀具轨迹如图 9-25 所示。单击第三个“ ”按钮，利用“3D 动态”、“2D 动态”观看仿真加工过程，“3D 动态”完成后的工件效果如图 9-26 所示。单击“确定”按钮完成铣顶面的加工操作。

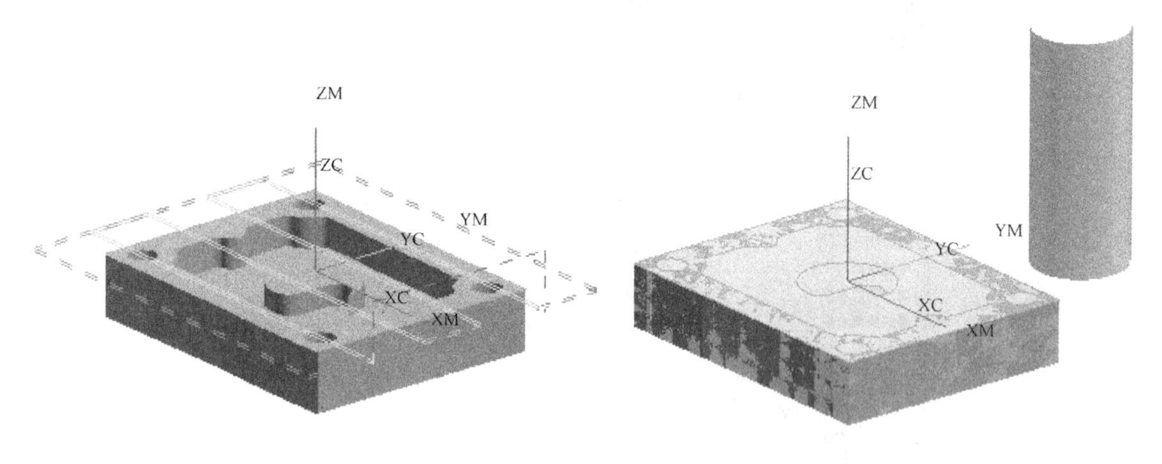

图 9-25 面铣刀具轨迹

图 9-26 3D 模拟加工后的工件

5．粗铣大凹槽

创建一把 D8 的刀具。“创建操作”对话框设置如图 9-27 所示，单击“确定”按钮后弹出“PLANAR_MILL”对话框。

选择主界面上“几何体”类型左边第一个图标“ ”，单击“选择”按钮，弹出“边界几何体”对话框，如图 9-28 所示，模式选择“曲线/边”，则弹出“创建边界”对话框，完成设置如图 9-29 所示，单击“成链”按钮，弹出“成链”对话框，此时用鼠标左键选中工件模型上大凹槽的一段曲线（变为红色），单击“成链”对话框上的“确定”按钮，选中整个轮廓曲线，如图 9-30 所示。

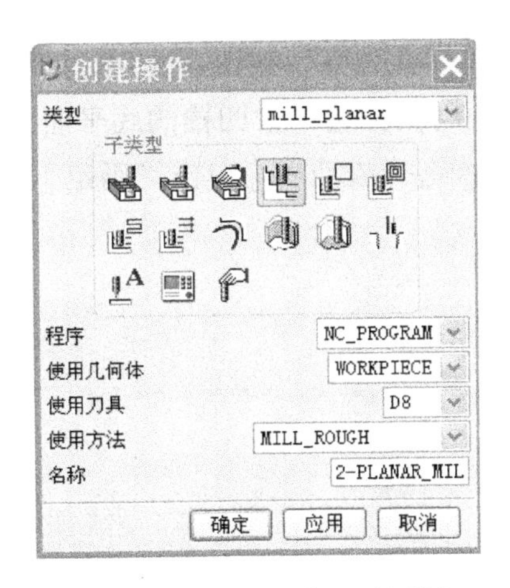

图 9-27 “创建操作”对话框

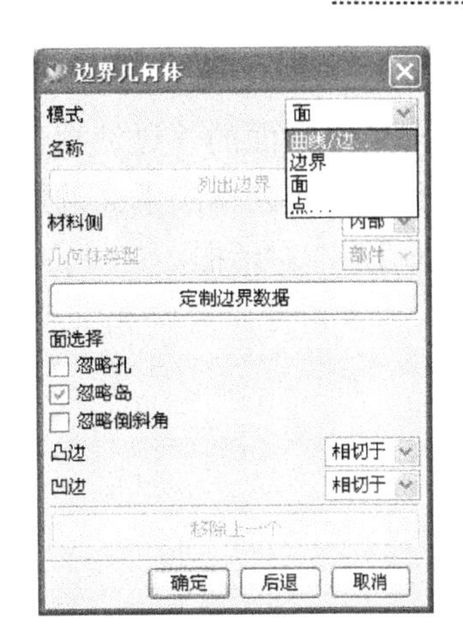

图 9-28 “边界几何体”对话框

图 9-29 “创建边界”对话框

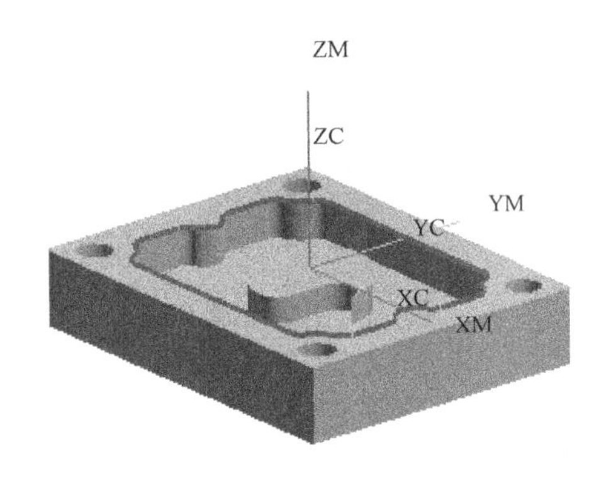

图 9-30 凹槽轮廓曲线

单击“创建边界”对话框上的“创建下一个边界”按钮，重新设置各个选项，类型：封闭的；材料侧：内部；刀位：相切于。如图 9-31 所示。

单击“平面”右侧的下拉箭头，选择“用户定义”，弹出“平面”对话框，设置 ZC 常数为-3.00，如图 9-32 所示，单击“确定”按钮返回“创建边界”对话框，单击“成链”按钮，用鼠标左键选中模型中间的凸台上的一段蓝色草图曲线，单击“确定”按钮返回“创建边界”，再依次单击“确定”按钮返回“PLANAR_MILL”对话框。

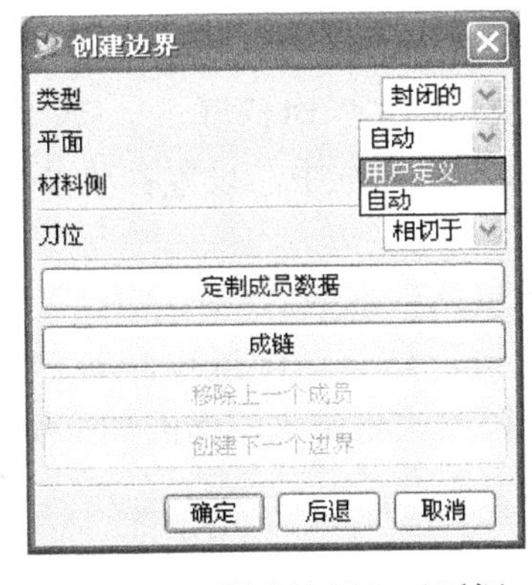

图 9-31 “创建边界”对话框

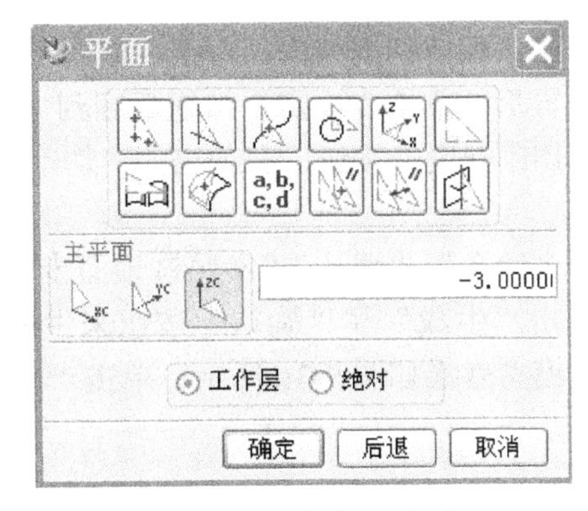

图 9-32 “平面”对话框

选中“主界面”选项卡上的“底面”图标，单击“选择”按钮，弹出“平面构造器”对话框。将对话框上面的“过滤器”选择为“面”，用鼠标选中大凹槽的底平面，如图 9-33 所示。此底平面将作为本次平面铣加工的最终底面。选择成功后，单击“确定”按钮，返回“PLANAR_MILL”对话框。

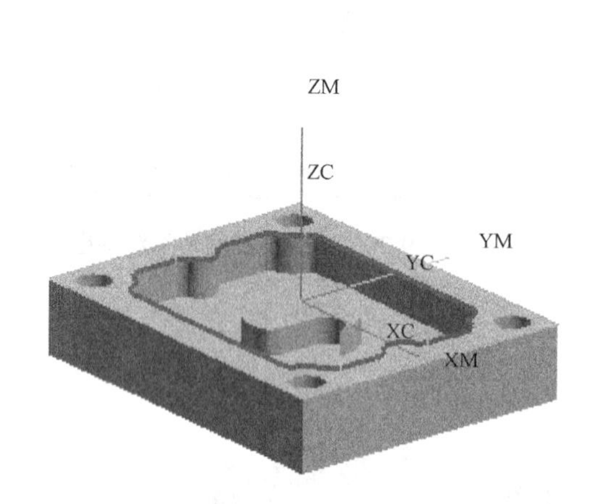

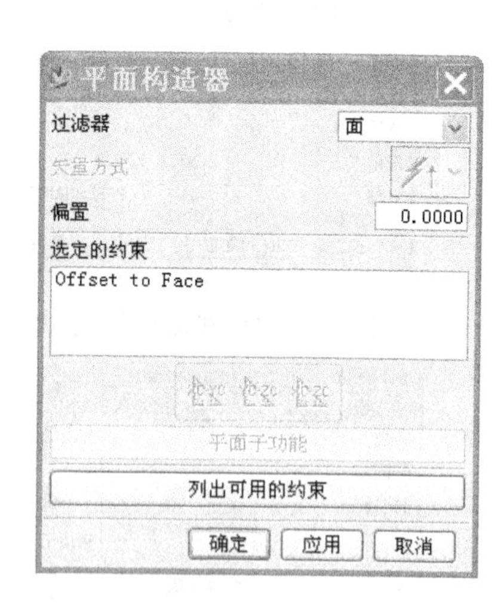

图 9-33　设定铣削的底平面

切削方式：跟随工件；
步进：刀具直径；
百分比：50。

单击进刀/退刀栏下的“自动”按钮，弹出“自动进刀/退刀”对话框，如图 9-34 所示，设置完成后，单击“确定”按钮返回上一层。

单击“切削”命令，在弹出的“切削参数”对话框中，主要参数设置如下：

切削顺序：层优先；
切削方向：顺铣切削；
部件余量：0.5；
最终底面余量：0.5；
区域排序：优化；
打开刀路：保持切削方向。

完成设置后，单击“确定”按钮返回到“PLANAR_MILL”对话框。

单击“切削深度”按钮，在弹出的“切削深度参数”对话框中，设置各项参数如图 9-35 所示。

设置“进给率”、“避让”“参照铣顶面步骤”和“机床”参数。

分别单击“生成”和“确认”按钮来生成刀具轨迹，仿真铣削过程，其刀具轨迹和仿真加工后的模型效果如图 9-36 所示。单击“确定”按钮完成粗铣大凹槽的加工操作。

自动进刀/退刀

倾斜类型	螺旋的
斜角	5.0000
螺旋的直径 %	90.0000
最小斜面长度 - 直径 %	0.0000
自动类型	圆的
圆弧半径	7.0000
激活区间	3.0000
重叠距离	5.0000
退刀间距	2.0000

确定　后退　取消

图 9-34　“自动进刀/退刀”对话框

图 9-35　“切削深度参数”对话框

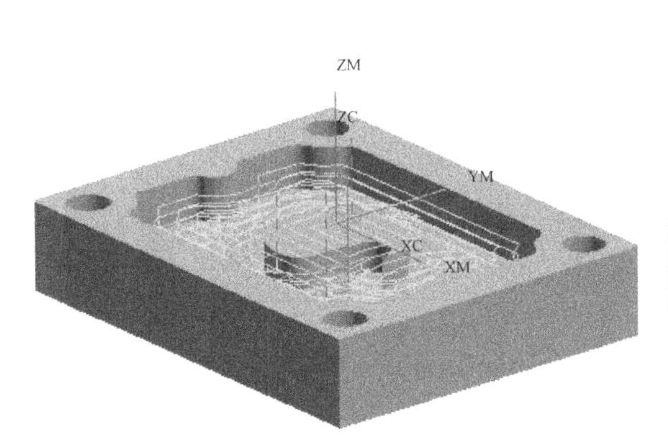

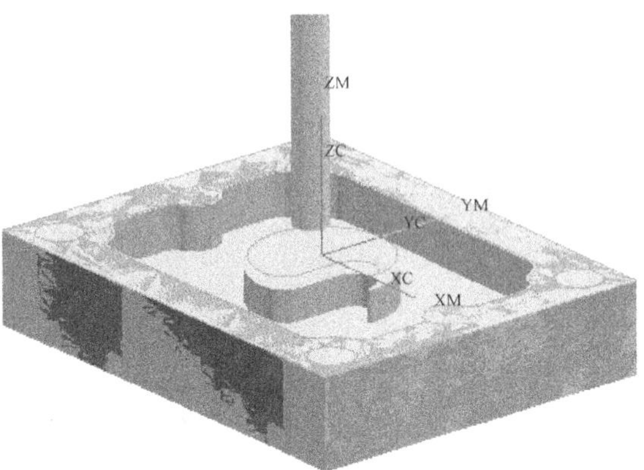

图 9-36　粗铣大凹槽的刀具轨迹和仿真加工后的模型

6. 粗铣 4-ϕ10 深 5 孔

“创建操作”对话框设置同粗铣大凹槽，单击“确定”按钮后弹出“PLANAR_MILL”对话框。

选择主界面上“几何体”类型左边第一个图标“”，单击“选择”按钮，弹出“边界几何体”对话框，模式选择“曲线/边”，则弹出“创建边界”对话框，把“材料侧”改为“外部”，鼠标左键选中一个ϕ10 孔曲线（变红色），单击“创建下一个边界”，重复上述操作直至四个ϕ10 孔边界都被选中，依次单击“确定”按钮，返回“PLANAR_MILL”对话框。

选中“主界面”选项卡上的“底面”图标，单击“选择”按钮，弹出“平面构造器”对话框。将对话框中的“过滤器”选择为“面”，用鼠标选中一个ϕ10 孔的底平面，此底平面将作为本次铣削加工的最终底面。选择成功后，单击“确定”按钮，返回到“PLANAR_MILL”对话框。

其他各项设置参照“铣削大凹槽”的设置，但“切削”选项卡下的“切削顺序”与上一次不同，应改为“深度优先”（自行体会两者之间的区别）。

分别单击“生成”和“确认”按钮来生成刀具轨迹、仿真铣削过程，其刀具轨迹和仿真加工后的模型效果如图 9-37 所示。单击“确定”按钮完成粗铣ϕ10 深 5 孔的加工操作。

7. 精铣大凹槽

创建一把 D5 的刀具。“创建操作”对话框设置如图 9-38 所示，单击“确定”按钮后弹出“PLANAR_MILL”对话框。

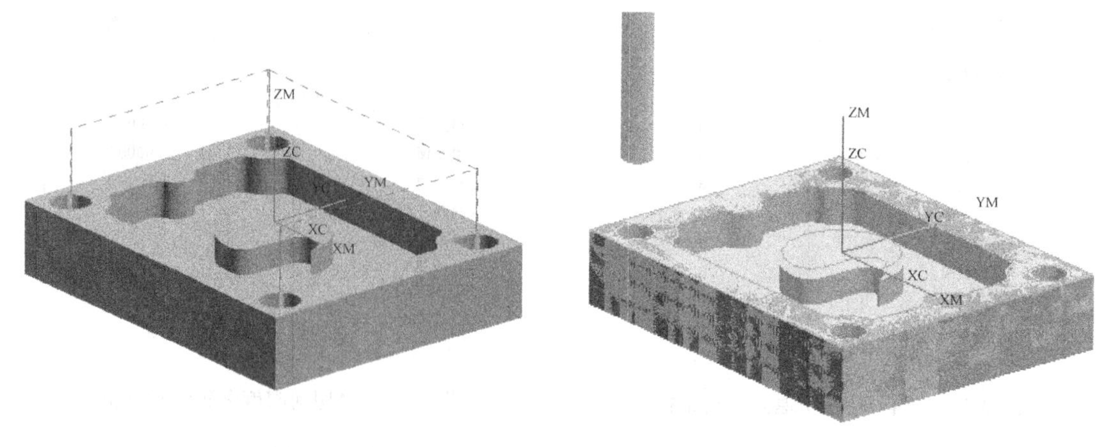

图 9-37　粗铣 4-ϕ10 孔的刀具轨迹和仿真加工后的模型

图 9-38　“创建操作”对话框

创建精铣大凹槽的步骤与设置方法与粗铣基本相同，所不同的是“主界面“上切削方式选择“跟随周边”。

切削：部件余量：0.5；最终底面余量：0.5；清壁在终点；设置公差。

进给率：按精加工的切削用量进行设置。

分别单击“生成”和“确认”按钮来生成刀具轨迹，仿真铣削过程，其刀具轨迹和仿真加工后的模型效果如图 9-39 所示。单击“确定”按钮完成精铣大凹槽的加工操作。

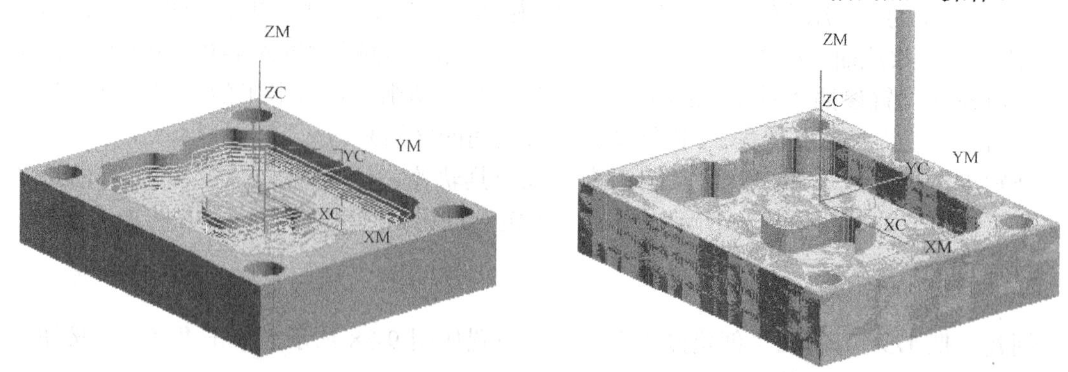

图 9-39　精铣大凹槽的刀具轨迹和仿真加工后的模型

8．精铣 4-ϕ10 深 5 孔

创建精铣 4-ϕ10 深 5 孔的设置与步骤请读者参照前几步的介绍自行完成，不再赘述。

习题 9

1．绘制如图 9-40 所示的三维图并生成平面加工刀路。

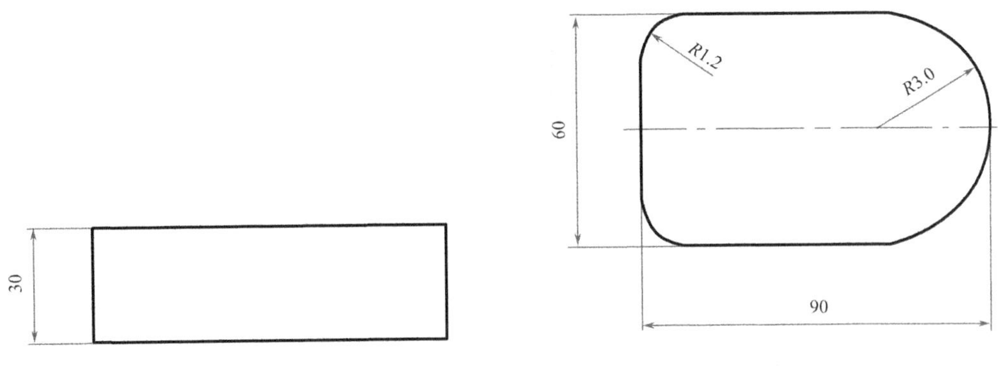

图 9-40　题 1 图

2．绘制如图 9-41 所示的三维图并生成平面加工刀路。

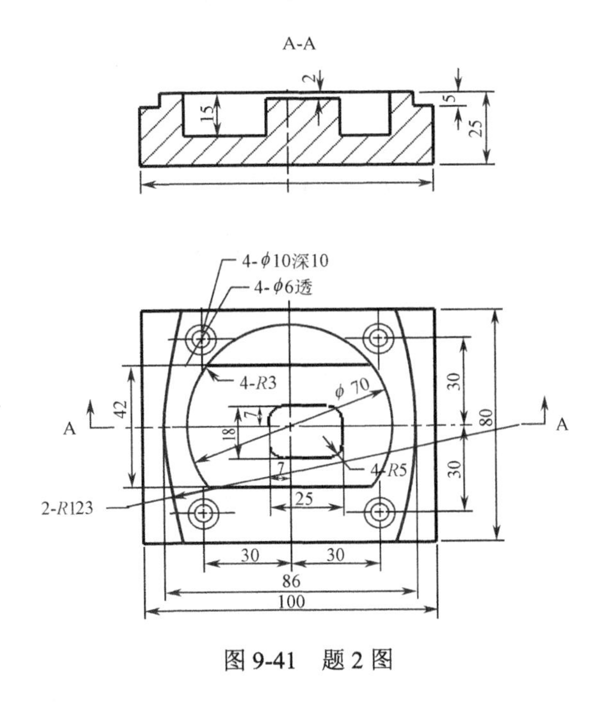

图 9-41　题 2 图

3．绘制如图 9-42 所示的三维图并生成平面加工刀路。

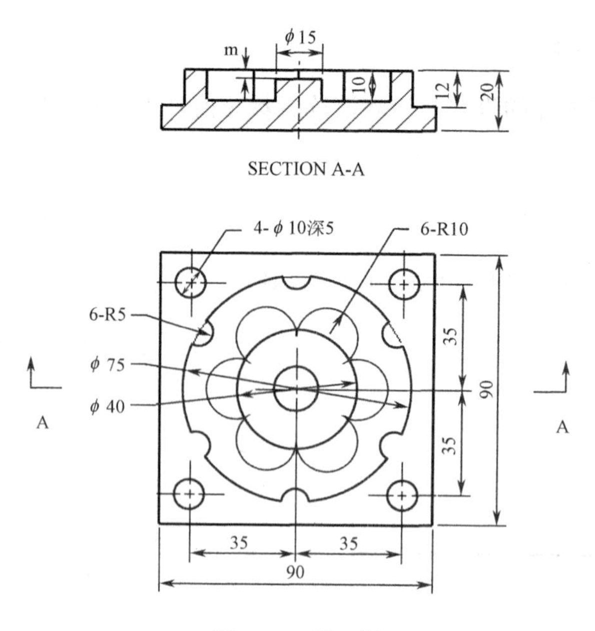

图 9-42　题 3 图

4．绘制如图 9-43 所示的三维图并生成平面加工刀路。

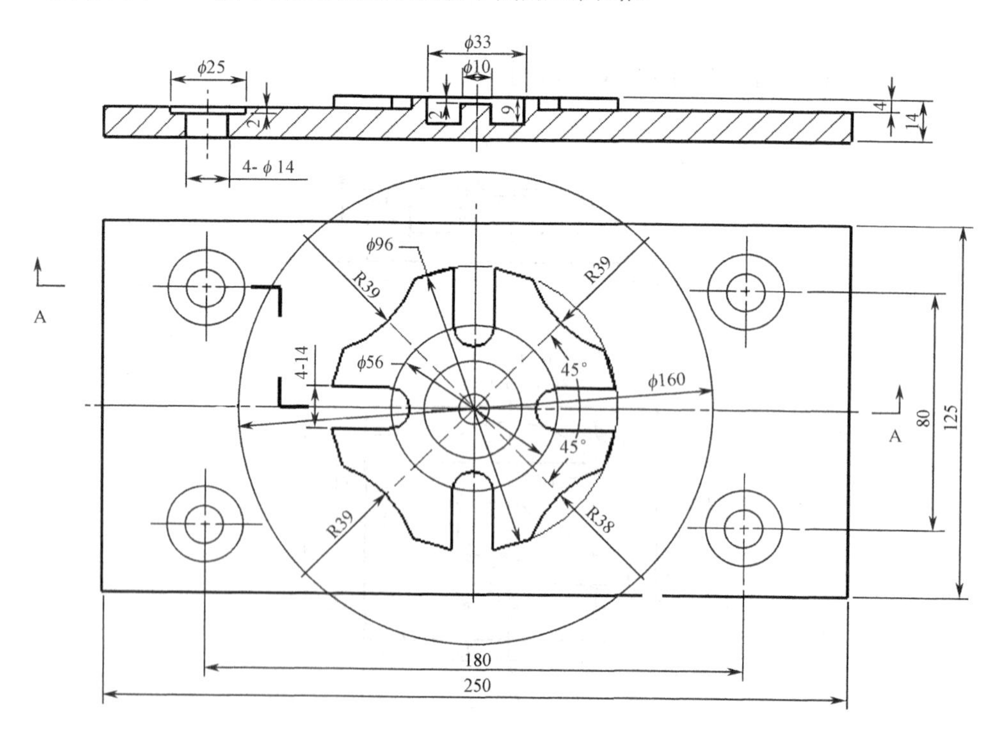

图 9-43　题 4 图

型腔铣加工

型腔铣是在数控加工时应用较多的铣削方式，一般应用型腔铣进行粗加工的主要作用是大量去除工件余料，同时要保证工件表面适当留量，以便进行精加工。而应用型腔铣进行精加工时，一般只用于加工脱模斜度不大的侧面。

10.1 新概念介绍

- 毛坯（blank）：表示实际零件在进行加工前具有几何形状的几何体。毛坯体与零件体之间的材料为切削材料，即加工中要去除的材料。
- 切削范围（range）：用于指定切削深度。每个程序中，最多允许有10个切削范围。
- 切削层（cut levels）：用于定义当前切削范围内每层的切削深度。例如，切削范围为10，切削层为1，则需要切削10层。

10.2 参数设置及生成刀轨

打开需加工零件的文件，进入加工模块，选择 mill_contour。新建一把 *R*10 的球头铣刀，新建一刀轨，在子类型中选择 CAVITY_MILL，刀具选项中选择所建立的刀具，单击“确定”按钮进入型腔铣菜单，如图10-1所示。

将文件的第一层设置为工作层，选取加工几何体，如图 10-2 所示。再将文件的第二层打开，选取毛坯几何体，如图10-3所示。

选择完加工几何体后，切削层按钮“切削层”变为可选，单击切削层按钮，进入切削层参数设置窗口，单击“用户定义”按钮，设置切削层，并设置每层切削深度为2 mm，如图10-4所示。

利用前面讲过的知识，设置进退刀方法、切削参数和刀具避让，注意在粗加工程序中，切削精度设置为0.03，侧壁余量0.3 mm，底面余量0.2 mm。使用球头铣刀进行粗加工时，切削步进一般选择刀具直径，百分比设置为30（表示步进为刀具直径的30%）。

设置完所有参数后，单击生成刀轨按钮，生成刀具轨迹，如图10-5所示。

图 10-1　参数设置

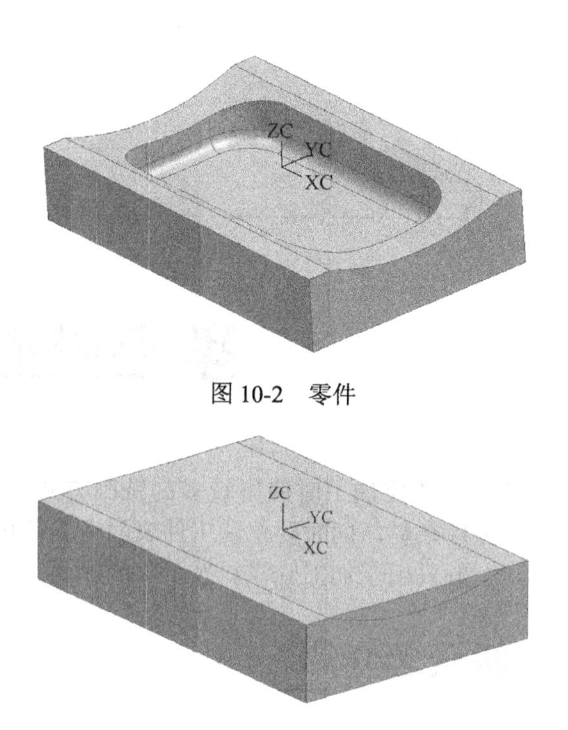

图 10-2　零件

图 10-3　毛坯图

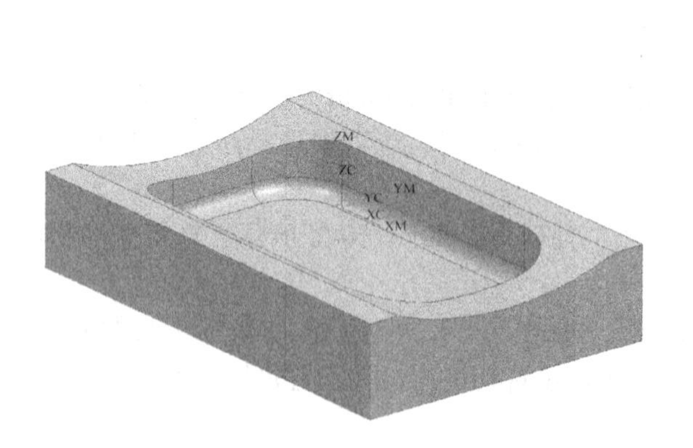

图 10-4　切削层参数设置

NOTICE　注意

CAVITY_MILL 也可用于精加工，当使用 CAVITY_MILL 进行精加工时，切削方式选择轮廓铣“▭”，附加刀路设置为零（用户可试着将附加刀路设为其他正整数，观察刀具轨迹有何变化），其他参数按照精加工参数进行设置。使用 CAVITY_MILL 进行精加工时，适当调整参数，可实现侧壁的精加工或底面的精加工（不能通过一个程序实现），由于本章所涉及的模型不适合使用 CAVITY_MILL 进行精加工，因此就不再赘述了，请读者自己进行研究。本章所用到的模型如何进行精加工将在下一章详细叙述。

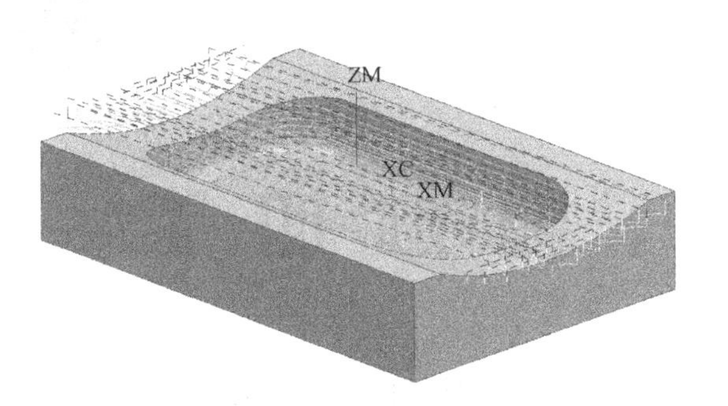

图 10-5　零件的刀具轨迹

习题 10

绘制如图 10-6 所示的三维图并生成刀路（图中未注圆角 *R*10）。

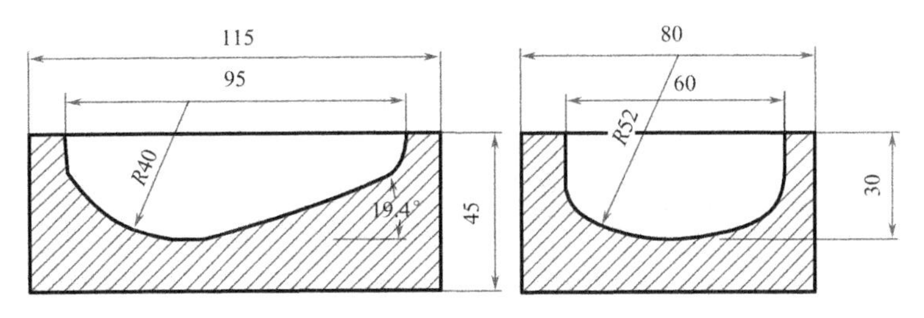

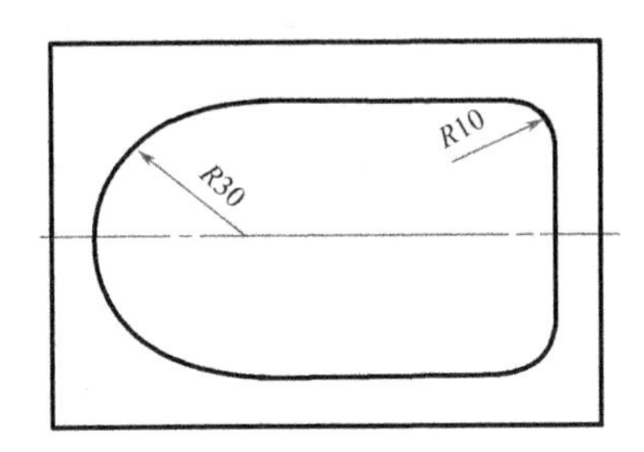

图 10-6　题图

第 11 章 面域加工

面域加工（Area_Milling）一般用于对工件曲面部分的半精加工和精加工。使用面域加工时可以对指定的加工区域进行加工。使用面域加工编写的 NC 程序不进行圆弧插补，而是通过加工精度的控制，将曲面分成若干小段的直线段进行加工，同时控制加工精度会直接影响加工工件的表面质量。

11.1 新概念介绍

- 切削区域：用于定义需要切削的曲面范围。
- 剪裁边界：用于剪裁切削区域内的多余刀路。

11.2 参数设置及生成轨迹

打开需加工零件的模型，新建一把直径为 10 的球头铣刀。创建一个新刀轨，在“子类型”中选择面域加工，如图 11-1 所示，在使用刀具中选择 *R*5 球头铣刀。单击“确定”按钮进入面域参数设置菜单，如图 11-2 所示，可以发现它与前面介绍的参数设置菜单有所不同。

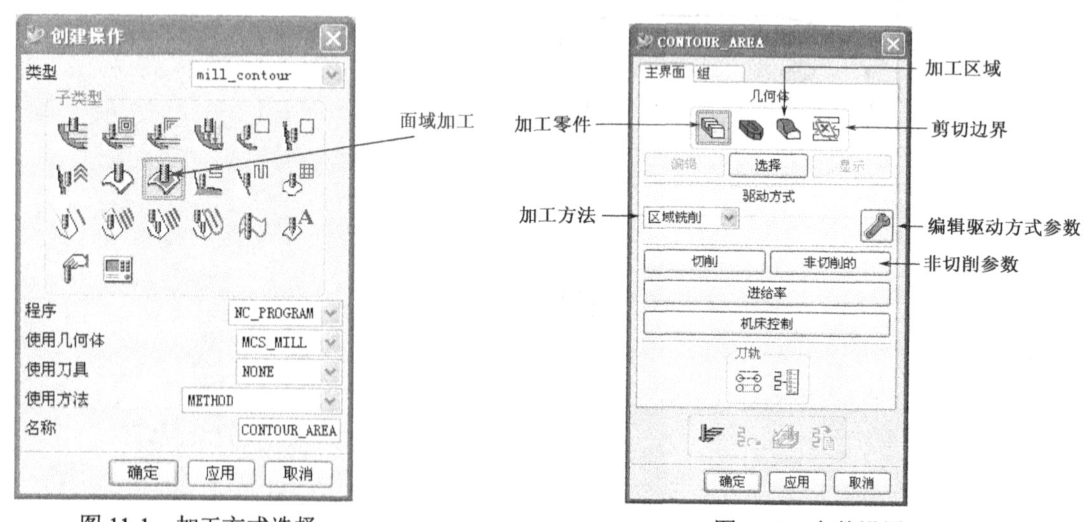

图 11-1　加工方式选择

图 11-2　参数设置

下面主要介绍如何使用面域加工对所选零件模型进行精加工。

在面域加工参数设置菜单中选中加工零件按钮，如图 11-2 所示，单击“选择”按钮，在 UG 模型窗口中选择要进行加工的零件，单击“确定”按钮。再选中加工区域按钮“ ”，单击“选择”按钮，在要加工的零件上选择需要加工的表面，如图 11-3 所示。（注意：所选择的曲面必须是加工零件上的面，否则系统会报错。）

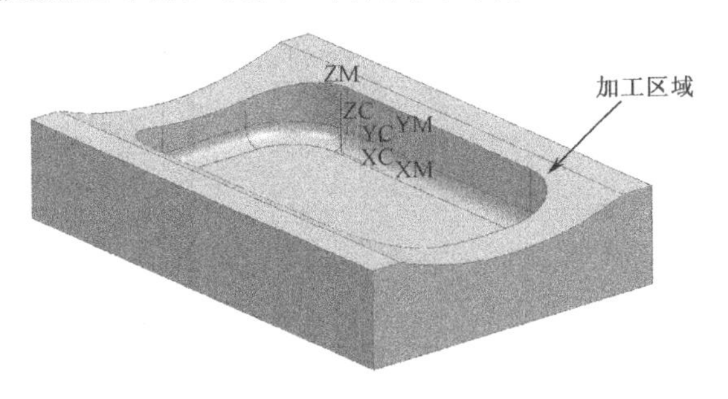

图 11-3 零件图

设置切削精度为 0.003，单击生成刀轨按钮生成刀具轨迹，如图 11-4 所示。

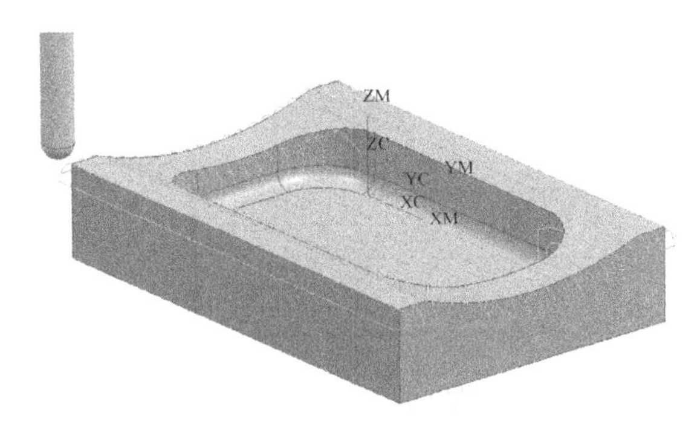

图 11-4 零件的刀具轨迹

下面介绍如何通过编辑驱动方式参数按钮“ ”来修改刀轨。单击“驱动方式编辑”按钮，进入驱动方式编辑对话框，如图 11-5 所示。

➢ 切削图样：即切削方式，共有 5 种切削方式。

① “ ”跟随周边：按照加工区域的外形轮廓对整个切削区域进行铣削。

② “ ”跟随轮廓：按照加工区域的外形轮廓仅对切削区域的边界进行铣削。

③ “ ”平行线：按照平行线方式对整个切削区域进行铣削。

④ “✳”放射线：从加工区域的中心开始按照放射线方式对整个切削区域进行铣削。

⑤ “◎”同心圆：从加工区域的中心开始按照同心圆方式对整个切削区域进行铣削。

此程序中选择平行线方式进行切削，如图 11-5 所示。

➢ 切削类型：即走刀方式，共有 5 种切削类型。

① “ ”zig-zag：往返铣削，顺铣和逆铣交替使用，铣削过程中不抬刀。

② “ ”zig-zag with lifts：往返铣削，顺铣和逆铣交替使用，铣削过程中抬刀。

③ “ ”zig：所有刀路按顺或逆方向铣削，铣削过程中抬刀。

④ “ ”zig with contour：与 zig 方式相似，但对切削区域外形轮廓进行铣削，铣削过程中抬刀。

⑤ “ ”zig with stepover：与 zig 方式相似，但它沿切削区域外形轮廓进刀，铣削过程中抬刀。

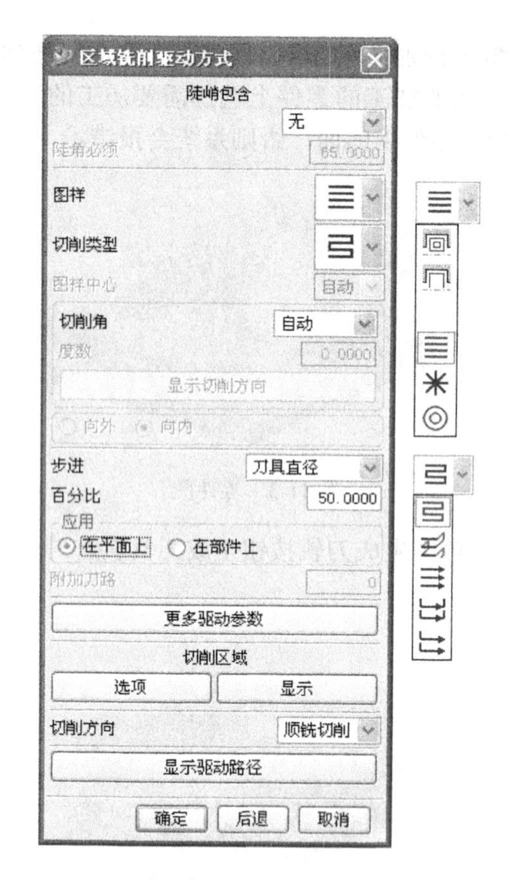

图 11-5　区域铣削驱动方式对话框

此程序中选择 zig-zag 方式进行切削，如图 11-5 所示。

➢ 切削步进：精加工时一般通过选择“残余波峰高度”（即毛刺高度）来控制步进，设置毛刺高度为 0.001mm，如图 11-6 所示。

图 11-6　控制切削步进

➢ 应用：表示驱动路径在加工表面的投影方式，“在平面上”表示驱动路径按照 Z 轴方向投影到加工平面上；“在部件上”表示驱动路径按照加工平面的法向投影到加工平面上。

此程序中选择“在平面上”方式进行切削，如图 11-7 所示。

➢ 切削区域：通过“选项”按钮可以选择或编辑加工起始点，“显示”按钮则在模型上显示切削区域，如图 11-8 所示。

图 11-7　选择应用

图 11-8　切削区域

设置完驱动路径参数后，单击“确定”按钮，回到区域切削对话框，单击“生成刀轨”按钮重新生成刀具轨迹。

11.2　加工实例

下面以图 11-9 所示化妆品瓶凹模为例，详细介绍型腔铣和面域铣的加工方法。

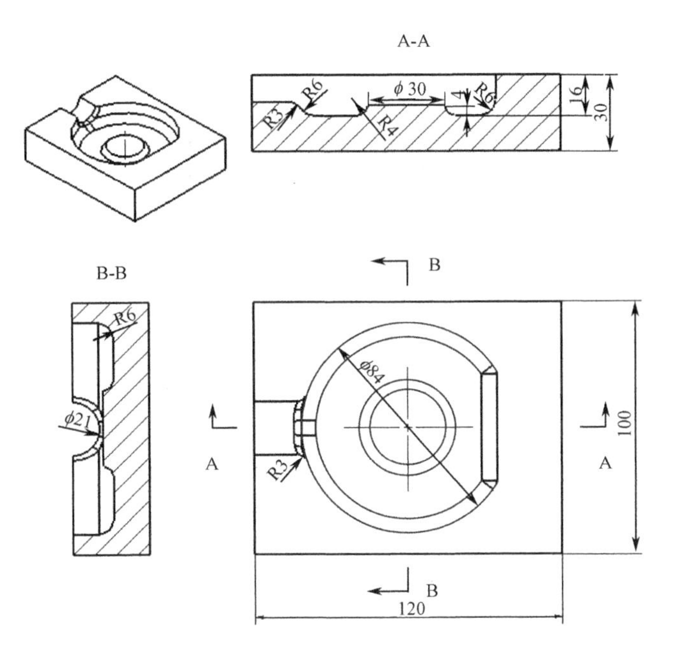

图 11-9　化妆瓶凹模

1．零件实体建模

打开 UG，进入建模模块，建立如图 11-9 所示的化妆瓶凹模的三维实体模型。

2．设置加工环境

单击“起始”→“加工”选项，进入 UG 加工模块。选中“CAM 会话配置”栏里面的“cam-general”项和“CAM 设置”栏里面的“mill_contour”项，单击“初始化”命令按钮，结束加工环境设置，进入数控加工操作界面。

3．创建几何体

创建几何体的方法在第 9 章的实例中已经讲过，这里不再赘述。（此次工件顶面及四周均不留余量）

4．粗铣内腔

单击“加工创建”工具条上的“创建刀具”按钮，弹出“创建刀具”对话框，创建一把 D12R4 的刀具。

单击“创建操作”命令，在出现的“创建操作”对话框上，“类型”选择为“型腔铣”；“子类型”选择为第一行第一个图标“型腔铣”；使用方法为“粗铣”（MILL_ROUGH），其他选项如图11-10所示设置。

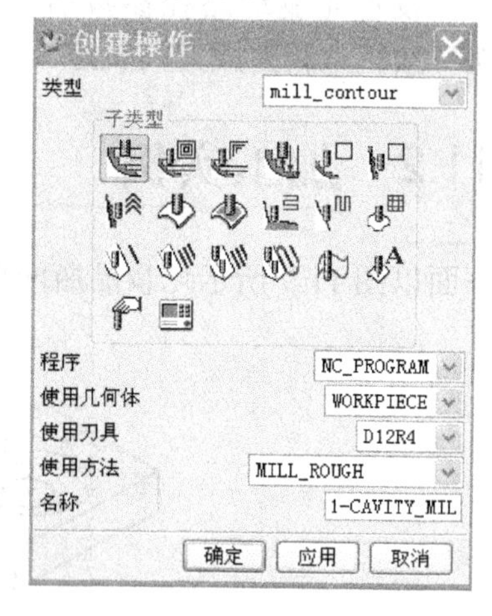

图11-10　“创建操作”对话框

单击“确定”按钮，弹出“型腔铣”对话框（如图11-11所示），在“主界面”选项卡上，设置如下：

切削方式：跟随工件

步进：刀具直径

百分比：50

每一刀的全局深度：2（如果侧壁圆弧半径变化较大，可以在“切削层”中细分切削层，设置不同的深度，本例不需要，感兴趣的读者可以自行设置）

单击“切削”按钮，设置切削参数如下（如图11-12所示）：

图11-11　“型腔铣”对话框

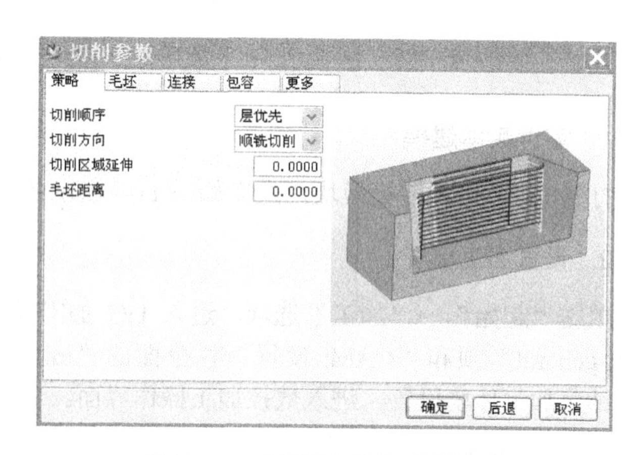

图11-12　“切削参数”对话框

切削顺序：层优先；

切削方向：顺铣切削；

区域排序：优化/√区域连接/√跟随检查几何体；

打开刀路：保持切削方向；

部件侧面余量：1；

部件底部面余量：1；

容错加工：选中。

设置“进刀/退刀”、“进给率”和“避让”等参数，分别单击“生成”和“确认”按钮，生成的刀具轨迹和 3D 仿真加工后的效果如图 11-13 所示。

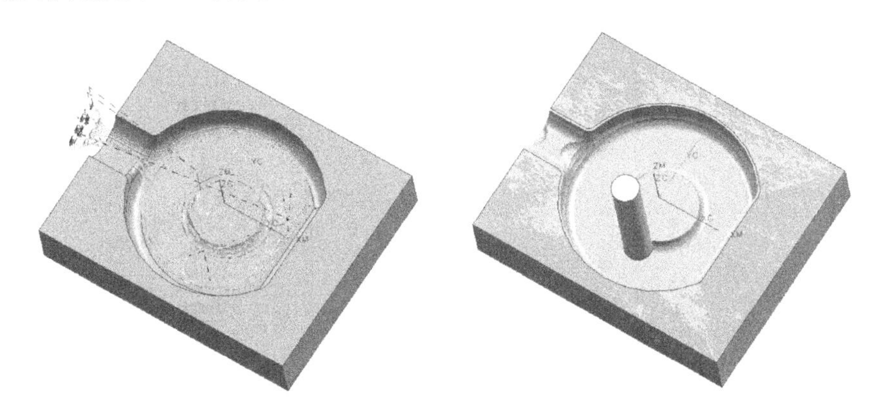

图 11-13　刀具轨迹和 3D 仿真效果

5．半精铣内腔

单击“加工创建”工具条上的“创建刀具”按钮，创建一把 D8R4 的球刀。

单击“创建操作”命令，在出现的“创建操作”对话框上，“类型”选择为“型腔铣”；“子类型”选择为第二行第二个图标“固定轴轮廓铣”；使用方法为“半精铣”（MILL_SEMI_FINISH），其他选项如图 11-14 所示设置。

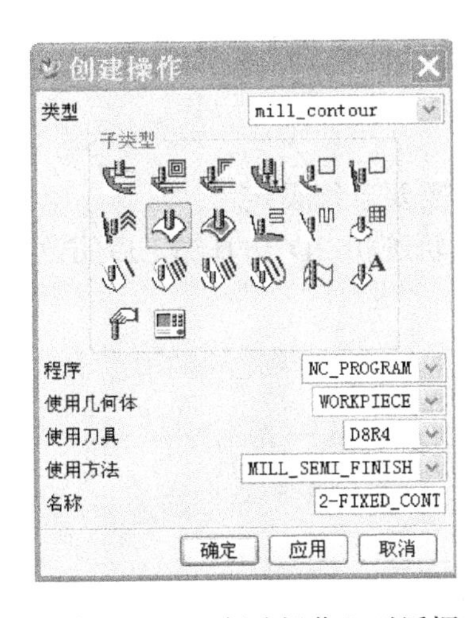

图 11-14　“创建操作”对话框

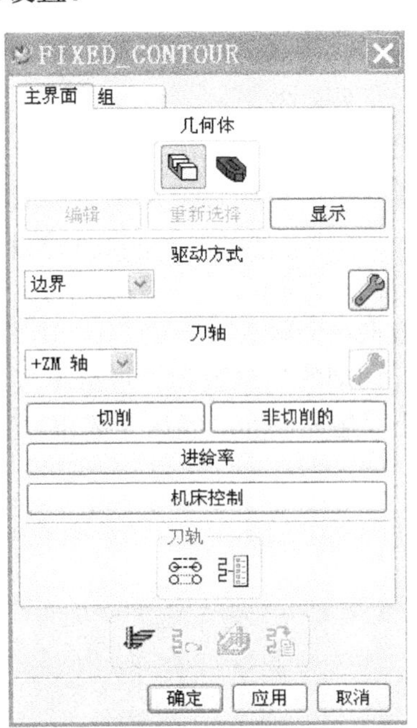

图 11-15　“固定轴轮廓铣”对话框

单击“确定”按钮，弹出“固定轴轮廓铣”对话框（如图 11-15 所示），把其中的“驱动方式”变为“区域铣削”，弹出“区域铣削驱动方式”对话框，其参数按照图 11-16 进行设置。确定后，“固定轴轮廓铣”对话框变成图 11-17 所示界面。

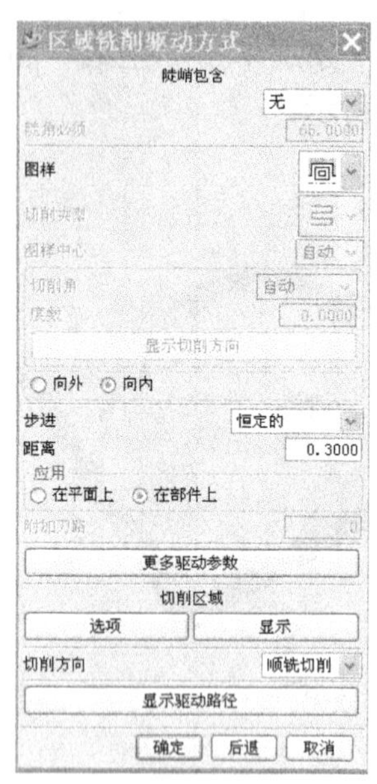

图 11-16 “区域铣削驱动方式”对话框

图 11-17 变更后的“固定轴轮廓铣”对话框

单击“切削”设置切削参数如下：

切削方向：顺铣切削/向内；

工件内/外公差：0.03；

部件余量：0；

过切检查时：警告；

工件安全间距：3；

检查安全距离：3。

其他选项及参数取默认值，确定后返回主界面对话框。

单击“非切削的”弹出“非切削移动”对话框，设置非切削参数如下：

分离：方向：刀轴；　　距离：20；

逼近：方向：刀轴；　　距离：20。

其他“非切削的”参数和“进给率”，根据用户需要自行设定。

分别单击“生成”和“确认”按钮，生成的刀具轨迹和 2D 仿真加工后的效果如图 11-18 所示。

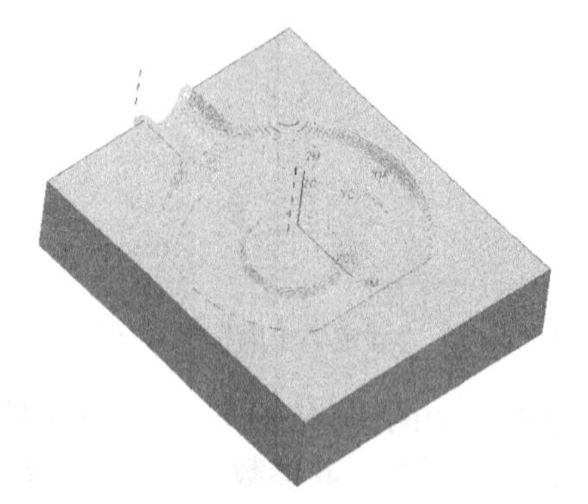

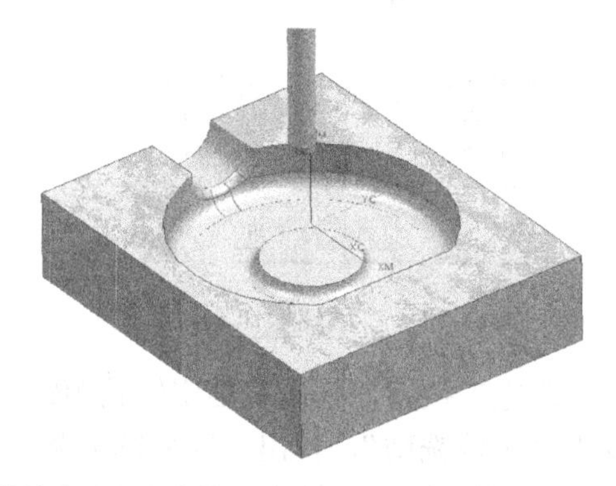

图 11-18 刀具轨迹和 2D 仿真效果

6. 精铣内腔

单击“加工创建”工具条上的“创建刀具”按钮，创建一把D6R3的球刀。

单击“创建操作”命令，在出现的“创建操作”对话框上，“类型”选择为“型腔铣”；“子类型”选择为第二行第三个图标“区域轮廓铣”；使用方法为“精铣”（MILL_FINISH），刀具选“D6R3”，其他选项如图11-19所示设置。单击“确定”按钮后弹出“区域轮廓铣”对话框，如图11-20所示。

单击切削区域按钮“”，再单击“选择”按钮，弹出“切削区域”对话框，用鼠标左键依次选中零件实体模型上所有需要加工的表面，单击“确定”按钮后返回主界面。

驱动方式选择“区域铣削”，弹出“区域铣削驱动方式”对话框，其参数设置如下：

图样：跟随周边；

切削方向：向外/顺铣切削；

步进：残余波峰高度；

高度：0.001。

其他各项参数根据用户需要参照前面所述进行设置。

完成后生成刀具轨迹，进行仿真加工。

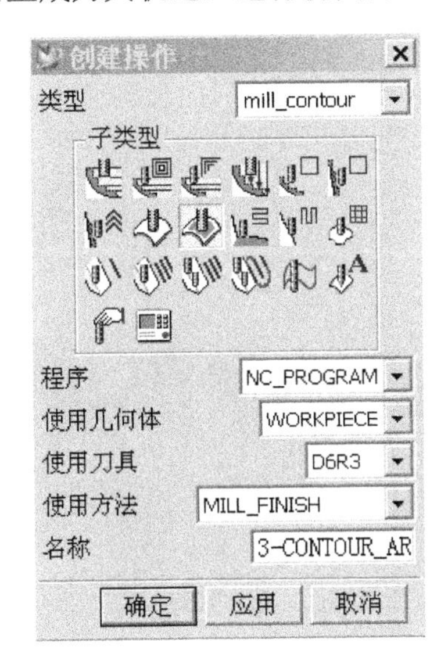

图11-19　“创建操作”对话框

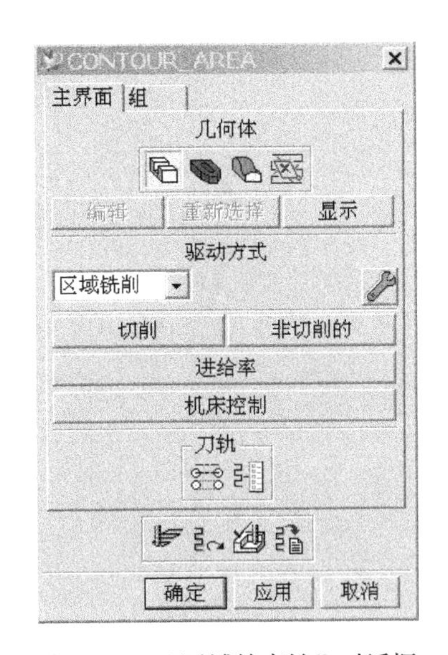

图11-20　“区域轮廓铣”对话框

习题11

在习题10的基础上完成其精加工刀路，如图11-21所示。

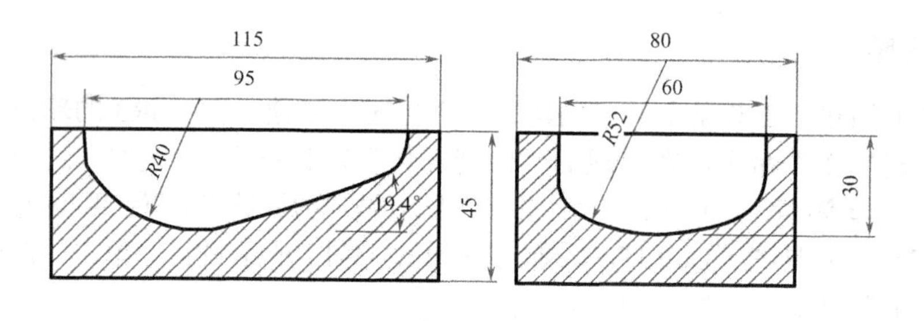

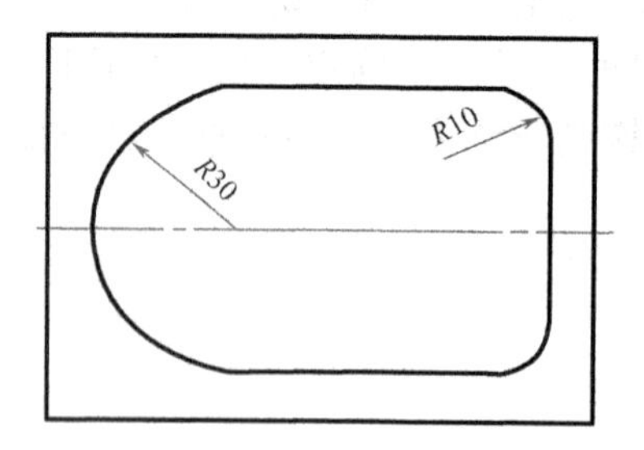

图 11-21　题图

UG 加工综合运用

本章以加工一个壳体为例，介绍 UG 加工的综合运用。

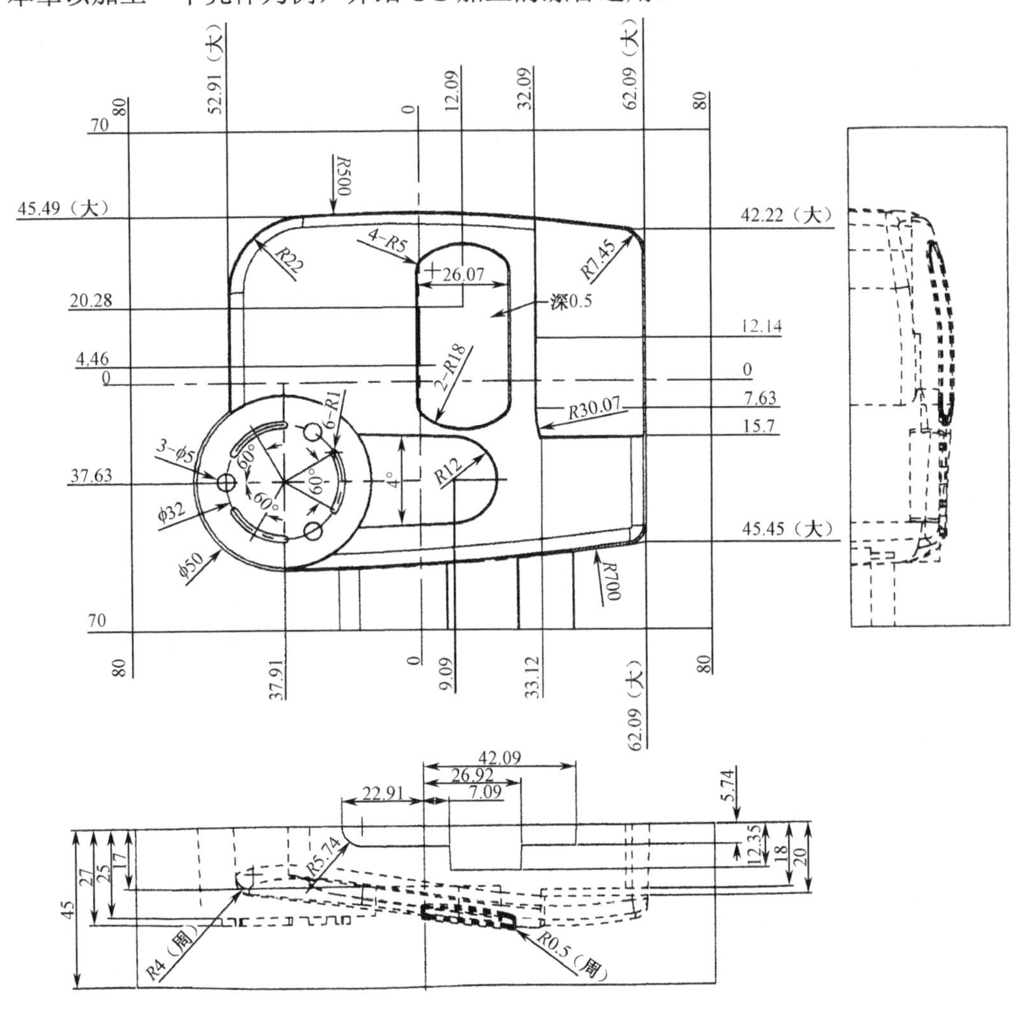

图 12-1　壳体二维图

（1）加工前的准备工作

打开 UG，进入建模模块，创建壳体的三维实体模型如图 12-2 所示。

仔细分析模型，构建加工毛坯，进入加工模块，选择“cam_general”下的

“mill_contour”作为加工环境。

（2）粗加工

按照图 12-3 所示参数建立粗加工刀具 D20R1，一般情况下，粗加工选择的刀具为镶块式牛鼻刀，以提高加工效率，并降低成本。

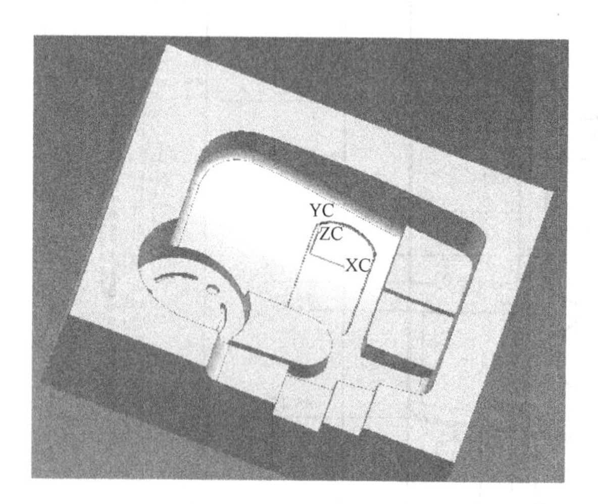

图 12-2　壳体实体模型

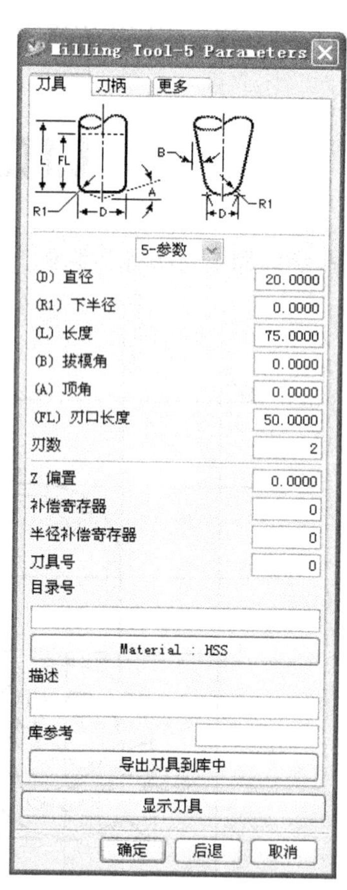

图 12-3　设置刀具参数

（3）创建刀轨

选择 CAVITY_MILL 作为粗加工的程序，按照前面所讲的方法选择加工零件和加工毛坯，然后按照图 12-4 所示设置加工参数。

开始一般不使用进退刀点。

设置加工深度和加工层，仔细分析模型，在每一个相同高度的平面都要设置相应的加工层，共设置 8 个层，7 个加工范围，如图 12-5 所示。

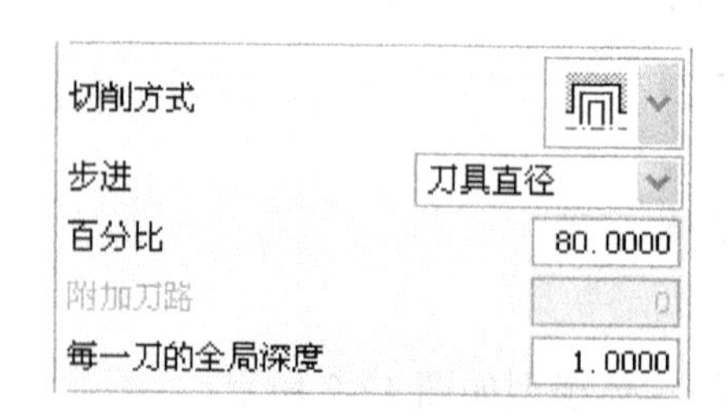

图 12-4　设置加工参数

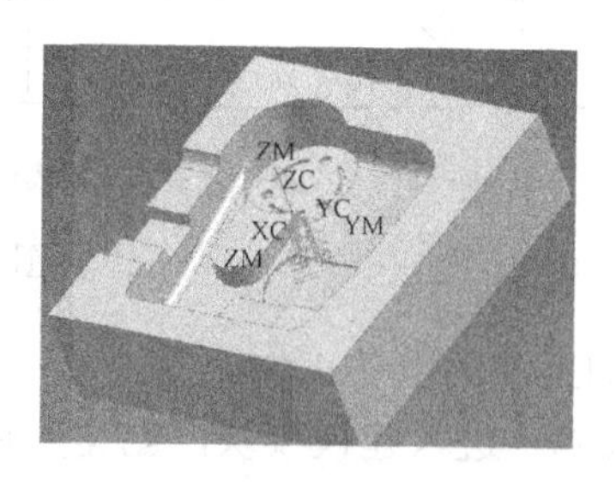

图 12-5　设置加工深度和加工层

设置进退刀方法，参数设置如图 12-6 所示。

设置自动进退刀参数，参数设置如图 12-7 所示。

设置切削参数，主要设置加工余量和加工精度，打开“切削参数”对话框的“毛坯”选项卡，如图 12-8 所示。

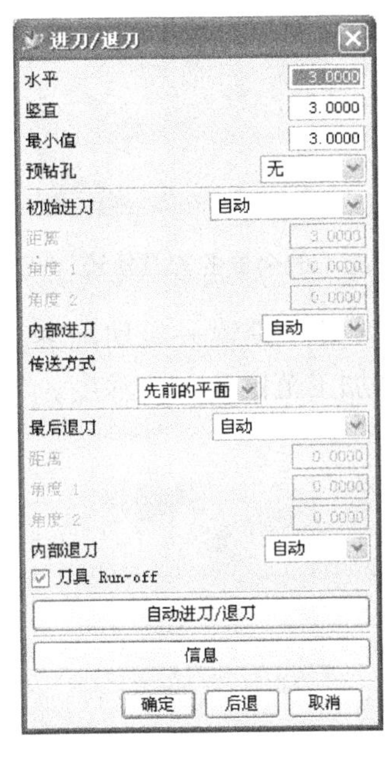

图 12-6　设置进退刀参数

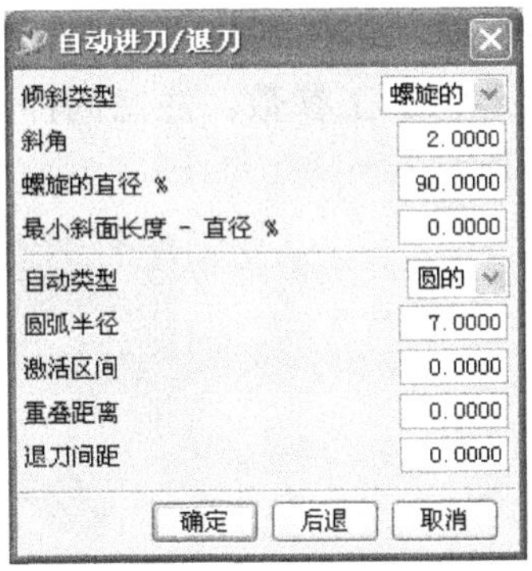

图 12-7　设置自动进退刀参数

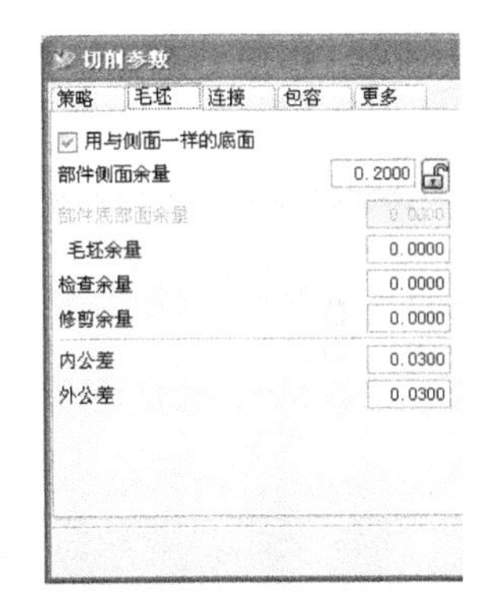

图 12-8　设置切削参数

设置刀具避让参数，按照前面所讲的参数进行设置，此处不再赘述。

参数设置完成后，单击“生成刀轨”，生成刀具轨迹，如图 12-9 所示。

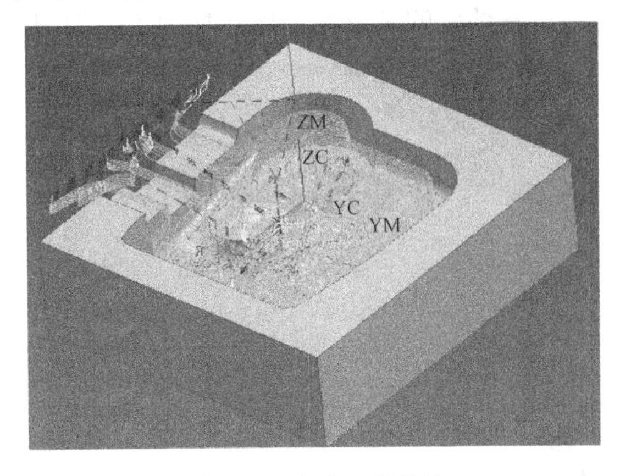

图 12-9　生成刀具轨迹

（4）清角

通过仿真加工，如图 12-10 所示，可以看出图中标志 1 和 2 的部分余量比较大，因此在半精加工之前必须对这些地方进行处理，这就是清角。

建立 D10 刀具，用以加工图 12-10 中标志 1 部分的大余量，选择的加工方法和加工参数可参考前面内容。值得注意的是，必须限制加工范围和加工深度。生成的刀具轨迹如图 12-11 所示。

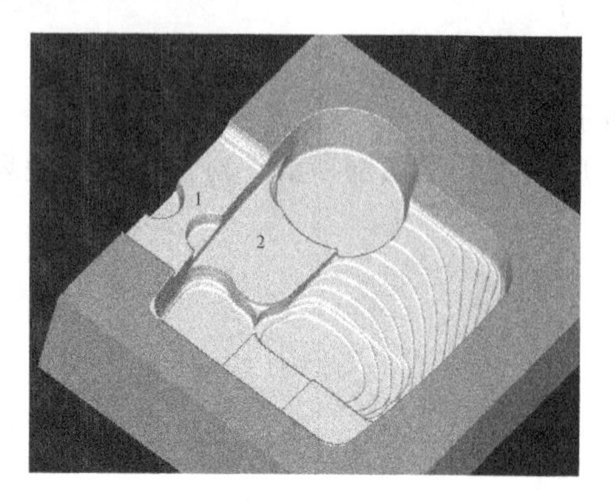

图 12-10　清角

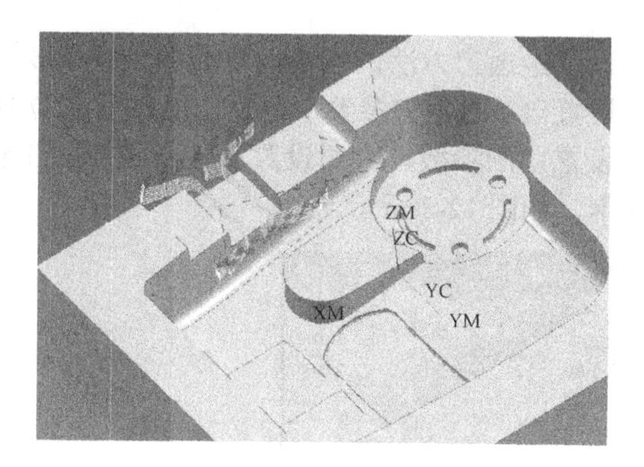

图 12-11　去除标志 1 的余量的刀具轨迹

建立 D10R5 刀具，用以加工图 12-10 中标志 2 部分的大余量。设置一般切削参数如图 12-12 所示，其他参数参考上述粗加工参数。注意同样要限制加工范围和加工深度。

生成的刀具轨迹如图 12-13 所示。

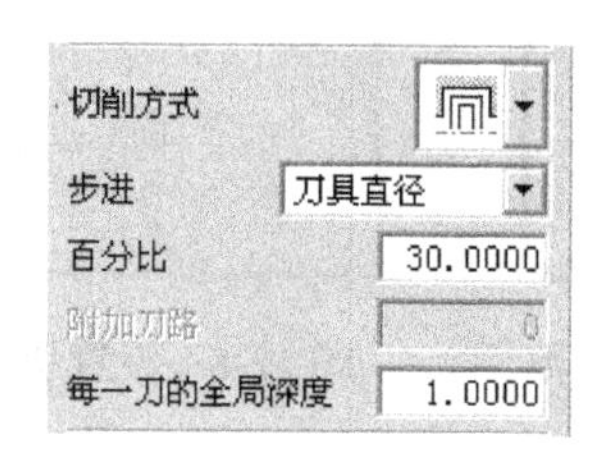

图 12-12　设置一般切削参数

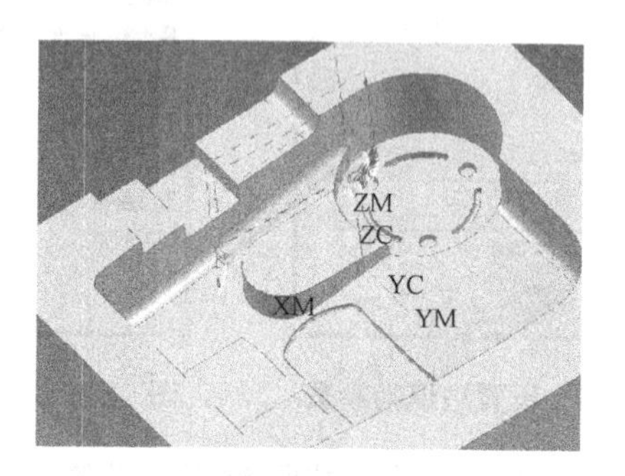

图 12-13　去除标志 2 的余量的刀具轨迹

通过仿真加工可以看到，各部分的余量已经比较均匀了，如图 12-14 所示。

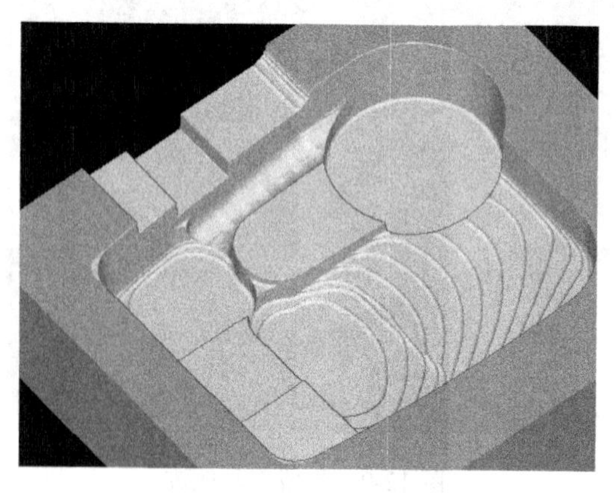

图 12-14　壳体的仿真加工

（5）半精加工

半精加工的目的是进一步使零件的余量均匀，减少精加工中刀具所受到的冲击。

选择刀具 D10R5 作为半精加工刀具，因此不必再建立半精加工刀具。选择 ZLEVEL_PROFILE 作为半精加工的刀路。选择加工零件，如图 12-15 所示选择加工区域。

XM
ZM
ZC
XC
YM
YC

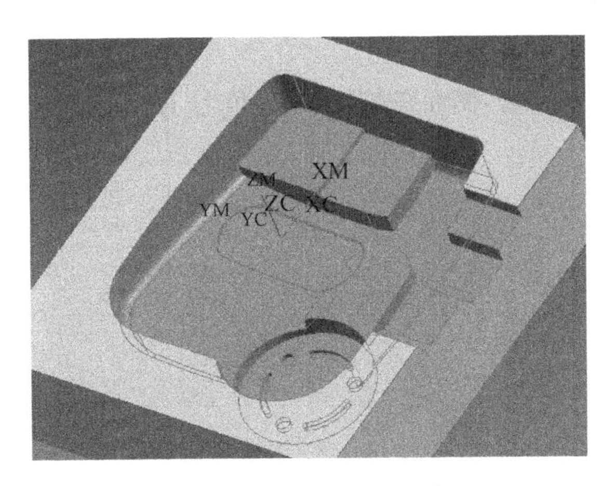

图 12-15　选择加工区域

如图 12-16 所示，设置半精加工的一般参数和半精加工余量，其他参数设置与粗加工基本相同。

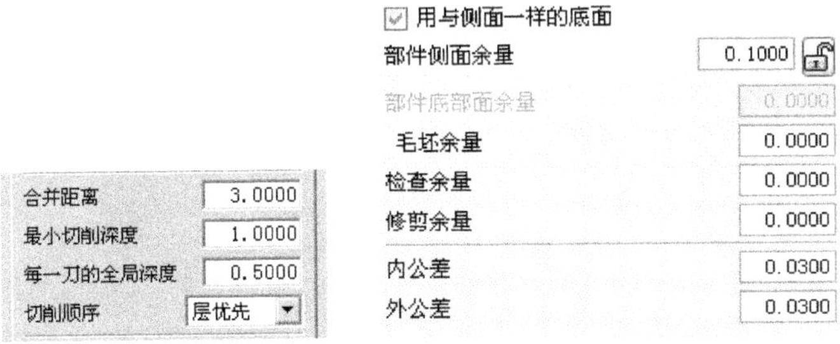

合并距离 3.0000
最小切削深度 1.0000
每一刀的全局深度 0.5000
切削顺序 层优先
用与侧面一样的底面
部件侧面余量 0.1000
部件底部面余量 0.0000
毛坯余量 0.0000
检查余量 0.0000
修剪余量 0.0000
内公差 0.0300
外公差 0.0300

图 12-16　设置半精加工参数和余量

生成的刀具轨迹如图 12-17 所示。

ZM
ZC
XC
XM
YC
YM

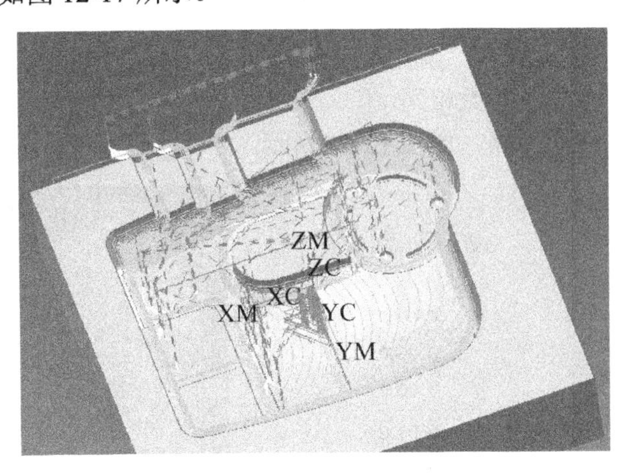

图 12-17　壳体的半精加工刀具轨迹

（6）精加工

精加工是整个加工过程中的关键部分，精加工程序直接影响到零件的表面质量和表面光洁度。一般情况下都不能用一个程序完成精加工，而是根据零件的形状，对不同部位使用多个程序来完成。本例中也分三部分来完成精加工。

➢ 侧面精加工

仔细分析模型，可以看到，侧面底部最小 R 角为 R4，因此按图 12-18 所示建立刀具 D8R4 作为精加工刀具。

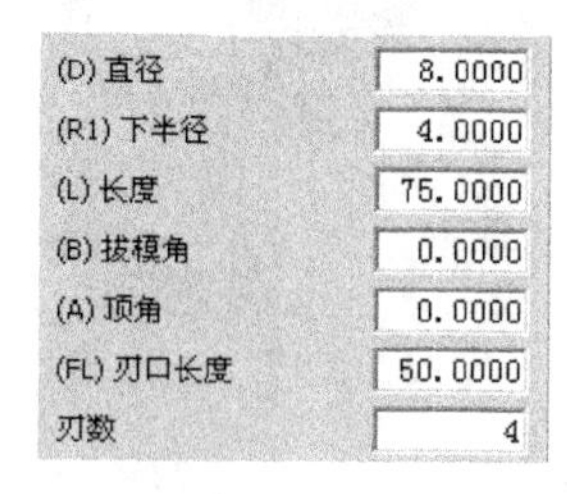

参数	值
(D) 直径	8.0000
(R1) 下半径	4.0000
(L) 长度	75.0000
(B) 拔模角	0.0000
(A) 顶角	0.0000
(FL) 刃口长度	50.0000
刃数	4

图 12-18　建立精加工刀具

选择 ZLEVEL_PROFILE 作为精加工的刀路。按照　图 12-19 所示选择加工面。注意，选择加工面时要将与底面相接的 R 角选上。

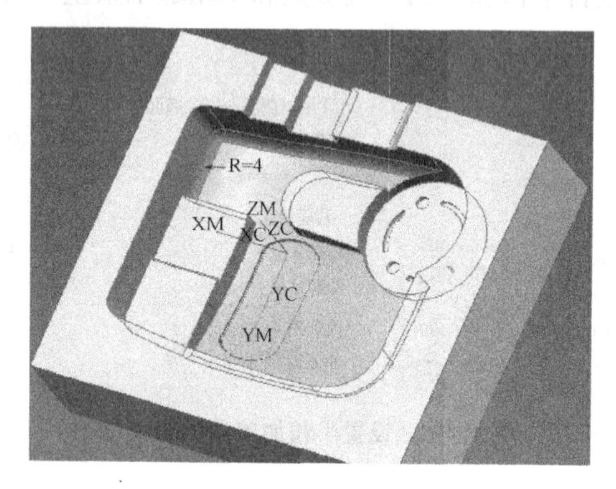

图 12-19　选择加工面

由于模型侧面带有脱模斜度，因此切深选择 0.1。切削参数和余量设置如图 12-20 所示，其他参数设置和半精加工参数相同。

完成参数设置后，生成刀路，如图 12-21 所示。

☑ 用与侧面一样的底面

参数	值
部件侧面余量	0.0000
部件底部面余量	0.0000
毛坯余量	0.0000
检查余量	0.0000
修剪余量	0.0000
内公差	0.0300
外公差	0.0300

图 12-20　选择切削参数和余量

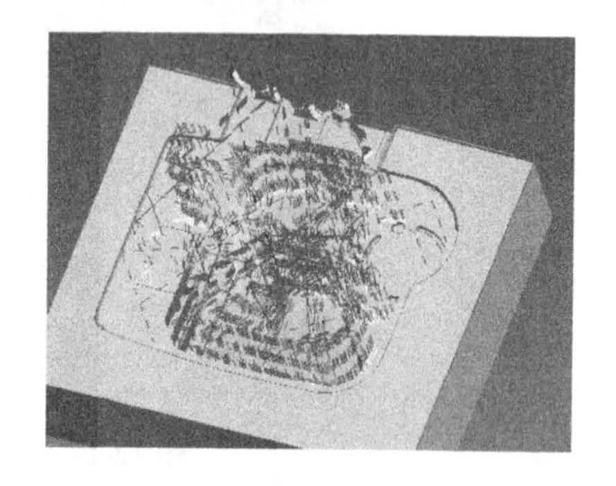

图 12-21　壳体的精加工刀路

模型中圆柱部分的清角如图 12-22 所示，不能用球刀加工出来，因此还要编一个程序用平刀 D10 清角。加工参数与精加工的参数一样，加工区域选择圆柱面，加工范围从清角部分底平面上抬 5 mm 开始切削。生成的刀路如图 12-23 所示。

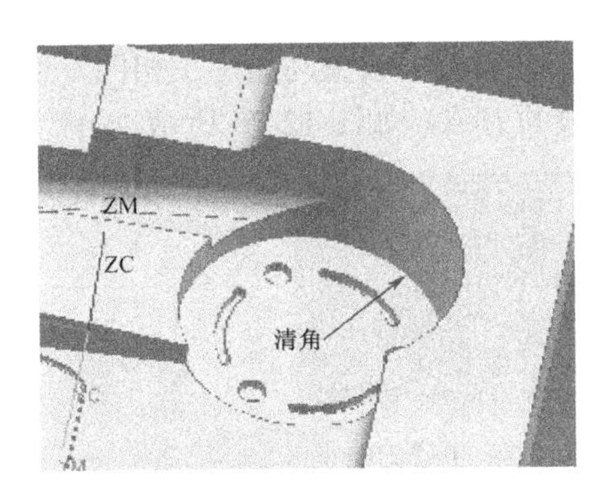

图 12-22　圆柱部分的清角

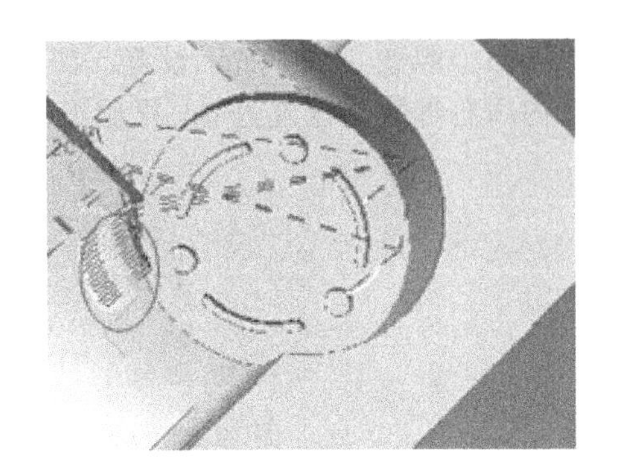

图 12-23　球刀刀路

可以看到，图 12-23 中圆圈部分的刀路不好，可以在此做一个处理，用来剪切刀路。如图 12-24 所示，做一个实体，圆柱面部分与要加工的面为同一个面，将这个实体也作为加工零件，将圆柱面作为加工区域，生成的刀路如图 12-25 所示。可以看到，这个刀路比较理想。

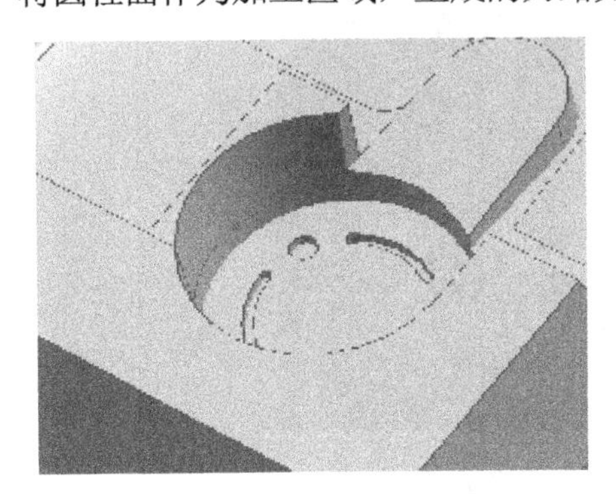

图 12-24 刀路的剪切

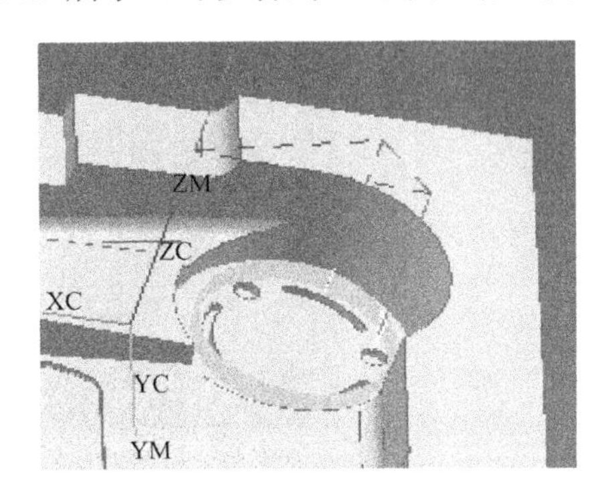

图 12-25　圆柱部分的清角刀路

➢ 底面为平面的部分

壳体底面的平面部分可以使用平面铣加工。使用 D10 刀具，改变加工环境为"类型 mill_planar"，选择 planar_mill 加工方式，部件选择注意有在曲线上和相切两种方式。对不同深度的平面需要编写多个程序。

下面以一处为例，详细讲解。如图 12-26 所示选择部件，并选择相应的平面为加工底平面。

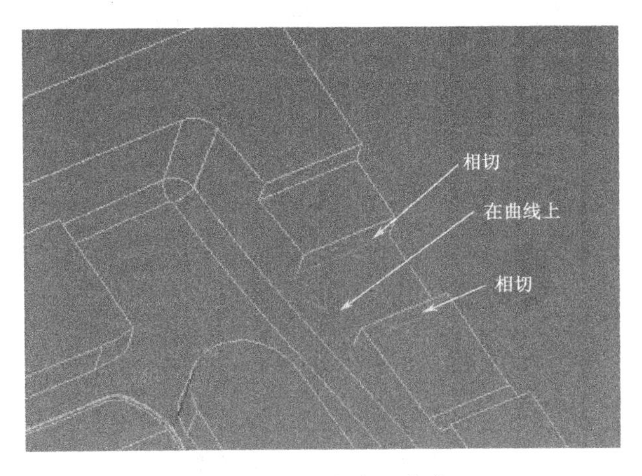

图 12-26　选择加工部位

一般参数按照图 12-27 所示设置，切削参数和其他参数的设置与精加工相同，切削深度参数选项内所有参数都设置为 0，只加工一层。生成的刀路，如图 12-28 所示。

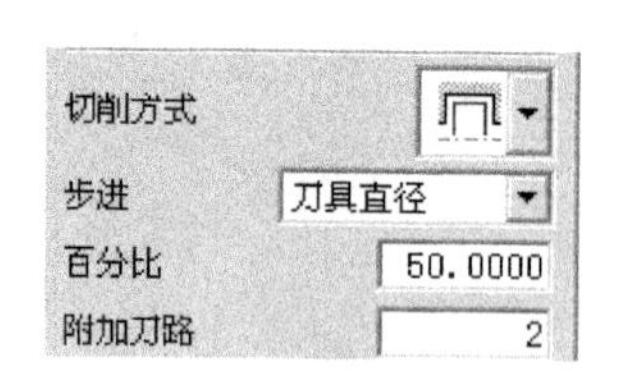

图 12-27 设置参数

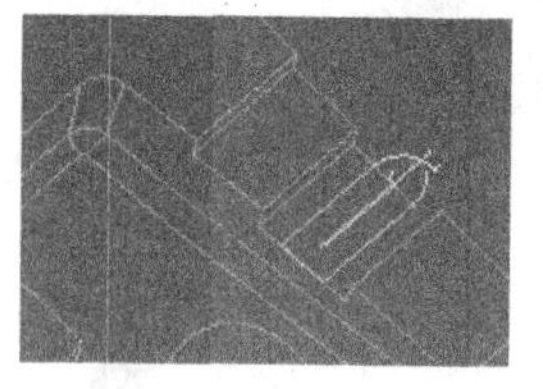

图 12-28 生成刀路

使用同样的方法，可以生成其他部位的平面铣程序，如图 12-29 所示。

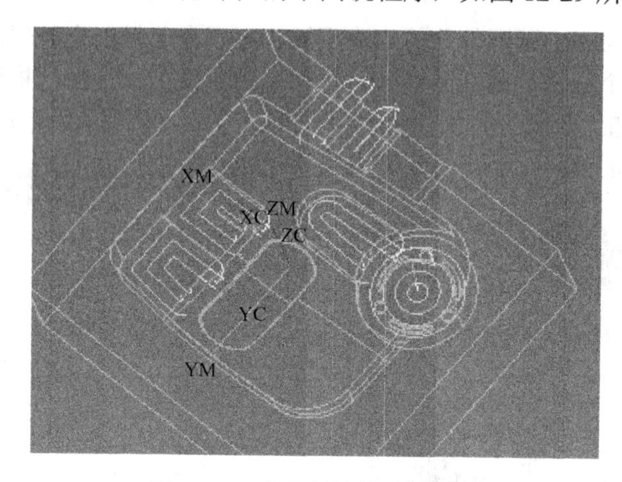

图 12-29 其他部位的平面铣削

➢ 底面为曲面的部分

壳体底面的曲面部分可以使用等高线加工方式加工，此例选择 CONTOUR-AREA 加工方式。一般情况下曲面加工都使用球刀，而不使用平刀或牛鼻刀，此处使用 D8R4 球刀进行加工。

选择部件，然后选择加工区域，如图 12-30 所示。

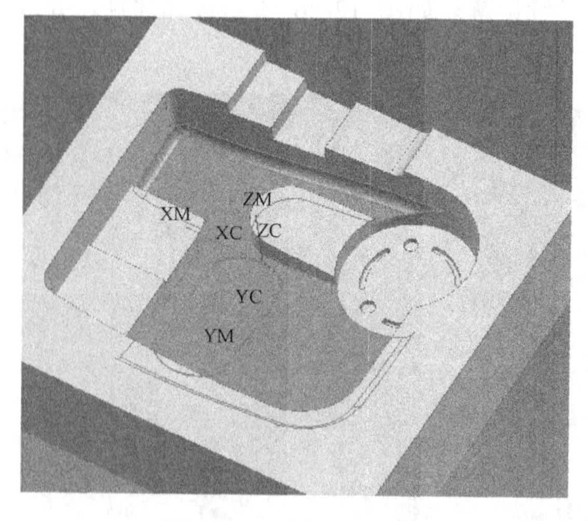

图 12-30 选择加工区域

切削参数设置如图 12-31 所示，其他参数参照前面讲的 contour_mill 参数进行设置。生成的刀路如图 12-32 所示。

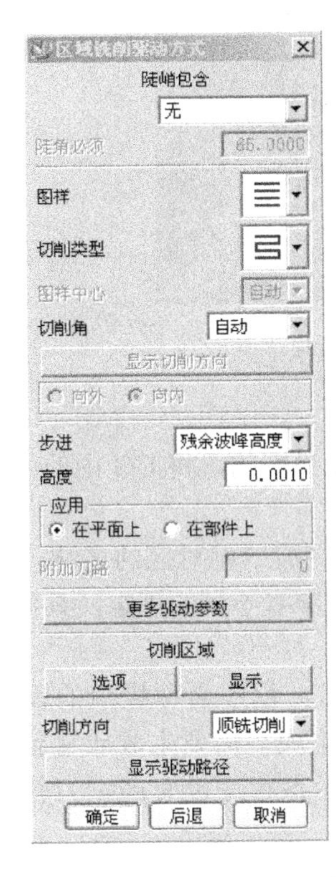

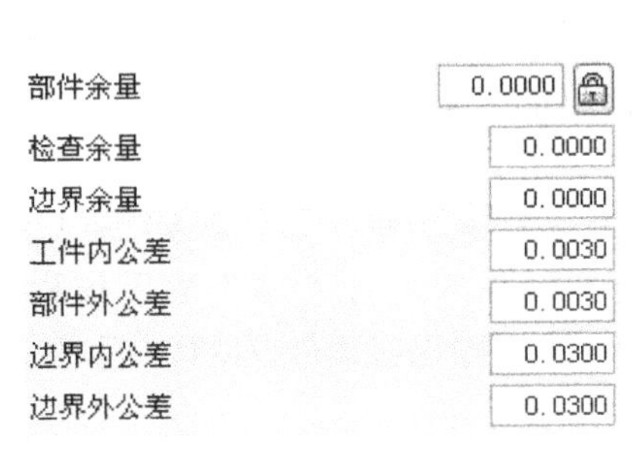

图 12-31　切削参数设置

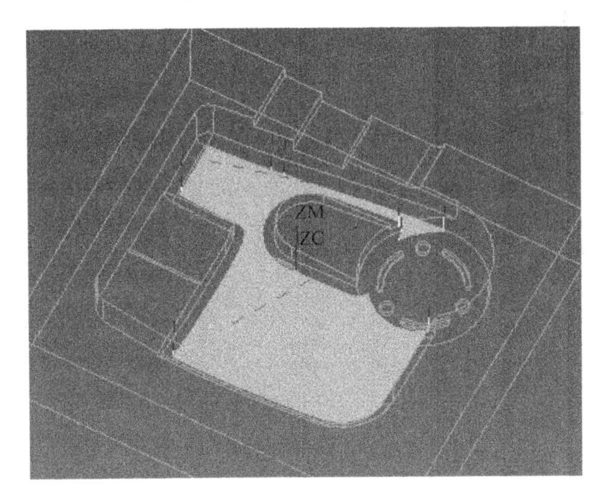

图 12-32　刀路的生成

用同样的方法对侧面 R 处编程，如图 12-33 所示。

至此，这个模型的编程就全部完成了，其他加工不到的地方将作电极，进行放电加工，此处不再赘述。

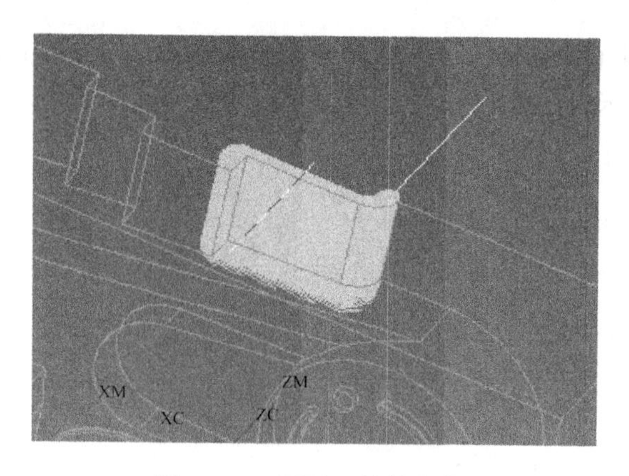

图 12-33　侧面 R 处的编程

（7）程序后处理

此时已在 UG 中编写完程序，这种程序机床是不能识别的，将 UG 中的程序汇编成机床能够识别的程序的过程叫做程序后处理。

在后处理之前首先将生成的程序名称修改成与程序清单相对应的名称，方便以后查找和修改。程序清单的格式和程序名称的制定，不同的厂家有不同的规定，具体情况可参考厂家标准。

再检查程序是否生成并有刀轨。如图 12-34 所示，程序名称栏中的程序，最前面有“ ”表示程序已经生成，有“ ”表示该程序没有生成，需要生成或重新生成。在刀轨栏中“✓”表示该程序已经产生刀轨，而“✗”表示该程序没有产生刀轨，需要生成或修改。

操作导航器 - 程序次序

名称	换刀	刀轨	刀具	刀具号	几何体	Method
NC_PROGRAM						
NONE						
PROGRAM						
N1		✓	D20R1		MCS_MILL	METHOD
N2		✓	D10		MCS_MILL	METHOD
N3		✓	D10R5		MCS_MILL	METHOD
N4		✗	D8R4		MCS_MILL	METHOD
N5		✗	D10		MCS_MILL	METHOD
N6-1		✗	D10		MCS_MILL	METHOD
N6-2		✗	D10		MCS_MILL	METHOD
N6-3		✗	D10		MCS_MILL	METHOD
N6-4		✗	D10		MCS_MILL	METHOD
N6-5		✗	D10		MCS_MILL	METHOD
N6-6		✗	D10		MCS_MILL	METHOD
N7		✗	D8R4		MCS_MILL	METHOD
N8		✗	D8R4		MCS_MILL	METHOD

图 12-34　操作导航器（1）

如果程序出现上面提到的“ ”和“✗”符号，就要参考前面所讲的内容重新设定参数并重新生成程序和刀轨，直到操作导航器中的程序显示如图 12-35 所示后，方可进行后处理。

UG 的后处理方式有两种，下面简单介绍一下。这两种后处理方式都需要机床厂家提供与机床相配套的、同时又适合于 UG 的后处理程序，当然如果对机床和 G 代码充分了解，也可以自己利用 UG 提供的后处理工具制作适合于加工机床的后处理程序。由于制作后处理程序相当烦琐，并要通过多次试验，因此本书不作介绍，有兴趣的读者可以参考其他相关资料。

操作导航器 - 程序次序

名称	换刀	刀轨	刀具	刀具号	几何体	Method
NC_PROGRAM						
NONE						
PROGRAM						
N1		✓	D20R1		MCS_MILL	METHOD
N2		✓	D10		MCS_MILL	METHOD
N3		✓	D10R5		MCS_MILL	METHOD
N4		✓	D8R4		MCS_MILL	METHOD
N5		✓	D10		MCS_MILL	METHOD
N6-1		✓	D10		MCS_MILL	METHOD
N6-2		✓	D10		MCS_MILL	METHOD
N6-3		✓	D10		MCS_MILL	METHOD
N6-4		✓	D10		MCS_MILL	METHOD
N6-5		✓	D10		MCS_MILL	METHOD
N6-6		✓	D10		MCS_MILL	METHOD
N7		✓	D8R4		MCS_MILL	METHOD
N8		✓	D8R4		MCS_MILL	METHOD

图 12-35　操作导航器（2）

➢ 输出 CLS 文件，再进行后处理

在这种后处理方式中，将使用机床厂家提供的后处理程序来对 UG 程序进行后处理，生成的文件是用于控制系统为 FANUC 系统的机床（由于 FANUC 系统的型号不同，其 G 代码也有差异，因此此程序不能用于所有的 FANUC 系统）。

此后处理程序生成的 G 代码程序文件为 PTP 格式。

在操作导航器中选择要进行后处理的程序，在如图 12-36 所示的“加工操作”工具栏中单击输出 CLS 文件按钮“ ”，弹出“CLSF 格式”对话框，如图 12-37 所示。选择“CLSF_STANDARD”项并指定生成的 CLS 文件的名称和路径，单击“确定”按钮，生成 CLS 文件。

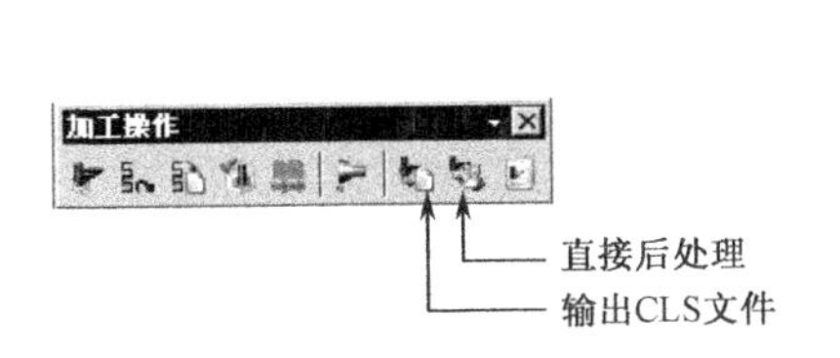

图 12-36　“加工操作”工具栏

图 12-37　“CLSF 格式”对话框

完成后，在 UG 下拉菜单栏选择“工具”→“CLSF”，在弹出的“指定 CLSF”对话框中选择上述 CLS 文件，如图 12-38 所示。

单击“OK”按钮后，弹出“CLSF 管理器”对话框，如图 12-39 所示，单击“后处理”按钮，弹出“NC 后处理”对话框，单击“MDF 名”下的“指定”按钮，在这里选择厂家提供的 FUNT.MDFA 文件。“NC 输出”选择“文件”，“列表输出”选择“无”，参数设置完成后单击“后处理”按钮，UG 将自动打开后处理对话框进行后处理，如图 12-40 所示。后处理完成后，关闭对话框即可。

图 12-38 生成 CLS 文件

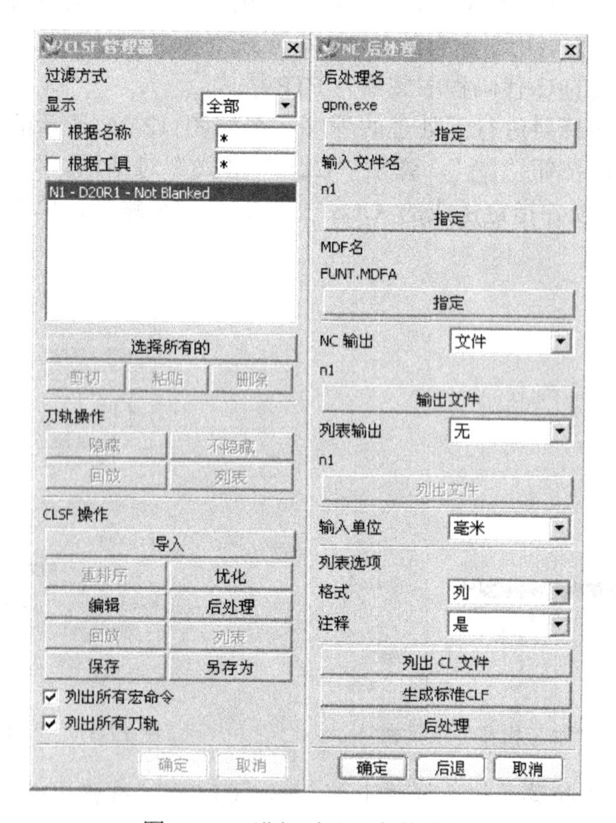

图 12-39 进行后处理参数设置

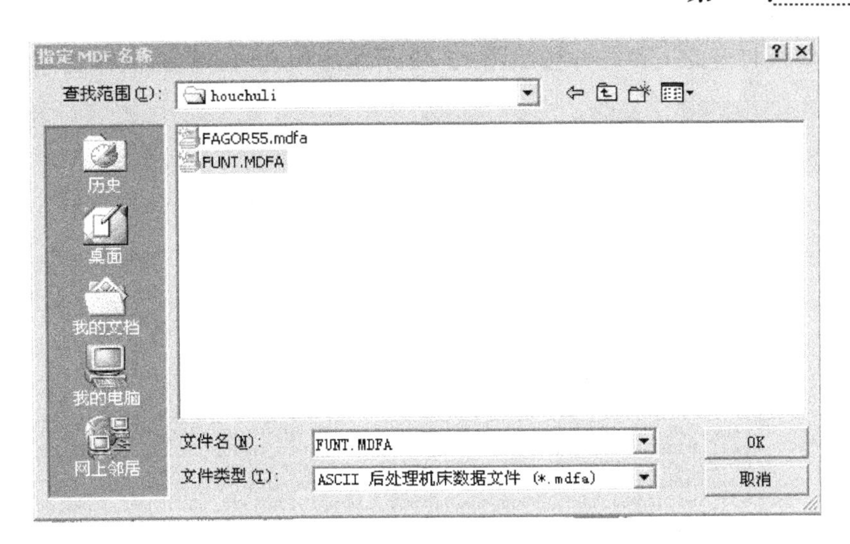

图 12-40　NC 后处理

对于某些机床，有时要修改程序头。使用写字板打开 N1.PTP，如图 12-41 所示，修改完成后，保存文件。至此，即完成了程序的后处理输出。

需要说明的是，当多个程序使用同一把刀，而且没有换刀操作时，可以在输出 CLS 文件时，使用 Shift 键加光标选择多个程序，将它们生成一个 CLS 文件，再进行后处理。这样可以减少程序数量并减少换刀次数，从而提高效率。在本例中，以 N6 开头的 6 个程序即可按照此方法输出。

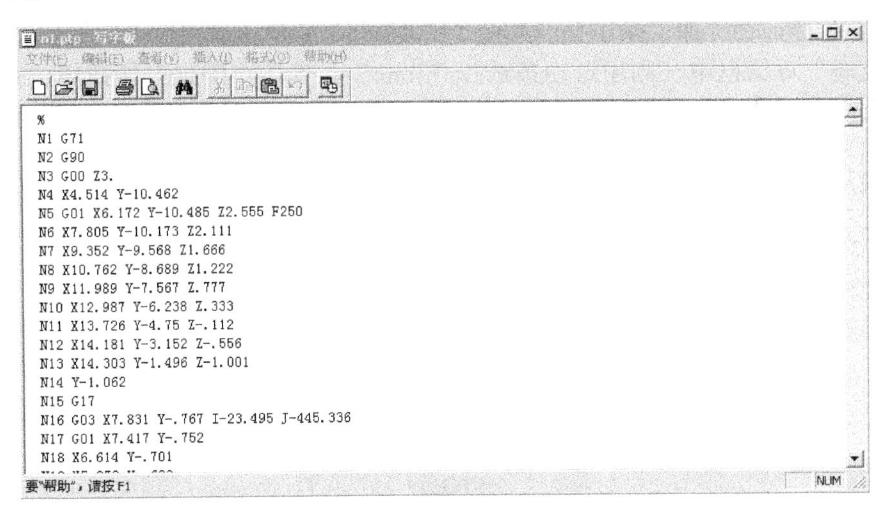

图 12-41　修改程序头

➢　直接后处理

直接后处理一般是在用 UG 后处理工具制作的后处理程序中使用，通常情况下，也可以从机床厂家处获得。

针对 FANUC 系统，使用 UG 后处理工具制作后处理程序时，系统生成 tcl 和 def 两个文件。为方便与其他系统区别开，将这两个文件取名为 func.tcl 和 func.def，并放置在 d:\func\文件夹下。

在“UG 安装目录\NX 4.0\MACH\resource\postprocessor”目录下找到“template_post.dat”

文件，使用写字板打开此文件，并按照图 12-42 所示添加语句，然后保存文件。

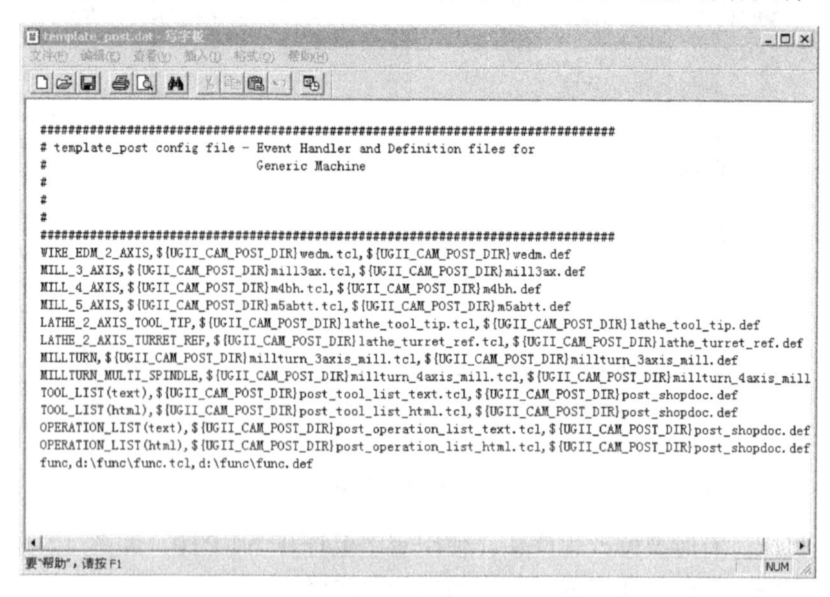

```
##########################################################################################
# template_post config file - Event Handler and Definition files for
#                             Generic Machine
#
#
#
##########################################################################################
WIRE_EDM_2_AXIS,${UGII_CAM_POST_DIR}wedm.tcl,${UGII_CAM_POST_DIR}wedm.def
MILL_3_AXIS,${UGII_CAM_POST_DIR}mill3ax.tcl,${UGII_CAM_POST_DIR}mill3ax.def
MILL_4_AXIS,${UGII_CAM_POST_DIR}m4bh.tcl,${UGII_CAM_POST_DIR}m4bh.def
MILL_5_AXIS,${UGII_CAM_POST_DIR}m5abtt.tcl,${UGII_CAM_POST_DIR}m5abtt.def
LATHE_2_AXIS_TOOL_TIP,${UGII_CAM_POST_DIR}lathe_tool_tip.tcl,${UGII_CAM_POST_DIR}lathe_tool_tip.def
LATHE_2_AXIS_TURRET_REF,${UGII_CAM_POST_DIR}lathe_turret_ref.tcl,${UGII_CAM_POST_DIR}lathe_turret_ref.def
MILLTURN,${UGII_CAM_POST_DIR}millturn_3axis_mill.tcl,${UGII_CAM_POST_DIR}millturn_3axis_mill.def
MILLTURN_MULTI_SPINDLE,${UGII_CAM_POST_DIR}millturn_4axis_mill.tcl,${UGII_CAM_POST_DIR}millturn_4axis_mill
TOOL_LIST(text),${UGII_CAM_POST_DIR}post_tool_list_text.tcl,${UGII_CAM_POST_DIR}post_shopdoc.def
TOOL_LIST(html),${UGII_CAM_POST_DIR}post_tool_list_html.tcl,${UGII_CAM_POST_DIR}post_shopdoc.def
OPERATION_LIST(text),${UGII_CAM_POST_DIR}post_operation_list_text.tcl,${UGII_CAM_POST_DIR}post_shopdoc.def
OPERATION_LIST(html),${UGII_CAM_POST_DIR}post_operation_list_html.tcl,${UGII_CAM_POST_DIR}post_shopdoc.def
func,d:\func\func.tcl,d:\func\func.def
```

图 12-42　添加语句

修改此文件的目的是将制作的后处理程序添加到 UG 直接后处理菜单中，否则，在 UG 后处理菜单中便没有此后处理程序。

打开 UG 文件，对上面所提到的 UG 程序使用直接后处理的方法进行后处理。

选择 n1 程序，在“加工操作”工具栏（图 12-36）中单击直接后处理按钮“ ”，在弹出的“后处理”对话框中，利用滑动条选择“func”，单击“确定”按钮完成后处理，如图 12-43 所示。此操作生成两个文件，其中 PTP 格式的文件所需要的 G 代码程序。

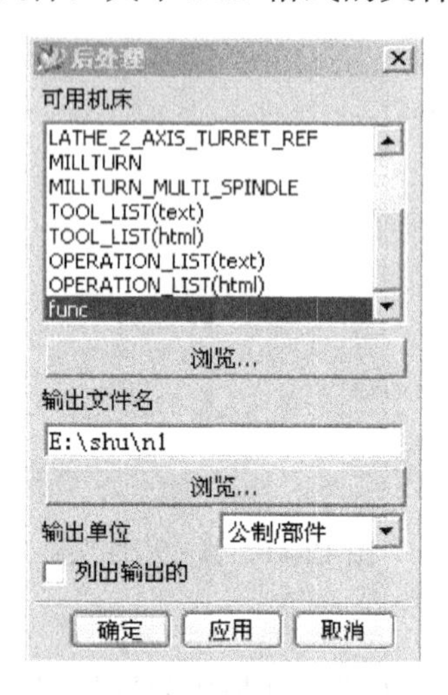

图 12-43　“后处理”对话框